MACHINE LEARNING

Architecture in the Age of Artificial Intelligence

영국 왕립 건축가 협회 _ 필립 번스타인 지음
송종은 옮김

일러두기

1. 이 책은 2022년에 출간된 Phil Bernstein, 『Machine Learning: Architecture in the Age of Artificial Intelligence』의 번역이다. 본문에서 '오늘날', '최근'의 시점은 출간 당시 2022년을 기준으로 한다.
2. 본 번역서는 원서의 체계를 그대로 유지하였다. 다만 원문에 대한 독자의 이해를 돕기 위해 지은이의 원주에 이어 옮긴이가 역주를 추가하였다. 각 장별로 원주는 숫자로, 역주는 [숫자]로 구분하여 표기하였다.
3. 원문에서 저자가 선택한 용어의 의미와 의도를 살리기 위해 국문으로 옮기는 과정에서 다의적으로 해석될 여지가 있는 용어에 대해서는 원문표기를 병기하였다.
4. 인명, 지명의 표기는 외래어 국문 표기법에 따르고 원문표현을 병기하였다. 본문에서 인용된 저술명은 국문과 원문을 병기하였다.
5. 역주의 내용은 보편화 된 정보를 정리하였고, 별도의 출처는 표기하지 않았다.
6. 원문에서 사용된 'building'이라는 용어는 본문에서 주로 '건설'이라는 용어로 번역하였다. 그러나 문맥상 디자인에서부터 건물이 완성되어 건축주에게 양도되는 전 과정을 통칭하는 '건물 짓기'로 이해하는 것이 타당하다.

알림 ACKNOWLEDGEMENTS

RIBA Royal Institute of British Architects 영국 왕립 건축가협회에서 건축전문가들을 위한 인공지능의 적용에 관한 저술에 대한 관심 여부를 물었을 때, 훨씬 더 잘 알려진 권위자(그가 누구인지는 밝히지 않을 것이다)가 유사한 제안을 거절하였다는 소식을 듣고 깜짝 놀랐다. 다시 말해, 그가 보기에 명백히 전망은 그저 너무 아득하기만 했다. 하지만 *The Difference Engine* 차분기관으로 명성을 얻은 과학 소설가인 윌리엄 깁슨 Willam Gibson이 말한 것으로 알려진 바와 같이, '미래는 이미 여기에 있지만, 단지 정연하게 기술되지 않았을 뿐이다.' 떠오르는 인공지능 기술들이 그와 같은 경우다. 인공지능은 건축가들의 스마트 폰(그로 인해 우리의 주머니 속)에 살아 있다. 같은 건축가들은 한때에는 우리의 로봇군주 robotic overlords였던 인공지능으로 인해 잉여 인간이 될 것이다.

프로젝트를 시작할 때, 내가 깨닫지 못한 것은 프로젝트가, 예일대학교의 인습 타파적 젊은 교수인 로저 섕크 Roger Schank의 학생이었던 시절인, 수십 년 전으로 나의 컴퓨터연산의 근본으로 되돌아갈 것을 나에게 요구하게 될 것이라는 사실이었다. 그는 컴퓨터가 언어를 이해할 수 있도록 학습하기 위한 몇 가지 최초의 기초적 아이디어를 갖고 있었다. 학부 시절에, 컴퓨터 작업 computing은 떠오르고 있었지만 널리 알려지지는 않았다. 그리고 당시 나의 지도교수인 밥 프루 Bob Frew는 초기 컴퓨터를 사용하는 것에 대한 나의 흥미를 마음껏 누리게 해주었다. (그것이 어떤 유용한 그래픽 업무를 처리하는 데까지 이르도록 한 것은 결코 아니었다.) 최종학기의 후반, 방학을 캘리포니아에서 보내고 있을 때, 에드워드 번스타인 Edward Bernstein 삼촌은, 그는 언제나 최신 장비를 소유한 사람 중 한 명이었다, 자신의 신상 애플 II 플러스 Apple II Plus를 일주일 동안 사용하도록 해 주었다. 그 제품에는 최초의 스프레드시트 spreadsheet인 비지칼크 VisiCalc[1]라는 새로운 소프트웨어가 탑재되어 있었다. 갑작스럽게 수치 모델링 numeric modelling은 더 이상 힘든 코딩을 필요하지 않게 되었고, 나는 휴일 직후 마무리된 프로젝트로 지도교수인 밥을 놀라게 했다. 2년 후 샌프란시스코에서, 건축가 허버트 맥로린 Herbert McLaughlin은 도발적이지만 다른 한편으로 완벽하게 실현할 수 없는 기술인 '전문가 시스템 expert system'[2]으로 불리는 새로운 기술 연구를 위해 수차례 나를 팰로 앨토 Palo Alto[3]로 파견하였다. 그즈음 나는 그 회사의 첫 번째 개인 컴퓨터를 구입하였다. 그것은 도면을 생성하기 위한 것이 아닌 스케줄과 수수료 제안서를 관리하기 위한 것이었다. 나는 형태와 이미지 생성을 위한 컴퓨터 작업은 거스를 수 없다는 사실을 깨닫게 되었다. 그러나 디지털 도구들은 디자인 그 자체 외적인 건축업무 절차 architectural process에서, 많은 것은 아니지만, 대행업체 agency만큼이나 많다.

시저 펠리 César Pelli와 그의 경영 파트너인 프레드 클라크 Fred Clarke와 12년간 주요 실무를 거친 후, 나는 오토데스크社의 부사장으로 취임하였고 기술계의 많은 이들과 오늘날까지 유지되고 있는 관계를 맺었다. 지금은 수석 부사장인 짐 린치 Jim Lynch는 홍보담당자이자 회사로부터 많은 도움과 통찰력의 원천인 가까운 친구이다. 현재 오토데스크社의 건축/엔지니어링건설 사업의 산업경영자이자 아이디어를 명료하게 하는 데 도움을 준, 샘 오맨스Sam Omans는 (건축이론 박사학위를 소지하고 기술계에서 일하는 몇 안 되는 동료일 것 같다) 오토데스크 래버린스Autodesk labyrinth[4]에 대한 정보를 파악하고 텍스트를 구분해내는 핵심 이미지들을 추적하고 있다. 오토데스크의 지적 자산팀 소속의 그레이스 리우Grace Liu는 그곳에서 필수적인 이미지 승인을 완성하는 데 매우 귀중한 재원이다.

인공지능 기술의 현 상태에 대한 나의 생각은 퍼시픽 노스웨스트 국립연구소Pacific Northwest National Laboratory의 마크 그리브스Mark Greaves에게 빚지고 있다. 그는 또한 서문을 기고해주었다. 2020년 가을 동안, 나는 종종 NBBJ[5]의 마크 스티브 맥코넬Mark Steve McConnell과 저자 클리프 피어슨Cliff Pearson을 줌zoom을 통해 만났다. 스카치위스키로 충만한 우리의 정기적 인공지능 살롱은, 우리는 그것을 그렇게 불렀다, 지적인 기계intelligent machine의 개발이 벅찬 역정歷程이 될 수 있다는 것을 분명하게 하는 데 많은 도움이 되었다.

여기 예일대학교에서 요즈음, 나는 하스 아츠 도서관Hass Arts Library의 우리의 유능한 건축사서司書 테스 콜웰Tess Colwell에 의지하게 되었다. 만약 그녀가 없었다면, 대학교의 광대하긴 하지만 종종 불명료한 자료들을 찾지 못했을 것이다. 데보라 버크Deborah Berke 학장은 내가 원고를 탈고하기 위한 노력 중에 어김없이 지원을 해주었다. 한편 우리는 전 세계적 팬데믹 기간 동안 건축학교를 이끌었다. 그리고 영국 왕립 건축가협회RIBA 출판부의 나의 편집인들, 클레어 할로웨이Clare Holloway, 스칼렛 퍼니스Scarlet Furness, 리즈 웹스터Liz Webster, 리차드 블랙번Richard Blackburn 그리고 라모나 램포트Ramona Lamport, 그들은 프로정신과 인내의 표본들이다. 특히 갈팡질팡하는 나의 일정과 더불어, 나의 오랜 친구이자 협력자인 편집인 안드레아스 뮐러Andreas Müller에게 프로젝트에 관한 견해들을 추가로 투입할 것을 요청하였을 때에도 클레어는 조금도 당황하지 않았다. 안드레아스는, 나의 최종 원고를 편집하였다, 주장하고자 하는 바의 흐름과 논리, 양 측면에서 개선을 위해 정기적으로 명료하면서도 매우 유익한 충고를 해주었다.

마지막으로 나의 파트너 낸시 알렉산더Nancy Alexander에게 감사를 표한다. 그녀는 항상 중요한 업무를 수행할 공간을 마련해 주었고 업무에 집중하는 것이 왜 그토록 중요한지를 상기시켜 주었다. 그녀의 끊임없는 지원이 없었다면, 이 프로젝트의 어떤 것도 가능하지 않았을 것이다.

서문 FOREWORD

내가 처음 필립과 일을 시작하였을 때, 나는 그가 책의 초기에 언급하고 있는 건축에 대한 일차원적 인상,impression 즉 욕망과 자본을 점유 가능한occupiable 공간으로 변환하는 한 분야로서 건축을 고수하고 있었다. 비록 진실하고 간결하다 할지라도, 이러한 공식은 불안할 만큼 손쉽게 나와 같은 컴퓨터 과학자들이 건축가들을 반半 형태적semi-formal 번역 기능을 기계적으로 수행하는 사람들로 여기도록 만든다. 줌zoom을 매개로 위스키가 가미된 건축과 인공지능에 대한 몇 번의 토론이 성사되었다. 그 토론은 필립과 인내심을 갖춘 그의 동료들을 위한 것이었지만, 이처럼 좁은 시야와 환원주의적 시각을 가진 나를 서서히 바로잡아 주었다.

나 자신의 건축에 대한 관념 속에서의 변화는 최근에 이루어진 그리고 극적인 인공지능의 진화와 다르지 않다. 그것이 바로 이 책이 건축가와 컴퓨터 과학자 모두에게 그만큼이나 시기적절한 이유이다. 최근 10년간, 인공지능은 세심하게 만들어진 규칙 세계로부더 놀랄 만큼 복잡한 딥 러닝 네트워크와 자기지도self-supervised 방법들의 세계로 급격하게 진보하여 왔다. 특수한 업무를 위해 수작업으로 프로그램이 작성된 미묘한 규칙들의 모음에 의지하는 대신 지금의 현대적 기계학습 시스템들modern machine learning systems은 헤아릴 수 없을 정도로 복잡한 패턴들에 대한 시스템의 출력outputs을 기반으로 하고 있다. 그 패턴들은 막대한 데이터 세트들을 자동으로 분석한 결과로 나타난 것이다. 인공지능으로 생성된 디자인은, 그것은 한때 대부분은 다른 방식으로 규칙들을 조합하는 학문적 훈련이었다, 이제는 훨씬 더 미묘하고 강력한 창조물들을 생산할 수 있다.

인공지능 시대의 건축에 대한 심사숙고의 필요성은 따라서 5년 전의 그것보다 훨씬 더 절실하다. 비록 기계학습이 전문직 건축가들을 쓸모없게 만들지 않을 것이라 하더라도, 영향이 전혀 없는 것은 아닐 것이다. 건축 전문직과 실질적인 인공지능 조각들AI chops에 대한 저자의 심오한 지식의 조합이 양 극단 간에 존재하는 공간을 조사하고 현대의 인공지능이 뒤얽힌 정보구조들에 영향을 미칠 방법들을 탐색할 수 있도록 해 준다. 그 정보구조들은 구축된 건축물을 분만하는 밑바탕이 된다. 필립은 또한 알고는 있지만 언급하지 않는 문제들과 씨름한다. 즉 인공지능은 장소에 대한 철저히 인간적인 맥락을 언젠가는 적절히 이해하고, 형태주의와 창조성에 대한 건축가의 독특한 융합unique blend을 복제할 수 있는가? 그리고 건물의 안전과 적합성을 책임질 수 있는가? 이 질문에 답하기 위해, 필립의 분석은 일반적인 환원주의적 비평을 넘어 현대 인공지능이 건축의 전반적인 가치 사슬value chain[1]을 더 빠르거나 혹은 더 효율적으로 만들 뿐만 아니라 전반적으로 더 강력한 건축 전문직이 되도록 하기 위한 방법을 숙고한다. 이 책은 나에게 엄청난 흥미를 불러일으킨다. 그리고 독자도 마찬가지기를 희망한다.

마크 그리브스, 워싱턴주 머서 아일랜드에서,

도입 INTRODUCTION

거의 반세기 전에, 나는 학부생이자 원대한 꿈을 가진 건축가였다. 연장자들을 위한 디자인 스튜디오가 마련된 학교에서 공부하는 동안 우리 중 나를 제외한 나머지는 일반요건을 이수하였다. 나는 컴퓨터에 대한 초기의 흥미로 인해 소위 '컴퓨터 그래픽 입문'이라는 더 낮은 레벨의 과정을 수강하게 되었다. 그곳에서, 강의계획서에 따라, 우리는 원을 그리는 오실로스코프oscilloscope[1]를 프로그래밍하며 단조로운 첫 3주를 보냈다. 즉 초기의 CAD컴퓨터 지원 설계, computer-aided design에서 최초의 그래픽 디스플레이상上에 연습하였다. 그것은 물론 그림0.1에서 보이는 바와 같이 약 6인치 폭이었다.

꾸준히 하는 것은 나를 위한 것이 아님을 확인하면서, 동일 학과에서 '자연어 프로세싱Natural Language Processing'이라는 색다른 수업을 우연히 발견하게 되었다. 그 수업에서, 분명히, 우리는 컴퓨터에게 영어를 이해하도록 가르칠 참이었다. 자애로운—설령 성을 잘 내었을지라도—우리의 교수 로저 생크Roger Schank는 자신이 인간존재의 근원적 측면 중의 하나를 밝혔다는 것을 설명하였다. 마음속에 코드화된 언어 이해의 구조를 발견함으로써 말이다. 우리의 일은 그 이론을 컴퓨터 코드로 변환하는 것이었다. 물론, 우리는 엄청난 256킬로바이트의 메인 메모리를 탑재한 PDP-11/45라고 불리는 IBM PC의 전신인 16비트로 그 작업을 하고 있었다. 어느 날 오후, 컴퓨터 연구실에서, 우리 중 10여 명이 그 시스템으로 작업하고 있었는데, 갑자기 그 시스템에 불꽃이 일어났다.[1]

0.1:
음극선 오실로스코프, C, 1996. 1975년의 전신에 비해 그다지 많은 변화가 없었다. (MAKEHAVEN INC. 제공)

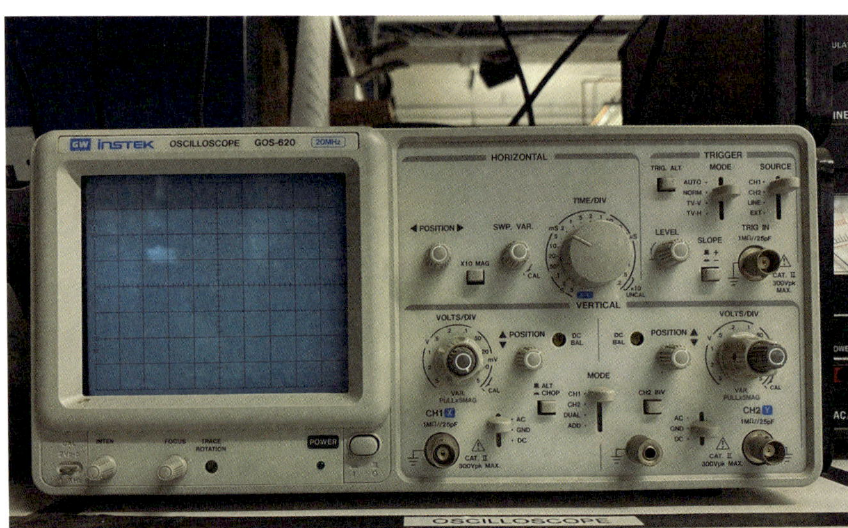

0.2:
PDP-11컴퓨터의 초기버전, 잘 작동하고 있다[2]

그 학기 동안 내가 수행한 프로젝트는 당시에, 오일 탱크 붕괴와 유출결과에 관한 특수한 주제 그리고 같은 주제와 관련한 간단한 질문들에 대해 응답하는, 소위 '뉴스 송신 장치newswire'—국가정보national sources로부터 전송된 텔레타이프teletype로부터 유래한 일종의 텍스트 스트리밍 서비스—로부터 입력input을 수용할 프로그램을 작성하는 것이었다. 우리의 해법은 본질적으로 기계가 수행할 수 있는 영어문장들과 구축된 의미론적 구조들로부터 의미를 추출하고 '하드코딩hard-coded'[2]하는 것이었다. 우리가 생각한 것은 추론하기였다. 우리가 그 사고 절차들thought processes을 디지털화하고 있는 주제들을 기반으로 하는 모든 것들 또한 인간에 의해 사용되었다. 나의 해법은, 적절하였지만, 구글의 초기 버전은 아니었다. 그것은 컴퓨터과학부에서의 날들이 얼마 남지 않았던 학기의 마지막이 되어서야 명확해졌다. 그때 교수는 나의 특별한 해법이 유조선 사고와 자동차 충돌사고를 차별화할 수 없다는 것을 정확히 알아차렸기 때문이다. 나는 재빨리 후퇴하여 그다음 학기에는 전체적으로 아날로그 건축 교과과정에 초점을 맞추었다.

초기 나의 학문적 경험처럼, 건축가들은 항상 컴퓨터 연산computation에 대해 상반된 관계를 맺고 있다. CAD를 사용하던 초기에, 우리는 도면을 그리는 고전적인 예술ancient art을 잃어버릴 수도 있다고 걱정하였다.[3] 왜냐하면 산업은 2010년대에 3D 재현, 그리고 특히 빌딩 정보 모델링building information modelling(BIM)으로 옮겨갔고, 그 불안감들은, 디지털 건물 구성요소들이 표준화되고 점차적으로 강력한 도구들이 우리의 디자인에 쉽게 제공될 경우에, 디자이너들의 권위적 힘authorial agency을 감소시키게 될 것이라는 사실을 증폭시켰기 때문이다. 컴퓨터 사용은 어디에나 존재하게 되었고, 기계들이 인공지능을 통해 지식노동을 수행하고 있는 지금, 전문가들은 다시 위험에 처했다고 믿고 있다. 한편으로 전문가들의 업무에 대한 인공지능의 의미를 탐구하는 옥스퍼드 대학교의 리차드와 다니엘Richard and Daniel Susskind은 '우리는 전문직종의 사람들에게 그들이 20세기와 그 이전에 하던 방식으로 일하는 것을 필요로 하지도 혹은 원하지도 않을 것이다'[4]라고 말해 왔지만, 오늘날 건축 실무에 악영향을 미치는 컴퓨터연산 지능computational intelligence은 거의 드물다. 그럼에도 불구하고 우리는 우려하고 있다. 컴퓨터가 대개 건축가들을 완전히 대체하는 세계로 향하고 있는 것이 아닌가? 분명히 이러한 일이 일어나지 않으리라는 이유가 있는가?

여기에 하나의 사례가 있다. 컴퓨터가 건물을 디자인할 때, 대중적인 것들은 손해를 보게 될 것이다. *왜 그런가? 왜냐하면 한 명의 건축가가 하나의 건물을 상상할 때, 그것은 그 토대로부터 위로 향해 있기 때문이다. 당신이 보는 것은 바닥에서부터 꼭대기까지 창조되어 존재하고 있는 것에 대해 하나의 상상하였던 이미지이다. 실제 건물은 우리에게, 바로 기초에서부터 시작하여 꼭대기까지, 기초에서 지붕까지, 등등 처음부터 끝까지 작동하는, 하나의 전체적인 구조를 보여준다. 만일 우리가 기초를 모른다면, 우리는 우리가 견고하게 존재하고 있다는 것을 알지 못하는 것이다. 그리고 우리가 바라보고 있는 것을 이해할 수 없을 것이다. 요점은 영혼이 없는 건물에는 미학적 가치가 거의 없거나 혹은 없다. 그처럼 디지털 건축에 대한 부정적 시각은 정당화될 수 없다.*

나는 디지털 건축에 미학이 결여되어 있는 두 가지 이유를 알고 있다. 첫째, 그것은 오로지 기술적 과정이기 때문이다. 만일 당신이 건물을 창조하는 과정process을 아름다운 어떤 것으로 만들고자 한다면, 많은 작업이 투입될 것이다. 그리고 시간을 절약하지 못할 것이다. 그리고 둘째, 디지털 건축은 구축과정building process에 유일한 요소로서 소프트웨어를 사용한다. 우리가 알고 있는 것은 신뢰할 수 없다. 소프트웨어는 이해하기 쉬운 것과는 거리가 멀다. 우리는 그것을 소프트웨어로 인식하지조차 못할 것이다. 우리는 소프트웨어가 보내고자 하는 한 마디의 메시지도 볼 수 없다. 그래서 건물을 보는 것에서부터 건물이 컴퓨터에 의해 디자인되었는지 혹은 그렇지 않은지를 말하기는 쉽지 않다. 디자인 작업은 BMW처럼 우리가 간단하게 컴퓨터에 던져놓고 그 결과를 취할 수 있는 그런 것이 아니다.

디지털 건축가들은 건축물을 창조하는 과정을 아름다운 어떤 것으로 만들고자 한다, 그러나 궁극적으로 그들은 그렇게 하지 않는다. 디지털 건축에는 다른 이슈들이 존재한다. 건물을 더 "사실적으로" 만들기 위해, 당신은 그 건물을 지을 재료들을

조작하기 위해 소프트웨어가 필요하다. 과거에는, 재료들은 결코 디지털적으로 디자인되지 않았다. 그래서 디지털 건축이 컴퓨터가 다룰 수 없는 재료를 취하였을 때, 소프트웨어는 그것을 어떻게 다루어야 하는지를 알지 못했다. 그리고 그 결과는 바탕에 "자유로운" 공간이 있는 "관棺"이었다. 디지털 건축은 오로지 당신을 첫 번째 모형을 보여주고 그리고 한번 만들어 지면, 모형에서 오직 그 모형만을 유지하면서 그것과는 완전히 다른 모형을 만들어 낼 것이다. 디지털 건축은 당신에게 더 명료한 것을 제공할 수 있다. 그러나 미적인 것을 희생해야 한다. 디지털 건축은 결코 실제 건물과 같은 어떤 것을 생산해 본 적이 없다.

친애하는 독자들이여, 여기서 희망은 간단한 이탤릭체로 된 변환 이후에도 여전히 당신은 나와 함께 할 것이라는 점이다. 이탤릭체로 된 것은 전부(그리고 나는 편집하지 않았다) GPT-3라 불리는 기술로 생성된 것이다. GPT-3는 Generative Pre-Trained Transformer생성적 사전학습 트랜스포머의 3세대이며, 하나의 프롬프트prompt,지시 메시지에 대응하여 원문original text을 불러내는 일종의 인공지능 시스템이다. 이 경우에 그것은 '컴퓨터가 건물들을 디자인할 때였고, 대중적인 것들the public은 실패할 것이다.'[5] GPT-3는 역으로 움직이는 나의 유조선oil tanker 프로그램이다.—어떤 방식으로든지 이해하기 위해 하나의 이야기narrative를 받아들이는 대신, 이야기를 창조한다. GPT-3는 컴퓨터에서 더 강력한 자릿수들orders of magnitude을 운용하며 훨씬 많은 재능을 지닌 사람들에 의해 프로그램된 것들이다.

위에서의 표본 출력은 논리적 영어와 기분 나쁜uncanny 유사성을 지니고 있다. '최초의original' 주장에 대한 폭넓은 틀과 구체적 사례들을 인용하기까지 한다. GPT-3는 단순 명료함이라는 미친 특성을 지니고 있다. 당신이 그것을 이해하고 있다고 생각하면 할수록 그것은 더 모호해진다. GPT-3 기술은 인터넷으로부터 엄청난 양의 텍스트를 섭취함으로써 언어를 '학습하고' 근원적인 의미론적 구조 그 자체를 '가르치는' 현세대의 기계 지능 machine intelligence이다. GPT-3는 일반적으로 믿을 만한 구글 번역 Google Translate이 영어에서 스페인어로 웹페이지를 번역하기 위해 사용하는 것과 동일한 전략을 사용하지만, 기계학습을 급격하게 향상시킴으로써 현저하게 속도가 빨라졌다. 그럼에도 불구하고 여전히 나의 초기 작업과 위에서 보는 바와 같은, GPT-3의 출력 둘 다 실질적인 일관성coherence은 부족하다. 그리고 위의 텍스트를 읽는데 더 많은 시간을 들일수록, 텍스트가 만들어 내고자 하는 것처럼 여겨지는 의미는 더 줄어든다. GPT-3는 1976년의 나의 작업보다 확실히 더 효율적인 접근방식인 것은 틀림없다. 그러나 압도적인 철학적 주장들이 없다.

그럼에도 불구하고, 여기에서의 가능성들은 흥미를 불러일으킨다. 컴퓨터가 전체 건물을 잘 디자인할 수 있을까? 이 책의 서문을 기고해 준 컴퓨터 과학자 마크 그리브스 Mark Greaves는 '유창함과 표현성'을 지닌 GPT-3와 같은 도구들을 통해 자연어 생성natural language generation에서의 진보를 설명하고 있다.

> *≫ 현대적인 기계학습 기법들을 사용하여, 한때 유일하게 인간의 영역이었던 언어와 같은 분야에서, 기계들은 창조적이고 원천적인 텍스트를 성공적으로 만들어 내기 시작하고 있다. '창의적'이라고 불리는 좀 더 전통적인 인공지능을 기반으로 하는 제한적 성취들이 분명히 있어왔다. 체스 시합에서 게리 카스파로프Garry Kasparov를 상대로 딥 블루Deep Blue가 둔 유명한 '신의 손hand of God'에 의한 수move와 같은 것 말이다. 그러나 이러한 성취들은 극히 드물다 ... 이러한 시스템들은 기계가 과거에는 도달하지 못했던 창의성과 표현성 수준과 언어적 예술성linguistic artistry을 보여주기 위한 것 같다. 그리고 게임 영역에서 바둑을 두는 기계학습 기반 알파고AlphaGo 역시 마찬가지로 실질적인 창의성을 보여 왔다.*

창의성과 일관성coherence을 능력competence과 동일하게 볼 수 없다. 그리고 그 안에는 적어도 이 책이 탐구할 의문들에 대한 해답의 일부가 놓여 있다. 즉 건축 전문직은 인공지능의 진보로 인해 가능해진 미래들, 소위 '제2의 기계 시대Second Machine Age'를 어떻게 생각하고 대응하여야 하는가?[7] 신중하게 움직이며, 만일 마지못해, CAD와 BIM의 시대를 겪어야 한다면, 우리는 디자인, 건설, 그리고 건축 자산운용built asset operation의 모든 차원에서 지능적인 기계들의 우위의 필연성을 알리는 의도적으로 고안된 경로—전문가적 책략—를 제안할 수 있을까? 한편으로 인간 건축가를 위한 적절한 역할을 유지하면서 말이다.

적어도 기계 지능과 대문자로서의 디자인을 위한 기계 지능이 지닌 함의와의 관계성이 연관되어 있는 한—큰 문제와 씨름할 때 항상 건축이론이 방문하는 첫 번째 장소인—이 질문은 새로운 것이 아니다.[8] 그러나 시험되지 않은 것들은 오히려 건축의 결과들보다 실천을 위한 함의들이다. 만일 디자이너들이, 피터 로우Peter Rowe가 (호르스트 리텔Horst Rittle을 인용하면서) '사악한 문제들wicked problems'라고 기술한 것처럼, 한없이 열린 기원들beginnings과 정해지지 않은 결론들을 해결한다면, 경쟁력 있는 실무competent practice를 위해 기술적이고 미학적인 이슈들에 대한 폭넓은 범위에 걸친 발견적 방법론heuristics이 필요하다. 이것은 인간에게는 배타적인 전략일 수 있는 것처럼 보일 수 있다. 그러나 컴퓨터들은 점점 더 기계학습의 도움으로 이러한 기술들을 학습하는 것이 가능해지고 강력해지고 있다. 그리고 컴퓨터들이 그렇게 할 때, 전문가적 책략과 방법들-디자이너 그들 자신의 가치-은 변경 불가능할 만큼 변모할 것이다.

건축 실무에 있어서, 이러한 변화가 갖는 함의들은 초기 발생적이다. 기계학습 알고리즘들은 모기지 신청건수들mortgage applications을 평가하고, 정기적으로routine X-ray를 판독하며, 보드게임을 위해서 지금까지 결코 본 적이 없는 전략들을 발명해 내고 있다. 그리고 심지어 위험천만하게도 일관된 아이디어를 구성하는 데까지 근접하고 있다. 그러나 디자인 생성을 위한 인공지능 기반 접근법들만이 이제야 명료해지고 있으며 아직 상업적으로 실행 가능한 접근법은 없다. 다니엘 서스킨트Daniel Susskind가 자신의 두 번째 저서에서 예측하고 있는 바와 같이, 컴퓨터들은, 모든 직업과는 대조적으로, 점차적으로 업무들이 가능해지고 있다.[10] 건축가들이 제공하는 서비스 범위들에 걸쳐, 업무 자동화를 위한 풍부한 기회들이 존재한다. 그것은 건축 작업이 대체되리라는 것을 의미하는가? 혹은 반대로 유능한 컴퓨터로 인해 증강될 것을 의미하는가? 우리가 완전히 기계에 의해 대체될 것인지 그렇지 않을 것인지와 같은 더 큰 문제들과 씨름하기보다, 비판적인 것 중에서 컴퓨터들이 지원하는 곳에서 더 지능적인 방법을 발견하면 할수록, 아마도 프로젝트 수행, 기술적 정교함, 수행 예측가능성performative predictability과 같은 실무적 측면에서는 더 보편화 될 것이다.

이러한 접점에서, 건축 전문직 그 자체가 존재적 위협을 받는 것은 아니지만, 학습하는 기계의 필연적 도래를 위한 전략을 발전시키지도 않았다. 그 전략은 디자이너로서 디자인 행위체계agency에 대한 일반적인 우려를 넘어 확장된 검토과제를 지니고 있어야 하며, 강력한 컴퓨터연산이 공식화formulation, 개념화, 수행, 그리고 건물의 사용, 그리고 그것으로 인한 건축 그 자체에 대한 전문성의 본질적 가치에 있어서 우리의 역할에 얼마만큼 영향을 미칠 수 있는지를 더 폭넓게 지켜보아야 한다. 그 목적을 달성하기 위해, 본서는 컴퓨터와의 결합에서 우리의 운명을 향한 전망을 제공하는 다가오는 컴퓨터 지능 시대에서의 세 가지 실무적 측면을 살펴볼 것이다.

1. 실무의 **프로세스**와 방법들이 어떻게 변할 수 있는가?
2. 그러한 변화들이 건조 환경에서 수행 시스템과 우리의 **관계**에 의미하는 바는 무엇인가?
3. 우리의 노력의 **결과**를 개선하고 향상시키기 위해 어떤 기회들이 있을 수 있는가?

동시에 본서는 기계 지능 시대로 전진하는 전문직을 위한 전략을 제안하고자 할 것이다.

ARCHITECTURE IN THE AGE OF MACHINE INTELLIGENCE

FRONT MATERIALS

PROCESS

RELATIONSHIPS

RESULTS

CONCLUSION

END MATERIALS

인공지능과 같은 파괴적 도구에 대한 함의를 이해하는 것은 특별한 권능을 부여하는 기술, 새로운 결과를 향하는 도구를 배치하는 데 있어서의 건축가들의 대행체계, 대행체계는 프로젝트 수행 시스템에서 건축가의 역할 변화를 어떤 방식으로 야기할 수 있는가, 그리고 마지막으로 그에 따른 건축가들의 서비스 가치 변화는 무엇인가? 이러한 문제들의 관계를 탐색하는 것을 의미한다. 본서의 각 장은 이러한 질문들의 조합을 토대로 견해를 제시하고 있다.

알림 III

서문 V

도입 VI

항목	기술	대행체계	수행	가치
1.1 도구와 기술들 3	●			
1.2 인공지능이란 무엇인가? 13	●		●	
1.3 전문정보와 지식 21		●	●	●
1.4 인공지능과 디자인 프로세스 변형 그리고 그 너머 32	●			●
1.5 서비스 영역 45		●		
1.6 수행, 수단과 방법 58		●	●	
2.1 경세적의미, 보상과 가치 72		●		●
2.2 법률, 정책, 리스크 82		●	●	
2.3 전문가들에 대한 요구 92		●		
2.4 교육, 인증, 그리고 훈련 102		●	●	
3.1 디자인의 목적 116		●		●
3.2 데이터 창조, 소비, 조율하기 126	●		●	
3.3 자동화된 업무들 136		●	●	
3.4 디자인 노동 148	●	●	●	
3.5 가치제안과 비즈니스 모형 155			●	
4.1 결론 168	●	●	●	●

문헌 목록 173

원주 176, 역주 184

색인 187

이미지 출처 190

01 PROCESS

≫ 건축 작업의 프로세스와 방법은 강렬한 자동화의 압력 (그리고 가능성)하에서 어떻게 변할 것인가? 우리의 작업이 최상으로 증강되거나 혹은 필연적으로 대체되는 지점은 어디인가? ≪

1.1 도구들과 기술들
TOOLS AND TECHNOLOGIES

≫ 컴퓨터는 지난 20여 년간 더 효율적인 묘사와 표현을 위한 서비스에서 사용되어 왔다. 인공지능은 디자인을 표현하는 것에서부터 그것을 디지털적으로 추론하는 것으로 초점을 바꾸었다. -어떤 경우에는 인간운영자 혹은 더 나아가 개입조차도 필요치 않다. 건축을 만드는 가용한 수단들의 진화에 상응하는 의미는 무엇인가? ≪

기술 분류체계 TAXONOMY OF TECHNOLOGIES

다양한 학자들이 건축 전문직에서의 기술의 역사를 묘사해 왔다. 그리고 여기서 상세하게 그 역사를 반복하는 것은 본 프로젝트의 범위를 넘어선다.[1] 그러나 양축兩軸을 따라 조직된 그 역사를 이해하는 것은 가능하다. 그 양축은 건축의 도구 일체toolkits를 구성하는 기술들의 진보와 이러한 도구들이 지원하는 이용분류체계이다. 인간의 마음과 비슷한 결과를 생산하는 방식으로 복합적인 인식 업무들을 수행하는 능력으로서 폭넓게 정의되는 인공지능은 이러한 분류체계 내에서 묘사되고 있는 다양한 도구 중 하나이다.

첫 번째 축에서, 건축 분야 내의 기술의 역사에 대해 아주 간단히 말하자면 메소포타미아의 통치자인 구데아Gudea의 조각상으로 멀리 기원전 2150년까지 거슬러 올라가 시작할 수 있을 것이다. 그 조각상의 무릎 위에는 추정하기에 아날로그 디자인 도면의 최초의 증거로 보이는 건축계획 도면이 놓여 있다.[2] 적어도 그다음 42세기 동안 건축가들은 종이 위에 규모를 고려하여 명시적이든 혹은 함축적이든 계획design을 표현함으로써 자신들의 아이디어를 요약하였다. 마리오 카르포Mario Carpo는 이 과정을 그림들drawings과 동일문자 표기법들allographic notations은, 벡터 디자인 정보로서, 매뉴얼 그래픽manual graphic으로 유용해진 매우 제한적인 '중앙처리장치 사이클 central processing units(CPU) cycles'과 더불어 실질적인 데이터 처리processing data의 한 방식이라[3]는 사실을 제시하면서 디지털 용어로 매핑한다. 최소한의 에너지를 소모하며—종이 위에 두 개의 평행선을 그리는 행위—건축가는 현실화된 건물에서는 3차원적으로, 구축학적으로 물질화된 벽의 건설을 내포할 수 있었다. 그리고 벽을 만드는 책임을 진 전체 사업기획에 의해 참조를 위한 풍부한 아이디어를 기념할 수 있었다.

1.1.1: 구데아, 무릎에 평면 도면이 있다. *C.* 2150 BC[4]

컴퓨터 지원 설계 COMPUTER-AIDED DESIGN

1980년대에, 건축가들은 디지털, 컴퓨터 지원 설계(CAD, 때로는 컴퓨터 지원 제도 computer-aided drafting로 언급되기도 한다)에 최초로 개입하는 쪽으로 진지하게 이동하였다. 그것으로 인하여 종이 위에 선, 호, 원을 그리는 기계적 프로세스는 디지털 선을 입력함으로써 가상의 평면에 그러한 동일한 선들을 창조하는 것으로 대체되었다. 컴퓨터와 플로터에 대한 막대한 투자는 이러한 전환을 기념비적으로 느끼게끔 하는 한편, 그것은 사실상 가상의 형태로 기존의 제도 기법으로 전환하는 것에 더 가까웠고, 오브제는 여전히 도면 생산의 대상이었지만 더욱 정밀해졌다. 대규모 (플로터와 같은) 프린트 장비들의 기술적 진화는 (오토 캐드와 같은) 전자적 제도drafting 도구들과 병행하여 이루어졌다.

컴퓨터화된 도면으로의 이동은, 한편으로 CAD로 인해 가능해진 더욱 정밀한 기하학들 덕분에 갑작스럽게 그리기 쉬워진—그리고 더 적은 범위에서는 또한 건물을 짓기도 쉬워진다—곡면 건물 시대의 도래를 알리는 것이지만, 디자인에 관한 정의, 건축가와 시공자들의 건설에 대한 궁극적 책임에 의한 디자인 의도, 건축론De re edificatoria[5]에서 알베르티Alberti가 르네상스 시대에 정의한 분류사이에 있는 정보 차이에 대해서는 거의 언급하지 않았다. 카르포Carpo에 의하면, 알베르티는 건축가는 도면을 그리고 시공자는 어김없이 도면을 따른다는 명제proposition를 내놓았다. CAD는 건축가들에게 더 빠르게 도면을 그리는 기회를 제공하였다. 더 많은 도면의 일관성과 함께 말이다. 그리고 도면 세트의 다수의 도면 혹은 다수의 프로젝트에 걸쳐 (오토캐드의 블록 같은) 특정 표현들은 재사용하기까지 하였다. 그럼에도 불구하고 이러한 데이터의 추가된 정보력에도 불구하고, 작업 그 자체의 질은 향상되지 않았다.

> ≫ 간단히 말해, 디자인 의도들, 시공도면들을 통한 의도들의 표기, 그리고 물질적 실행 간의 존재론적 괴리는 어쩔 수 없는 논증 불가능성, 주장, 혼란, 그리고 법적 책임이라는 회색지대를 남긴다. 그곳에는 모든 종류의 당면 문제와 관련한 개인적 개입, 추정들, 괴롭힘, 설득, 간청, 모략, 그리고 기피들이 시공도면과 시방서를 대신한다. 그리고 흥정이 선택이라는 디자인 도구가 된다.[6] ≪

이러한 차이를 들여다보면, 20년 혹은 30년 뒤, 재현 기술representational technologies에서 그 다음 도약인 빌딩 정보 모델링building information modelling(BIM)이 다가왔다. 이론적으로 BIM은 건축가들의 전통적인 동형문자적 전략allographic strategy을 뒤집어 버리는 것을 상징적으로 보여준다. 즉 건물의 3차원 표현은 가상의 디지털 공간에서 구축되었다. 거기에서부터 괜찮은 도면들venerable drawings은 '보고서reports'로 추출되었을 것이다. 즉 구데아의 평면계획은, 다른 방식으로 그의 기억 속에 살아 있었던 하나의 계획 다이어그램을 재현하는 것이라기보다, 컴퓨터 메모리—관련 데이터의 단지 다른 관점—속에 살아 있는 실물 크기의 디지털 모형으로부터 나온 추출물로 이제는 존재하게 될 것이다. 팀을 이루는 모든 디자인 구성원들은, 이론적으로, 그들 각각의 작업을 완성하기 위한 그 모형에 정보를 더한다. 그러나 실무에서 절차와 결과물에서 양립할 수 없는 것들,

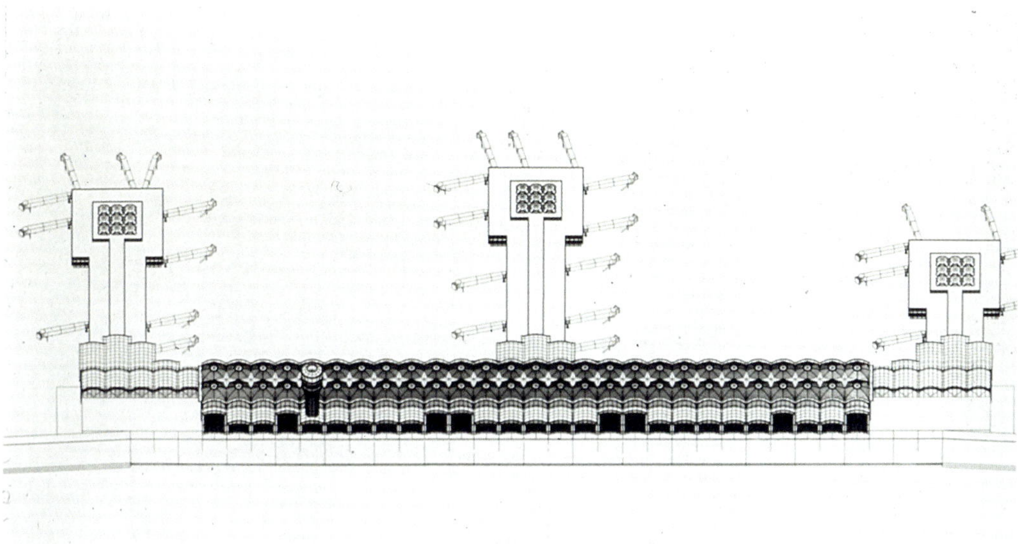

1.1.2: 초기 CAD 도면
PELLI CLARKE PELLI ARCHITES 작성

건물들의 적대적 속성, 그리고 수 세기에 걸친 도면의 오랜 유혹은 대개 BIM을 CAD 보다 훨씬 더 나은 작업 도면들을 생산하는데 사용하는 도구로 만들었다. 건물들의 정보과학의 구성 원리organising principle로서의 BIM의 인식론적 가치는 거의 완전히 무시되었다.

지난 10년 동안 현대적 삶의 많은 측면이 폭발적으로 디지털화되는 것을 보아왔다. 그리고 디자인과 건설도 예외는 아니었다. 클라우드cloud의 막대한 저장량과 CPU파워를 어디서나 이용 가능하고 인터넷을 통해 가상으로 어느 곳에나 그러한 역량을 실행할 수 있는 능력으로 힘을 얻은 건축/엔지니어링/건설/운영 산업은 다양한 컴퓨터사용 도구들을 적용하고 있다. 이동하면서 말이다.

디자이너들의 도구 이용 목적

- 모델링
- 렌더링
- 데이터 관리
- 분석 플랫폼들.

프로젝트 현장에서 디지털 태블릿을 장착한 건설자들

» 종이의 배타적 영역이었던 것을 디지털 버전에 의존
» 건설 프로세스를 포함하고, 건설 프로세스를 기록하기 위해 드론과 라이다 LIDAR(LIGHT DETECTION AND RANGING)를 배치하는 행정 거래 내역들을 관리하기 위한 데이터 도구들을 사용.

건물 소유주들

» 시공 후 도면 뭉치 대신 완성된 프로젝트에 대한 디지털 문서화 요구
» 빌딩 성능 최적화를 위해 빌딩 통제 시스템의 센서 네트워크로부터 데이터 조합.

디지털 틈새 THE DIGITAL INTERSTICE

언급한 모든 건축/엔지니어링/건설/운영 산업은 방법들에서 '컴퓨터연산의 공백기'로 접어든 것 같았다. 그곳에서는 수행 연속체delivery continuum에 걸쳐있는 다양한 프로세스들이 디지털화 되어가고 있다. 결과적으로, 다양한 프로그램들, 플랫폼들, 데이터 유형, 그리고 지원 하드웨어들이 산산이 흩어진 건설 산업 그 자체만큼이나 다양해지고 – 그리고 조직이 파괴되고 – 있다. 1970년, 니콜라스 네그로폰테Nicholas Negroponte[1]는 그가 제안하였을 때 컴퓨터사용으로의 어떠한 전환도 처음에는 대체하기를 추천하는 아날로그 프로세스를 직접적으로 모방한다는 이 같은 상황을 예측하였다.[7] 결과적으로 흥분과 혼란이 몇 년 더 이어지게 될 것 같다. 왜냐하면 건설 산업의 의지들이 스스로 디지털 미래로 진입하고자 하는 동시에 종이를 기반으로 하는 아날로그 프로세스의 지원을 받는 단순한 '상호운용성introperability'을 포기하기 때문이다.[8] 글로벌 데이터 거래에 관한 몇몇 종류의 광범위한 이론들에 대한 요구는 강하게 지속될 것이다. 그러나 새로운 기회와 공급사설delivery chain을 필연적으로 구성하는 다양한 프로세스들의 내재적 복잡성들을 말하고자 하는 소프트웨어 시장에 의해 일방적으로 추월당할 것이다.

건설 산업은 전형적으로 신규 기술들 혹은 혁신들이 도입 직후에 적용하기에는 잘 조직되어 있지 않다. - 시장 영향력을 충분히 집계할 수도 없다. 건축가, 엔지니어 그리고 건설자들이 사용하기 위한 그러한 시스템들을 채택하고 적응하고 향상시키는 것은 종종 하드웨어, 소프트웨어, 그리고 비즈니스 모델이 충분히 성숙하기까지 기다려야만 한다. CAD 플랫폼들이 그러한 경우다. CAD 플랫폼들은 항공우주산업을 기원으로 하고 있으며 건축/앤지니어링/건설/운영 고객들의 손에 닿는 곳에 있을 수 있을 만큼 충분히 저렴한 개인 컴퓨터에 설치되어야 한다. 유사하게, BIM 혹은 고해상도의 렌더링과 같은 모델링 플랫폼들은 최종적으로 제작과 영화제작 도구들을 전용하였다. 일단 그러한 기술들이 경제적 범위 내에 들어오면 말이다.[9]

1.1.3:
진행 중에 있는 건설 LIDAR 스캔, BIM 데이터 세트에 맞추어 배치되었다. 전선관(녹색)과 덕트(청색)가 디지털 스캔 된 모형에 가상으로 추가되었다.

기계지능으로의 이동 MOVING TO MACHINE INTELLIGENCE

그 이외의 이러한 신뢰할 만한 경험에 의한 방법과는 예외로, 건축가들은 기계 기반 디자인, 즉 스크립팅의 최초 버전들의 첫 이용자들 중 하나가 되었다. 맥닐 그레스호퍼McNeel Grasshopper (그리고, 이후에, 오토데스크 다이나모Autodesk Dynamo)와 같은 기술들을 최초 제안한 것처럼, 건축가들은 지금은 파라메트릭, 혹은 생성적, 디자인으로 알려진 것에 대한 아이디어를 정의하고 정밀하게 구성하였다. 그곳에서는 컴퓨터화된 스크립트들scripts이 (라이노Rhino를 제어하는 그레스호퍼와 같은) 지오메트리 엔진geometry engines[2]을 구동한다. 그러나 그러한 작업의 20년 후에, 스크립트 기능scripting capabilities은, 시스템적인 대안생성 혹은 분석적 평가 보다, 모양 생성shape generation 혹은 창문생성 지오메트리 fenestration geometry와 같은 상대적으로 사소한 문제들에 관한 서비스에 주로 배치되고 있다. 하이파Hypar10[3]와 같은 차세대 도구들이 생성적 설계generative design에 대한 아이디어를 촉진하기 시작해 온 한편, 스크립트로 생성한 대안 디자인들alternative designs을 평가하기 위한 분석 도구들의 부족은 전반적으로 형태생성을 위한 도구들의 사용을 제한하였다.

우리의 시간대에서 최신 도구인 기계학습과 인공지능은 건축가들에게 도달하는 전형적인 경로를 따르기 쉽다. 주요 기업들은 이미 인공지능/기계학습 능력을 자신들의 핵심 운영 전략으로 흡수하고 있는 한편,[11] 건축가들에게 유용한 대부분 인공지능은 그들의 스마트 폰을 통해 전달되고 있다. 온라인으로 저녁을 주문하거나 혹은 사무실로 태워다줄 것을 요구하거나 하면서 말이다. 몇몇 전망이 밝은 스타트업 기업들과 시도들은 건설 현상(예를 들어, 컴퓨터 비전computer vision[4]을 통한 근로자 안전성 확인)과 프로젝트 행정(예를 들어 변경 주문change orders[5] 방대한 재료견본과 정보 요구서의 관리)의 다양한 업무들과 관련한 기술들을 시험하고 있다. 우리는 여전히 초기 단계에 있다는 것을 보여주지만 말이다.

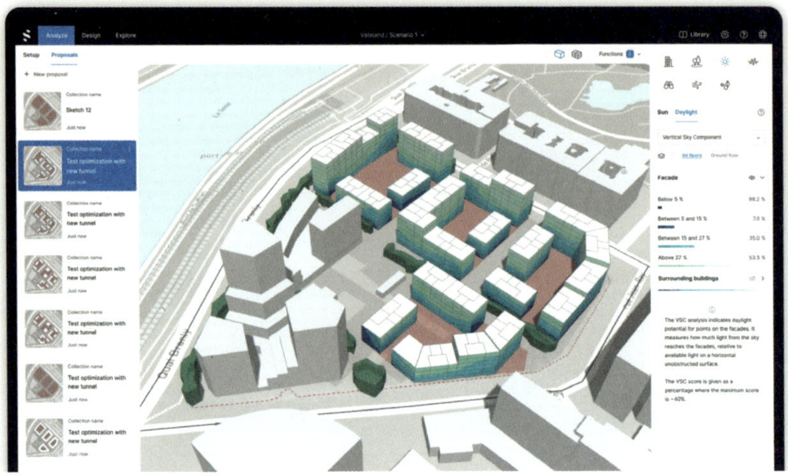

1.1.4: AUTODESK SPACEMAKER 인공지능의 설계와 평가 인터페이스

그러나 이러한 기다림은 오래 지속되지 않으리라는 징후들이 존재한다. 2020년 11월, 내가 이 장章을 집필하고 있을 때, 나의 이전 고용주가 스페이스메이커Spacemaker의 인수를 발표하였다. 그것은 인공지능을 기반으로 하는 디자인 생성 도구로서 부지site와 건설 제약조건을 평가하고 기획설계 솔루션을 생성한다(그림1.1.4를 보라). 그 도구는 디자인 재현,representation 평가분석, 그리고 인간 의사결정자/ 운영자와의 상호작용에 의한 최상의 결과를 학습하는 인공지능 인프라로 구성되어 있다.

그처럼 그것은 BIM을 넘어 모델링 재현의 차세대가 향하는 곳에 대한 지표일 수도 있다. 인수비용은 2억4천만 달러 혹은, 건축/엔지니어링/건설/운영에서 BIM 혁명을 시작한, 레빗 테크놀로지Revit Technologies의 인수비용(2002년의 미국 달러)보다 25%가량 많았다.[12]

이용 분류체계 A TAXONOMY OF USE

초기에 하나의 분류체계를 제안하였다. 그것으로 부상浮上하고 있는 막대한 양의 디지털 도구들이, 지원기술들과는 관계없이, 범주화될 수도 있다.[13] 그 분석에서 나는 건설 기업의 업무들이, 컴퓨터사용에 의한 지원을 받아, 크게 4가지 범주로 분류할 수 있다고 제안하였다.

1. 재현representation(작가의 아이디어 묘사)
2. 분석과 시뮬레이션(아이디어의 수행과 함의를 이해하기 위한 아이디어 평가)
3. 실현realisation(그러한 아이디어를 건조형태built form로 전환)
4. 협력(기업들에 걸친 정보의 분배와 관리)

이러한 맥락에서 기계학습과 인공지능의 함의를 고찰할 때, 그와 같은 정의들은 좀 더 추가적인 세밀함을 요구한다.

재현 Representation

도면, 텍스트, 이미지들과 물리적 모형들은 디지털 이전 시대의 재현 도구들이었다. CAD에 뒤이어 결국 BIM과 파라메트릭 디자인으로 이어졌다. 스마트 기계들에 의해 소비되는 데이터들이 점점 더 디지털화되는 세상에서, 수학적 모형들mathematical models과 — 건설 통제 시스템으로부터 나오는 센서 데이터와 같은 — 구축된 자산built asset을 보여주는 여타의 데이터 세트들은 마찬가지로 표현적인 것으로 간주되어야 한다. 게다가, 파라메트릭/ 생성적 디자인 제안에 대한 초기 개입에서처럼, 디자인을 생성하는 알고리즘들은 표현 프로세스에서 점점 더 중요한 부분이다.

분석과 시뮬레이션 Analysis and Simulation

컴퓨터의 사용은, 데이터를 이해하고 평가하기 위한 표현의 결과인 데이터를 조사하는 데 안성맞춤이다. 인공지능의 추정력putative power으로 확장된, 이러한 능력은, 아그라왈,Agrawal 갠스,Gans 그리고 골드팝Goldfarb이 제안한 것처럼, 좀 더 정확하게는 예측prediction으로 묘사될 수도 있을 것이다. 말하자면 디자인 결정들에 대한 함의를 평가하고 그것을 지탱하는 논리와 결정들의 결과와 함의들을 예측하기 위해 즉 표현적이고 여타의 다른) 데이터를 사용하는 것 말이다.[14]

실현 Realisation

디자인 데이터는 디지털화된 건설 프로세스의 논리적 토대이다. 이는 인공지능/ 기계학습의 지원을 받는, 건설이 자동화되고 건설과정들이 건설방법을 학습하는 기계로 흡수될 때에 특히 옳다. 그 로봇들은 작업 현장job site에서 로봇을 안내할 디자인 데이터를 필요로 할 것이다. 유사하게 건설과정을 입증하기 위한 정보 수집은 디지털 프로젝트 실현의 또 다른 측면이다. 건설과정에 대한, 지능 시스템에 의해 BIM에 매핑되는, 라이다LiDAR 스캔은 그 하나의 예다.

협력 Collaboration

초기의 인터넷을 기반으로 하는 관리에서부터 오늘날의 BIM360[6], Procore프로코어[7] 혹은 Google Docs구글독스[8]와 같은 일반적인 도구들에 이르기까지 프로젝트팀들은, 포맷과는 상관없이, 디지털 자산digital assets을 조직하고 전송하며 관리할 필요가 있었다. 우리가 디지털의 권력 공백기digital interregnum를 겪고 있지만, 이러한 모든 데이터에 대한 색인을 만들고index, 위치시키며, 이해할 필요성이 증가하고 있다. 그것은 포맷과 위치에 대한 사용자의 걱정 없이도 현대의 검색 엔진들이 정보를 찾는 방식과 많은 부분에서 동일하다. 시간이 갈수록, 디지털 디자인과 건설은 사업경영방식enterprise을 가로지르는 통합된 프로젝트 정보학federated project informatics을 요구할 것이다. 그곳에서는 다양한 포맷으로 된 데이터 구조들이 별개의 부분들과 더불어 긴밀하게 결부된 하나의 전체를

	시간	표현	시뮬레이션과 예측	실현	협력
아날로그	BC2500-1985	도면과 물리적 모형	경험, 직감, 판단	수작업 서류와 조립	물리적 대상들의 수집
CAD	1985-2008	오토캐드, 라이노를 통한 디지털 도면	스크립트, 스프레드시트	사진측량, 기하학 기반 제작	컴퓨터파일 철야(overnight) 표현
BIM	2008···	행동적 모형 (Behavioural Model) 파라매트릭스	맞춤형 분석 소프트웨어	레이저 스캐닝 데이터 기반 제작	파일 서비스 클라우드 저장 시스템
데이터 공백기	2020···	포맷들의 폭증	도구들의 폭증	디지털 산업화된 건설	단일 데이터 환경
지능적 기계들	2025···	데이터 레이크 (Data Lake)	M기계-생성 전망(projections)	실시간 데이터 제공 로보틱스	정보 처리 상호 운영으로 유도되는 기계

1.1.5: 시간의 흐름에 따른 기술과 도구들의 관계

형성하기 위해 연결된다. 기본적인 데이터 포맷들 혹은 정보 처리 상호운용 프로토콜들 interoperability protocols은 다양화된 건설과정에 걸쳐 이 모든 데이터를 유용하게 사용할 수 있도록 해 줄 것이다. 기계학습 알고리즘들은 그것을 의미 있게 하는 우리의 유일한 전략일 것이다.

기술과 도구들의 진화 THE EVOLUTION OF TECHNOLOGIES AND TOOLS

위에서 묘사했던 기술들—아날로그 도면, CAD, BIM, 그리고 궁극적으로 인공지능/기계학습—각각은 작업이 이루어지고 그것을 완성하기 위해 도구들이 배치되는 방식에 변화를 줄 것이다. 기술적 유형들의 교차 그리고 결과적 과정resulting process의 진화, 그리고 그것이 가능한 절차procedure는 그림1.1.5에 기술되어 있다.

전문직이 그리드 상의 좌・상단에서 우・하단으로 이동함에 따라, 컴퓨터 연산computation의 힘, 자동화에 대한 신뢰, 데이터 해결과 정밀도의 깊이와 폭은 극적으로 증가하고 있다. 디자인 자율성의 특정 측면들은 재조정될 것이다. 기계가 건축가들의 업무 중 일부를 처리함에 따라서 말이다. 그림1.1.6.은 이러한 가능성을 기술하고 있다. 디자인 기업들이 지닌 풍부한 데이터(상부 곡선) 그리고 디자인 과정의 자동화(하부 곡선)에 기댄 네 가지 범주의 기술들의 진화를 보여준다.

여기서 제시하고 있는 것은 도구들이 더 많이 가용해짐에 따라 디지털 시대에는 컴퓨터사용 자동화에 대한 잠재력과 더불어 그 결과로 인한 정보의 입도粒度와 복잡성이 나란히 증가한다는 것이다. 도면 시대에는, 예를 들어, 정보의 복잡성만이, 현대적 건설 시스템과 복잡한 수행 모형들의 도입과 더불어, 건설 자체의 기술적 요구에서 유사한 변화를 보이며 증가하고 있다. 자동화는 전혀 유용하지 않았다. CAD의 출현으로 인해 추가적인 기하학적 복잡성, (이론에서의)더 확장된 문서화, 초기 오토캐드의

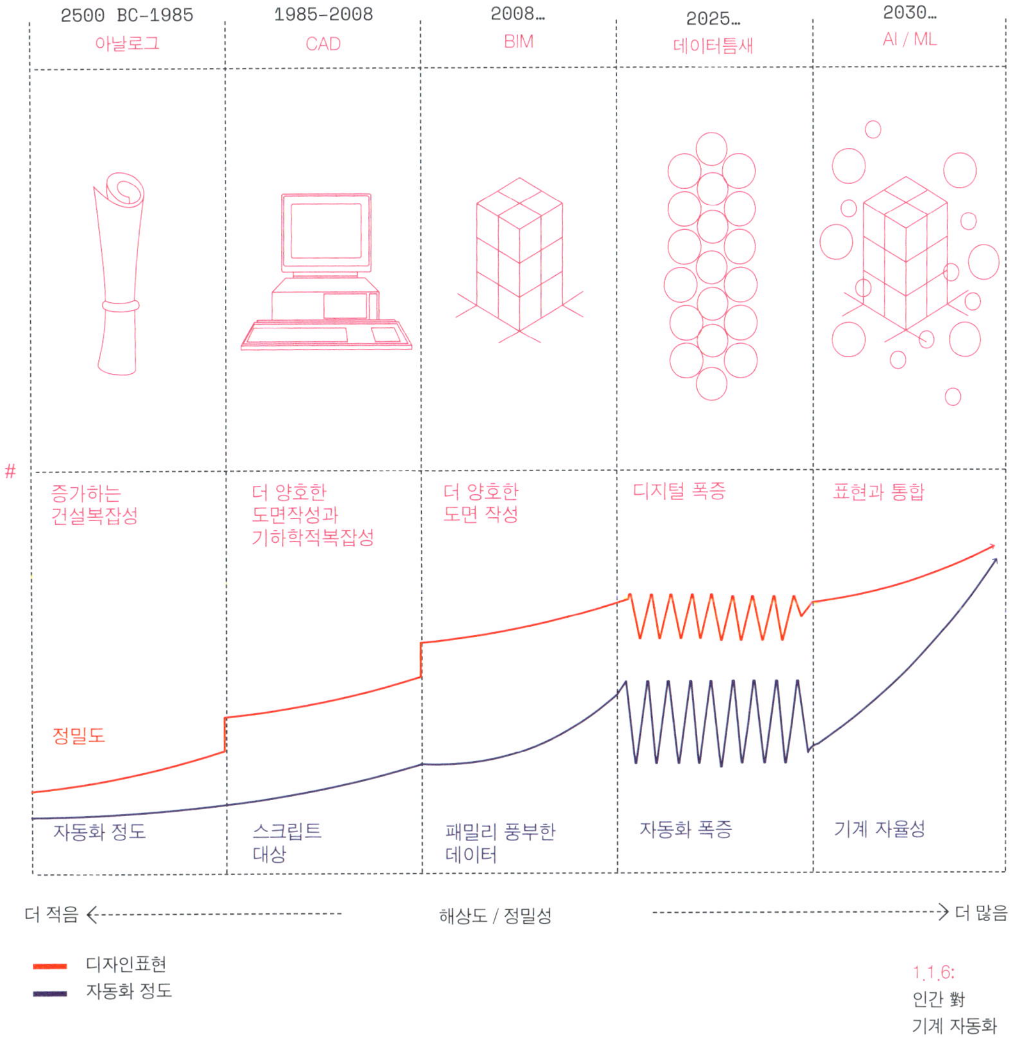

1.1.6:
인간 對
기계 자동화

AutoLISP과 같은 CAD 프로그램 자체에 내장된 기본적인 구성요소 라이브러리와 스크립트 도구들을 통한 약간의 자동화가 허용되었다. 그러한 초기 스크립트 도구들은 오토캐드의 기능들을 기록하고 반복할 수 있도록 해주었다. 말하자면 라이노에 그 도구들이 이어져 기하학 모형의 치수 매개변수들dimensional parameters을 제어하였고 디자이너에게 새로운 형태를 생성하는 능력을 부여하였다.

두 곡선에서 의미 있는 도약은 BIM의 출현과 더불어 뚜렷하다. 그러나 도면 추출에서부터 파라메트릭 BIM 패밀리, 데이트 세트, 그리고 충분히 발달한 스크립트를 통한 생성적 디자인 접근법들이 병행된 가상의 3D 모형들로 표현이 전환됨에 따라,

한때 인간의 개입에 의존하였던 과정과 절차들은 기억으로 남게 될 것이다. CAD 내의 스크립트는 단순히 기하 도형적 배열geometry을 조작하였지만, 다이너모Dynamo[9]와 같은 도구들은 디자이너에게 (창의 크기와 같은) 디자인 구성요소들과 (외벽에서 창의 위치와 같은) 전체 건물들과의 관계 둘 다를 매개변수로 조작할 수 있도록 해주었다. 공백기에 우리는 디지털 데이터의 확장 생성extensive generation과 그 외에 단절될 수도 있는 다양한 프로세스들의 일회적 자동화episodic automation를 보자.

광범위한 인공지능/기계학습으로의 전환은 앞선 디지털 소스들의 양amounts과 가치values 둘 다를 크게 강화할 것이다. 형태를 학습하기 위한 지능적 기계를 위한 데이터 레이크data lakes[10]로서 기능하면서 말이다. 동시에 컴퓨터들은 기계-자동화 업무들을 수행하기 위해 스스로를 훈련시키기 시작할 것이다. 그 같은 동일 기계들은 이질적 데이터 세트들의 관계에 대해 스스로 가르칠 것이다. 그 관계들은 프로젝트를 구성하고 건축/엔지니어링/건설/운영 데이터의 '상호운용 가능한interoperable' 배열constellation을 만들어 낸다.

이러한 경향들은 실무를 위해서는 잠재적으로 버거운—그러나 전적으로 필요한—궤도를 예고한다. 건물의 복잡성과 나란히 병행하는 컴퓨터 발전의 힘과 같은 것 말이다. 조합으로 인해, 기계 지능으로 강화되어 정교해진 디지털 모델링은, 설립에서부터 파괴에 이르기까지 건설 사업에 관한 데이터들을 그 주변에 병합하면서, 하나로 통합된 작업 내에서 디자인, 건설과 빌딩 운영이라는 본질적으로 다른 힘들을 함께 그리게 될 것 같다. 카르포Carpo는 다음과 같이 예측하고 있다.

≫디지털 시뮬레이션이라는 전례 없는 힘이 주어지면, 어떤 지점에서 가상 모형들은 그들이 재현하는—건물들의 전부 그리고 모든 측면을 구현하고 규정하는—건물들의 완벽한 복제물이, 그리고 대용물이, 될 수 있으리라고 예측할 수도 있다. 그땐 그 건물 디자이너들은 건설자들이 한번 실제 건물을 만들어 본 것처럼 디지털 모형을 만들 수 있을 것이다. 그리고 모형에서부터 건물로의 최종적인 전환translation에는 무엇이 되었든지 간에 지적으로(혹은 정보적으로) 추가된 가치를 필요로 하지 않을 것이다.[15] ≪

건물에 대한 정보를 위한 필수적 지식은, 결과적으로, 극적으로 변형될 것이다. 그러나 어떻게 변형될 것인가?

인공지능이란 무엇인가?

1.2 WHAT IS ARTIFICIAL INTELLIGENCE (AI)?

≫ 컴퓨터가 인간의 역량을 극적으로 증강할 수도 -혹은 어쩌면 우리 모두를 함께 대체할지도 모른다는 생각은 수년간 지속되어 온 것이다. 건축 실무에 대해 인공지능이 지닌 기회와 위협을 이야기하기에 앞서, 본 장은 기술의 역사를 간단히 살펴보고 인공지능의 현재와 미래를 이해하고 예측할 수 있는 분류법을 가정할 것이다. ≪

GOOD OLD-FASHIONED AI의 기원 ORIGINS OF GOOD OLD-FASHIONED AI

일반적으로 1956년에 컴퓨터 과학자 존 맥카시John McCarthy가 계산 기계들computing machine 이 인간 두뇌의 기능을 어느 정도 모방할 수 있을 것이라고 제안하면서 '인공지능' 이라는 용어를 처음 사용한 것으로 인정받고 있다. 그리고 컴퓨터사용computing이 주류 실무 건축가들의 손에 닿기 오래전에, 니콜라스 네그로폰테Nicholas Negroponte와 몇몇 다른 사람들은 디지털 디자인에 대한 아이디어를 탐구하고 있었다. 1964년에는 이미, 발터 그로피우스Walter Gropius는 전문직에서 이러한 새 기계들을 위한 역할이 있을 수도 있다는 사실을 알아차렸다. '건축가들이 더 우수한 기계적 제어mechanical control 수단으로 지능적으로 그것들을 사용하는 것은 분명히 우리에게 달려있을 것이다. 그것은 우리에게 창조적인 디자인 과정에 대한 아주 큰 자유를 제공할 수도 있다.'[1]

1958년, 심리학자 프랑크 로젠블랫Frank Rosenblatt은 '퍼셉트론perceptrons'[1]에 관한 이론을 내어놓았다. 그것은 오늘날 현대적인 신경망 네트워크의 선구자였다. 로젠블랫은 인간의 뉴런에 대해 조잡한 디지털 팩시밀리를 '가르침'으로써 시각 정보를 재현하고, 그것으로 인간의 지식을 접근 가능한 형태로 기록하는 것이 이론적으로 가능하리라고 가정하였다. 10년 뒤 그 이론은 매사추세츠 공과대학교의 마빈 민스키Marvin Minsky의 도전을 받았다. 그는 (그러한 뉴런들로 이루어진 더 많은 레이어들을 가진) '더 심오한' 모형들은 결코 믿을 만한 결과를 산출해내지 못할 것이라고 주장하였다. 오늘날까지 인공지능 전략에서, 일부, 살아남은 주장을 예언하면서 말이다.

1.2.1:
ARCHITECTURE MACHINE GROUP에 의한 네그로폰테의 URBAN 5 SEEK, 유태인 박물관, 뉴욕, 1970

동시에 니콜라스 네그로폰테는 자신의 MIT 연구소, '건축 기계The Architecture Machine'에서 좀 더 실제적인 문제를 탐구하였다. 정규 교육을 받은 건축가인 네그로폰테는, 대형 스크린, 비디오와 카메라, 기계 지능과 몰입환경immersive environments과 같은 도구들의 사용을 예측하며, 기술의 초기사용과 디자인에 대해 폭넓게 시험하였다. 그의 작업은, '우리 모두가 종국에는 거주할 그리고 우리 모두를 둘러싸게 될 지능적 환경intelligent environment'[2]의 가능성을 가정하며, 인공지능에 대한 초기 전략들을 예측하였다.

네그로폰테는 3차원 공간의 표현, 생성, 조작에 대한 문제를 시험하는 한편, 다른 작업은, 자연어 처리natural language processing라 불리는 것으로 조사된, 인간의 사고human thought에 대한 이해를 핵심으로 심사숙고하였다. 다시 말해, 컴퓨터의 글written word에 대한 이해와 창조 말이다.[3] 컴퓨터 과학자들은, 텍스트로부터 이해와 그 결과적 지식으로부터 추론적 이성reason을 끌어내기 위한 컴퓨터연산과 의미론적 구조를 창조하면서, 인간의 인식에 관한 이론들을 소프트웨어로 옮기기 위해 시도하였다. 이는 'GOFAI' 혹은 'Good Old Fashioned AI양호한 구식 인공지능'이라고 불리는 것을 확립하였다.[4] 왜냐하면 작업들은 인간의 인식 모형들을 개발하기 위해 이루어졌기 때문이다.

1980년대 중반까지, 인공지능 연구와 소프트웨어 회사들은 이들 이론을 상업적 '전문가 시스템expert systems'으로의 외삽extrapolate하기를 계속하고 있었다. 그 시스템에 인간 프로그래머들이 특수한 분야의 지식을 알고리즘 속에, 즉 이론적으로 컴퓨터의 인간적 상대를 대체할 수 있는 컴퓨터로 세부적인 전공지식을 옮기기 위해, 공들여 코딩하였다. 이러한 작업은 빠르게 이론의 효용성 그리고 하드웨어의 처리와 저장 용량의 한계에 부딪혔다. '인공지능 겨울'이 뒤따랐고, 그 속에서 관심(과 기금)은 수년 동안 삭감되었고 인공지능에 대한 전망은 실행되지 않을 것 같았다.

퍼셉트론을 넘어 BEYOND PERCEPTRONS

1990년대까지 컴퓨터들은 더 신속해지고, 더 저렴하며, 더 유용해지고 있었다. 그리고 인공지능을 위한 다른 전략 즉 신경망과 기계학습이 등장하였다. 클라우드의 컴퓨터연산computing이라는 막대한 힘—그리고 마찬가지로 거대한 저장용량—의 이점을 취하고, 초超 지능 데이터베이스처럼 표시하고 접근할 수 있는 점점 복잡한 레이어들 속에 정보와 관계성을 부호화하면서, 인공지능 시스템은 인간기억에 대한 디지털 에뮬레이션digital emulation의 토대가 되기 시작하였다.[6] 컴퓨터연산의 힘은 퍼셉트론 이론을 되살렸다. 전문가 시스템에 관한 정의는 막대한 데이터세트들에 대한 검토를 통해 '학습된' 프로그램들을 통해, '인간적으로 부호화된 이해human-encoded understanding' 로부터 '컴퓨터로 생성된 전문지식computer-generated expertise'으로 전환 할 수 있었다. 기계학습 프로그램들은, 막대한 양의 견본 데이터를 처리하는 능력 덕분에, 학습하기를 흉내내는 통계적 상관관계들을 창조할 수 있었다.[8] 인간의 이해에 대한 역학mechanics을 그럭저럭 시뮬레이션하는 것이라기보다, 기계학습 인공지능의 목적은—세상에 대해 듣기보다는—세상을 심층적으로 학습할 수 있는 소프트웨어가 되었다.[9]

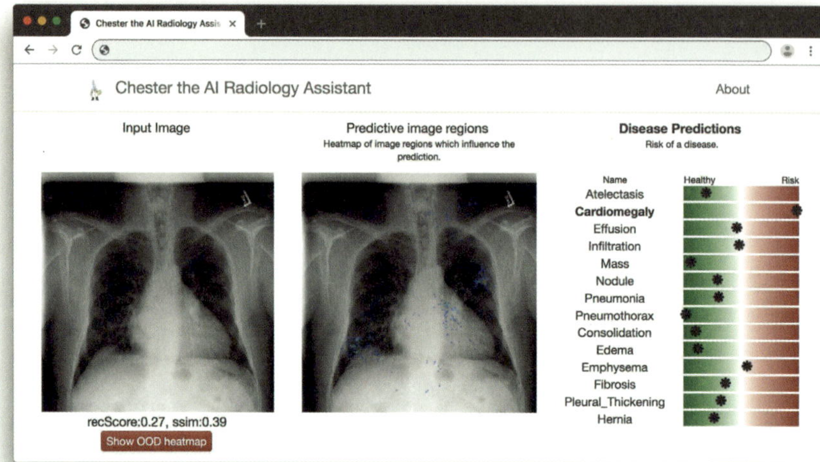

1.2.2:
인공지능 기반
X선 평가[7]

요즈음, '딥 러닝'은 인공지능 내에서 학문적이고 상업적인 작업의 상당 부분을 차지하고 있으며, 종종 용어에 대한 더 폭넓은 정의와 융합한다. 클라우드 컴퓨팅 인프라Cloud computing infrastructure[2]는, 인터넷 기반 소스의 배열로부터 나오는 막대한 데이터를 제공받으며, 근원적인 학습 알고리즘에서의 의미 있는 진전과 더불어, 인공지능을 스마트 폰에서부터 구글 번역에 이르기까지 일상적으로 사용할 수 있게 되었다. 컴퓨터는 이제 체스 세계 챔피언 선수, 유능한 방사선 기사이자 신용 득점자이다. 후세대 기계학습 프로그램들은 전략보드게임 같은 게임의 규칙을 학습할 수 있다. 간단히 수백만 번의 모의대회를 치르고 최상으로 작동하는 것을 테스트함으로써 말이다.

이러한 시스템들이 등장할 정도의 능력을 가진, 시스템들은 실제로 어떤 것을 이해하는 것이 아니다. 오히려 반쯤 신뢰할 만한 정보 관계에 대한 통계적 관련성을 구축해 온 것이다. 고도로 구속된 상황들(예를 들어, 그곳에는 게임 혹은 특수한 이미지 세트와 같은 잘 정의된 훈련 세트가 존재한다)속에서, 기계학습 시스템들은 놀라울 정도로 효율적이다. 특히 오늘날 자연어 영역에서 구글 번역이 증명하고 있는 것처럼 말이다. 결론적으로, 오늘날 인공지능/기계학습에서의 작업 상당 부분이 이 같은 경험주의 전략을 추구한다. 인공지능/기계학습 시스템들에 전적으로 부족한 것은 세계가 작동하는 방식 또는 상식과 약간 닮은 어떤 것에 대한 기초적인 이해다.

그처럼 맥락에 대한 이해 없이, 인공지능 시스템들은 진정으로 유용하거나 혹은 믿을 만한 것이 될 수 없다는 것과 따라서 시스템들이 건축가의 존재에 도전할 것인지 여부에 대해서도 회의적인 시각이 존재한다. 심리학자이자 기업가인 게리 마커스Gary Marcus는 이러한 '협소한 지능narrow intelligence' 전략들은 결점이 있다고 결론을 내린다.

> *≫ 음성 인식speech recognition과 객체 라벨링object labeling과 같은 영역들을 대상으로 추론적으로 잘 작동했던 것이 필연적으로 언어 이해하기와 더 높은 수준의 추론하기에서도 분명히 잘 작동하리라고 가정하는 것은 오류이다. 수많은 언어 벤치마크들은 실패해왔다. 분명히 하자면, 심오한 어떤 것을 여전히 놓치고 있다. 현재의 딥 러닝 시스템들은 임의적인 정보 조각들 간의 끝없는 상관성을 학습할 수 있지만 여전히 더 나아가지 못하고 있다. 즉 시스템들은 세계의 풍요로움을 표현하는 데 실패한 것이다. 그리고 외부 세계에 존재하는 것에 대해 조금이라도 이해하는 것조차도 부족하다.[10] ≪*

마커스는 작업은 인공지능 분야가 가진 원래의 동기부여original motivations—인간의 인식 시뮬레이션하기—로 되돌아가는 것을 숙고하고 데이터수집과 인식과 추론이라는 새로운 모형들을 탑재한 딥 러닝 시스템들이 지닌, 분석 역량들을 병합하여야 한다고 주장한다. 이러한 국면에서 약간의 진척이 있었지만, 그러한 시스템들은 오늘날 존재하지 않으며 이해하기understanding와, 특히, 인과성causality에 관한 새로운 이론들의 디지털화에 의존할 것이다.[11]

건축가들을 위한 지능적 도구들 TOOLS OF INTELLIGENCE FOR ARCHITECTS

인공지능이 더 유능해짐에 따라, 오늘날의 건축가에게 공예적인 것들craft과 관련한 서비스에 배치하기 위한 일정 범위의 지능이 가진 잠재적 소스들sources을 제시하고 있다.

- » 인공지능[12]이 지닌 (예를 들어, 직업등록을 통해 보증된 것과 같은) 재능, 기술, 그리고 경험
- » 특정한 결론에 도달하는 (에너지 분석 혹은 구조 엔지니어링과 같은) 다수의 하드코딩 된 컴퓨터 프로그램들
- » 기계학습 시스템들(시스템은 디자인 프로젝트들, 혹은 완성된 건물 내의 센서들로부터 나오는 데이터로부터 학습할 수도 있고 통찰을 제공할 수도 있다.)
- » 궁극적으로 맥락 속에서 (오늘날 공상과학소설에서만 보이는) 추론할 수 있는 인식시스템에 관한 이론적 전망

기술을 기반으로 하는 뒤의 세 가지 항목들은 그림1.2.3.에 요약하였다.

1.2.3:
인공지능 비교
기술적 유형들

컴퓨터 연산 유형	기술	능력	사례
알고리즘적 (전통적 소프트웨어)	하드 코딩된 처리	특정 프로세스의 자동화, 고도의 제약을 받는 맥락에서의 데이터 상호작용	건물 정보 모델링 에너지 분석 소프트웨어
경험주의적 (딥 러닝 인공지능시스템)	신경망	대규모 이질적인 데이터 세트들에 대한 수정, 분류, 상관성	언어 번역 신용 위험 평가 제퍼디에서 우승 초-인간적 체스 게임
인식적 ('상식' 학습 시스템)	관계성 모형과 추론엔진[3]	상식적 지식으로부터 이성과 추론에 이르기까지 거대한 데이터 소스들과 결합된 세계에 관한 상식적 지식	의료 데이터 문의 테러 지식 데이터베이스[13]

오늘날 건축가들에게 유용한 컴퓨터들은, 스탠포드 앤더슨Stanford Anderson이 예전에 '문제-고민하기problem-worrying'이라고 불렀던 것보다, 직접적인 문제해결에 더 많이 적용되고 있다. 디자인을 만들어 내는 동시에 문제의 목적을 해결하면서[14] 그것은 '사악한 문제'를 해결하기 위한 전략으로서, 네그로폰테Nicholas Negroponte와 피터 로우Peter Rowe의 경험적 발견법heuristic에 관한 관심을 상기시킨다.[15] 하드 코딩된 소프트웨어는 오로지 특수한 문제들만을 해결한다. 즉 당신의 비용추정시스템cost-estimating system은 당신에게 당신의 디자인에 요구되는 비상 탈출에 관한 것은 아무것도 말하지 않을 것이다. 또한 그 방법을 학습하는 것도 가능하지 않다. 부상하고 있는 인공지능/기계학습 시스템들은, 이제 건조 환경의 문제에 적용되고 있다, 특정 맥락에서의 이슈들을 평가하거나 혹은 예측하는 것조차도 가능할지도 모른다. 그러나 분명한 것은 어디에도 전체 건물들을 디자인할 준비에 근접한 시스템은 없다. 그것이 발견법이든 혹은 다른 방법이든지 간에 말이다.[16] 그리고 이러한 글쓰기로부터 시작하여, 인식시스템에 대한 추종자들은 제한적인 성공과 더불어 차세대 추론 시스템의 기초로서 '실제 세계의 지식real world knowledge'을 구축하는 데 수십 년을 보내고 있다.[17]

인간의 의식에 관한 질문들은 여기서는 고려하지 않고 있지만, —인공적이든 혹은 그렇지 않든—맥락 속에 있는 이질적인 지식의 집합에 대한 축적, 구성, 그리고 추정에 의한 추론 능력으로서의 지능에 대해 설명하는 것이 마땅하다. 마커스Gary Marcus는 이러한 강건성robustness[4]은 오늘날 인공지능 시스템에 의해서는 현재 달성할 수 없다고 믿고 있다. 인공지능 시스템들은 '세계를 유동적이고 역동적으로 추론하고, 학습한 것을 하나의 맥락에서 다른 맥락으로 옮기는 것이 불가능하다. 우리가 일반 성인에게 기대할 수 있는 방식으로 말이다.'[18] 건축가들의 작업은 분명히 마커스의 말에서는 '더 높은 수준의 추론하기'정도의 자질을 갖추고 있다. '기본적인 개념들에 대한 일관성과 인과관계를 통한 이해가 없는 곳에서는 복잡한 실세계 환경에서 강건성을 공학적으로 처리할 수 있는 방법은 아마도 없을 것이다.'[19]

그러나 하나의 주요 사례로서 오토데스크의 스페이스메이커 인공지능Spacemaker AI의 인수와 더불어, 초기 시도들이 나타나기 시작하고 있다. 그 도구는 설계 대안들을 생성하고 평가하기 위해 모델링, 분석 알고리즘, 그리고 인공지능을 병합하여 사용하고 있다. 그런 다음 분석결과와 최상의 옵션들을 선정하는 인간 디자이너의 선택, 양쪽으로부터 얻는 결과들을 강제함으로써 최상의 실행best practice에 대해 '학습'한다.

기계의 능력들 MACHINE CAPABILITIES

인공지능 전문가인 마크 그리브스Mark Greaves는 (정보의 함의를 이해하는) 평가에서부터 (다른 맥락에서 유사한 환경을 추정하기 위해 정보를 이용하는) 시뮬레이션에 이르기까지, (새로운 아이디어들을 창조하는) 생성에 이르는, 하나의 연속체a continuum 내에 존재하는 현재의 인공지능 시스템들이 지닌 재능들에 대해 기술하고 있다.[20] 나는 그가 제시한 범주들에, 덜 심오한 네 번째 능력인 '이해하기'를 추가할 것이다, 그것들은 일반적으로 학습에 대한 블룸의 분류법Bloom's Taxonomy21[5](이후에 다시 언급할 것이다.)을 토대로 하고 있다, 그곳에서 시스템은 정보를 위치시키고, 접근하고, 배치할 수 있다.

현재 가능한 경험주의 인공지능/기계학습 시스템들은 (예를 들어 시스템이 정기적인 X선들routine X-rays을 판독할 때) 평가는 물론 일부 환경에서는 (극도의 경쟁력을 갖춘 체스 프로그램들에 의해 최상으로 증명된) 시뮬레이션에서마저도 탁월하다. 이제까지 결코 본 적이 없었던 바둑의 수Go move는 때때로 번뜩이는 총명함을 넘어선다, 그러나 실제 생성 사례들은 제한적이다. 그리고 컴퓨터들이, 건물만큼이나 복잡한 어떤 것에 대한 디자인을 구성하는, 초기 아이디어들original ideas 세트를 생성할 수 있는 환경은 존재하지 않는다.

능력	설명
이해하기	데이터를 발견, 색인, 접근, 그리고 배치할 수 있음
평가	매우 큰 데이터 세트에 대한 통계적 분석을 토대로 데이터의 의미 이해하기
시뮬레이션	과거 상황 혹은 데이터 배열(constellations)의 특성을 토대로 미래 상태 혹은 상황 전망하기
생성	주어진 맥락에 대한 지식과 이해를 토대로 완전히 새로운 아이디어 혹은 개념 창조하기

1.2.4:
인공지능의 능력들[23]
수정된 그리브스의 모형

그러나 이것은 사건 중 오로지 현재 상태일 뿐이며, 데이터의 대규모 상관관계를 토대로서만 유일하게 '추론'할 수 있는, 경험주의 인공지능 시스템이 지닌 기능이다. 시간이 지나면서 경험주의자들은 철학자, 신경과학자, 컴퓨터 과학자처럼 인식을 에뮬레이션emulation24[6]하기 위한 방법을 제공할 것이다. 그리고 그들의 상업적 대응은, 지금은 '인공 일반 지능artificial general intelligence' 혹은 맥락 속의 세계에 대해 학습하고 추론할 수 있는 기계들로 알려지게 된 것에 관한 서비스 중에서, 페드루 도밍고스Pedro Domingos가 마스트 알고리즘Master Algoritm25이라 불렀던, 일반 인공지능general AI을 향해 움직이며 이제까지 보다 유능한 기계를 만들 것이다. 오늘날 그것은, 우리는 그 같은 기능성과는 한참 동떨어져 있지만, 인공지능 발전의 가장 큰 목적으로 남아 있다.

마커스Gary Marcus의 '강건성robustness'이 그리브스Mark Greaves의 생성능력과 조우할 때, 건축가들은(그리고 다니엘 서스킨트Daniel Susskind가 제안했던 것처럼 노동력의 대부분이) 고민해야 할 것이 많다. 왜냐하면 '꽤 단순하게, 만일 우리가 우리의 인공지능이 신뢰할 수 있을 정도로 행동하는 것을 믿지 못한다면, 우리는 인공지능을 신뢰하여서는 안 된다.'[26] 그래서, 그때까지, 건축가들의 작업은 재능들이 결합된 도구들, BIM을 포함한 다양한 소프트웨어 도구들 그리고 떠오르는 딥 러닝 도구들을 일관성과 가치를 지닌 실무로 편성하는 것이다. 인식 플랫폼들을 쉽게 얻을 수 있는 그 날을 기대하면서 말이다. 그때까지, 전문직은 가용한 기술들과 그것들을 지휘할 수단들, 둘 다를 단단히 움켜잡고 있으리라 희망한다.

전문정보와 지식

1.3 PROFESSIONAL INFORMATION AND KNOWLEDGE

≫ 건축에서의 전문 지식은 고치기 어려운 구조물이다. 전문 건축가들의 권한과 의사결정의 상당 부분이 훈련, 통찰, 그리고 가장 중요하게는 판단을 기반으로 한다. 기술적 지식은 잘 구성되지도 쉽게 얻어지지도 않는다. 인공지능을 자신의 것으로 만드는 것은 전문가들의 능력과 지식 기반 양 측면을 더 폭넓게 접근하도록 해주며, 전문 지식은 고도로 훈련된 건축가의 마음속에 더 이상 배타적으로 머물지 않을 것이다. 전문가의 디자인은 변하는가? ≪

전문가들과 전문성 PROFESSIONALS AND PROFESSIONALISM

전문가들의 미래^The Future of the Professions^에서 점차적으로 유능한 인공지능이 차지하는 세계에서 전문직의 잠재적 소멸을 다룬 리차드와 다니엘 서스킨트Richard and Daniel Susskind의 논문에서, 당신은, 만일 살짝 비틀어 본다면, 사회가 왜 건축 혹은 여타의 전문가 계층을 창조하고 그들에게 힘을 부여하였는지에 대해 완벽하게 정의하고 있다는 것을 알 수 있다.(강조는 저자에 의해 추가되었음):

> ≫ ***그들의 전문 지식, 경험, 그리고 판단에 대한 인정과 대가,*** *거기에는 그들이 부담 없이, 접근 가능한, 최신의, 안심이 되는 신뢰할 만한 서비스를 수행하며, 적합할 것이라는 기대, 그리고 자신들의 지식과 방법들을 조직・관리하며 업데이트하는 것에 대한 이해를 바탕으로 구성원들을 훈련시키며, 그들 자신의 작업의 질을 위해 기준을 설정하고 강화할 것이라는 것, 그리고 그들은 적정한 자질을 갖춘 개인에게만 지위를 허락할 것이며, 선한 신념으로 자신들의 이익에 앞서 고객의 이익을 우선하며 언제나 정직하게 활동할 것이라는 전문가들에 대한 기대가 존재한다.* ***우리(사회)가 넓은 범위에서 사회적으로 중요한 서비스들과 활동들에 대한 배타성을 그들에게 보증하는 것에는 전문직에 대한 믿음이 있다.*** *그들에게 공정한 임금을 지불하고, 독립성, 자율성, 자주적 결정의 권리를 부여하고, 그리고 존경과 지위를 허용하면서 말이다.*[1] ≪

여기에는 사회적 계약이 있다. 즉 우리의 세계를 운영하는 것은 대중적 신뢰에 의해 서서히 변화를 주는 특별한 전문 지식이 요구되는 것 같다. 그래서 우리는 고도로 교육을 받은, 보증된, 그리고 아마 보수가 좋은, 매우 특별한 일을 하는, 개인들로 구성된 소그룹을 고상하게 여긴다. 그리고 욕망과 자본을 점유할 수 있는 공간으로 변환하는 직업으로서 건축은 이러한 규정rubric에 사로잡힌 것으로 보인다. 그리고 한편으로 일부는 이러한 권력과 영향이 봉사 받기로 되어 있는 대중들을 실망시켜왔다고 말한다.[2] 건축가들은, 만일 지적을 받는다면, 동일한 지적을 받는 건설 산업 생태계의 핵심적 구성요소로 남아 있다. 그 시스템은, 1.6장에서 좀 더 철저히 다루게 된다, 주로 제품 -즉 건물들과 여타의 물리적 인프라-생산 서비스 내에 구성되어 있다. 그럼에도 불구하고 전문적인 플레이어로서 건축가들은 뚜렷하게 다른 역할을 맡고 있다. 즉 판단을 제공하고 결과에 대해 개인적인 책임을 지는 전문 지식을 지닌 개인 말이다. 건설 수행building delivery 시스템에서, 이것은 그 밖의 거의 모든 사람들(건설자, 하도급자, 제품 공급자, 제조업자)과는 달리, 전문 건축가들은 사물이 아니라 서비스를 제공한다는 것을 의미한다. 결과적으로 그들은 자신들의 행위에 대한 책임을 회사보다 개인이 진다.

철학자 도날드 쇤Donald Schön은, 그는 전문가들이 전문 지식을 어떤 방식으로 학습하고 적절히 사용하는지를 연구하였다, 건축가와 여타의 전문가들은 자신이 '성찰적 실천reflective practice'[1] 혹은 '인간적 중요성에 대한 문제에서의 특별한 지식'으로 획득한 함축적인 이해를 통한, 통찰과 의사결정을 적용하는 능력이라고 부르는 것 덕택에 덜 제도화된 경력들과는 뚜렷이 구분되는 방식으로 작업한다고 말했다.[3] 쇤이 암묵적인 '장소에서 알기knowing in place'라고 부르는 것, 우리는 직관, 혹은 호르스트 리텔Horst Rittel이 디자인의 '사악한 문제들wicked problems'을 해결하기 위해 필수적인 것으로 묘사한 발견법적 접근법heuristic approach으로 부를 수 있을지도 모르겠다.[4] 우리는 이후에 인공지능이 그와 같은 '특별한 지식extraordinary knowledge'을 성취할 수 있을지의 여부에 관한 문제를 검토할 것이다. 그러나 전문성에 관한 이러한 특별한 탐색의 목적을 위해, 건축가의 종합적 역할은, 전문적 책임 덕택에, 오늘날의 경험주의 인공지능이든 아니면, 실무의 모든 절차와 과정을 어떻게든 '학습'할 수 있는, 내일의 인식시스템이든 어느 것으로도 완전히 잘 대체되지 않았다는 사실을 명기明記하자. 만일 쇤Donald Schön이 옳다면, 그러한 시스템들이 미치는 범위를 넘어서는 곳에 놓일 전문적 지식에는 무엇인가가 있다.

그러나—그리고 인공지능은 항상 '그렇지만'이 함께 따르는 것 같다—건물의 공식화, 디자인, 조달procurement, 건설, 그리고 운영은, 수량 산출에서부터 온도와 습도 조절에 이르기까지, 절차적이고 데이터에 의해 유도誘導된 업무들로 가득 차 있다. 따라서 그러한 프로세스들이 내부에서 작동하는 시스템들은, 만일 부분적으로 변형되지 않더라도, 자율적인 컴퓨팅에 의해 영향을 받을 것이 분명하다. 건축가를 위한 질문은 내일의 인공지능의 지원을 받는 건축가들이 실제로 알아야 할 것은 어디에서, 어떻게, 그리고 무엇인가? 하는 것이다.

전문 지식이란 무엇인가? WHAT IS PROFESSIONAL KNOWLEDGE?

2020년 가을 나는 대학원생들을 위한 진로 전망을 연구하는 실무자, 교육자, 그리고 학생들의 온라인 토론자로 참석하였다. 토론 내내 우리가 희망했던 것은 전 지구적 유행병 이후의 단계에 대한 것이었다. 토론의 후반에, 지역 회사의 사장과 뉴욕대학교의 존경받는 좌파적 성향의 학장 간에 최근 졸업생의 전문적 노하우know-how에 대한 각자의 기대치를 비교하는 의견 교환이 있었다. 놀라울 것도 없이, 실무 건축가는 자신의 최근 채용자가 '건물은 어떻게 잘 어울리는가' (익숙한 구절) 혹은 실무의 과정과 절차에 대해 거의 알지 못하는 것에 대해 염려하였다. 학장은 왜 그녀가 현재에는 시대의—사회적, 경제적, 환경적—과제와 너무 맞지 않아 보이는 전문직을 위해 졸업을 준비해야만 하는지에 대해 우려하였다. 그리고 그녀의 직업은 오늘날의 실무를 지원하기 위한 것이 아니라, 그보다 실무를 내부에서 그리고 미래를 위해 근본적으로 개혁하는 대학원생이었다고 말했다. 나는 내가 가장 좋아하는 주제 중의 하나를 정확하게 확인하기 위한 기회를 놓치고 싶지 않아, 실무자에게 어떻게 전문직은 졸업생에게 그토록 많은 것을 알 것을 요구할 수 있는지에 대해 물었다. 동시에 임금은 그들에게 그토록 적게 지불하면서 말이다. 그의 대답이 말하고자 하는 것은 다음과 같았다. 즉 이 지역 회사에서, 라이선스를 득하는 것은 임금을 1,000달러 인상하는 것이거나 혹은 그가 가장 숙련도가 낮은 직원에게 지불하리라고 내가 예상했던 임금의 2%보다 약간 적다는 것을 의미한다.[5]

그래서 건축가가 되기 위해 당신이 알고자 하는 것이 무엇인가? 토론자들의 관점은 좋은 출발점이 될 수 있다. 즉 교육자들이 생각하는 젊은 건축가가 자신의 경력을 시작하기 위해 알 필요가 있는 것은 무엇인가? 전문가의 허가시험 출제자와 자격요건에 대비해서 말이다. 물론 시기가 정확히 일치하지 않는다. 왜냐하면 미국과 영국에서의 면허는 교육 이후 전문경험을 요구한다. 그러나 그럼에도 불구하고 그 두 개념을 비교해보는 것은 유익하다. 이 같은 검토의 목적을 위해 나에게는 매우 익숙한 (예일대학교 건축학교의) 교과과정과 온라인에 게재된 영국의 건축사등록협회Architects Registration Board(ARB) Part3 시험과 같은 졸업 후 면허교부자격, 그리고 그것과 비견되는 미국의 기준, 즉 미국건축사등록원National Council of Architectural Registrations Boards(NCRB)이 주관하는 미국건축사시험Architectural Registration Exam(ARE)을 비교하였다.[6]

예일대학교에서, 우리는 'PART 2' 지원자들에게 아래와 같이 교과과정의 범주들 내의 항목들에 대한 실력을 갖추도록 요구한다.[7]

» **건축디자인** - 건물 디자인을 창조하는 데 있어서 전통적인 스튜디오 교육, 주로 작품의 개념적이고 기본적인 단계에 초점을 둔다.

» **시각화** - 아날로그와 디지털 도구들을 통한 건물 디자인 아이디어 묘사

» **환경 시스템** - 디자인과 구조적, 기계적, 전기적 그리고 건물의 여타의 기술적 하부시스템들과의 통합

» **역사/이론** - 건축 분야의 역사적・이론적 플랫폼들을 이해하기

» **건설기술** - 복잡한 시스템 통합, 실시도면 작성, 현장 건설 경험을 포함하는 건물의 기술적 명세서 보기와 수행하기

» **도시계획과 조경** - 도시와 부지SITE의 맥락에서 건물들이 작동하는 방식 이해하기

» **건축실무** - 윤리적, 법적, 프로젝트 관리, 비즈니스와 프로젝트 수행 측면들을 포함한 직업소개

미국 건축사등록원NAARB의 미국건축사시험에서 발췌한 비교할 만한 역량범주 목록은 좀 더 확장적이면서 약간 모순적이다. 6개의 주요 범주들과 거의 100개에 가까운 하위 역량들이 있다.[8]

» **실무경영** - 건축실무를 어떻게 운영하는가?

» **프로젝트 관리** - 수행 단계별로 프로젝트를 어떻게 관리하고, 조직하며 이끌어 가는가?

» **프로그래밍과 분석** - 프로젝트 설계 준비를 위해 어떻게 프로젝트를 설정하는가?

» **프로젝트 기획과 기본계획** - 모든 관련 법규와 요구조건에 맞는 온전한 건물을 설계하기 위해 알아야 할 필요가 있는 것은 무엇인가?

» **기본설계와 실시설계** - 일단 계획이 설정되고, 어떤 방식으로 적정한

상세도면과 서류를 작성하고 건설자에게 프로젝트를 인도하는가?

» **건설과 평가** - 일단 설계가 완료되면, 어떻게 건설을 지원하고 운영하고 완공 이후 건물을 평가하는가?

약간 더 간소한 시험인 영국 건축사등록협회[ARB]는 더 적은 범주들과 오직 절반의 하위 역량(50개)이 있다.[9]

» **전문성** - 전문가로서 그리고 실무에서 윤리적으로 어떻게 활동하는가?

» 고객들, 이용자들, 그리고 서비스의 수행 - 실무와 건물의 법적 · 규정적 틀과 그것들에 대한 당신의 책임은 무엇인가?

» **법적 틀과 프로세스** - 실무와 건설의 법적 및 규제적 틀은 무엇인가? 그리고 그것들에 대한 당신의 책임은 무엇인가?

» **실무와 경영** - 건축 비즈니스를 어떻게 운영하는가?

» **건물 조달** - 계약자 조달과 뒤이은 건설 기간 동안 당신의 역할과 책임은 무엇인가?

교과과정의 범주들에 대응한 하위 역량들에 대한 비공식적 매핑[informal mapping]에서, 특히 영국의 기준과 관련하여, 그림1.3.1에서 보이는 것처럼 흥미로운 불일치가 보인다.

실무적 수행에 관한 이슈들을, 그리고 특히 비즈니스와 전문가의 실무 프로세스와 관련하여, 영국 건축사등록협회는 적극적으로 강조하는 것 같다. 건축 교과과정들이 일반적으로 주변 세계들과 맞추어 정렬된 것을 생각하면, (교과과정들은 보자르[Beaux Arts] 내의 유사한 원천들로부터 유래하였다.) 강조되는 극적 변화는 일반적으로 학생들이 건축학교의 스튜디오를 떠나, 토론자들 사이에서 밝혀진 것처럼 결과적으로 긴장을 안고, 실무 스튜디오로 들어갈 때에 발생한다.

건축가는 한편으로 요구되는 태도에 대한 이해를 반영하기 위해 교육자들이—그리고 영국 건축사등록협회[Architects Registration Board(ARB)]와 같은 인증원—설정한 교과과정 플랫폼으로 훈련받는다. 반면에 전문가의 면허취득은 다른 한편으로 최소한의 전문가적 역량을 (만일 차이가 있다면) 비슷한 수준으로 설정하는 것이다.[10] 그것으로서 그 둘은 우리 분야가 건축가가 실무를 위해 알아야 할 필요가 있다고 믿는 것을 개략적으로 대변하고 있다. 그리고 미국 표준[American standard]은 영국의 그것과 비교해 볼 때 디자인 그 자체에 대한 종합적 법률[synthetic act]를 강조하는 것 같다. 환경 시스템, 건설기술, 그리고 전문적인 실무를 강조하는 것에서 알 수 있는 바와 같이, 수행[performance], 실무와 기술적 이슈들에 대한 이해가, 전체적으로, 교육받은 학생이—최우선적으로 전문직 인증의 존재이유인—공공의 건강, 안전 그리고 복지를 보호하는 것에 대해 적절하게 인증받을 수 있는지 없는지에 대한 더 중요한 척도인 것으로 나타난다.

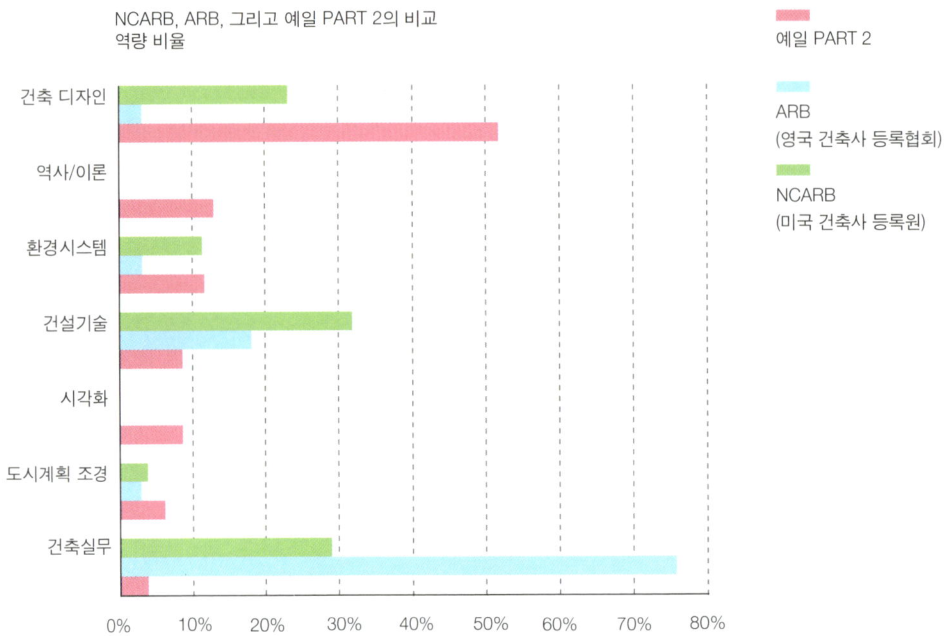

1.3.1: 교과과정 비교와 역량들, NCARB, ARB 그리고 예일 PART 2

인공지능의 함의에 관한 최근의 탐구에서, 컴퓨터 과학자인 스튜어트 러셀Stuart Russell은 인간의 추론, 그리고 그것과 더불어, 인간 지식의 근본적인 특징은, 위계적으로 '수많은 수준의 추상화abstraction'를 동반하는 활동들의 도움을 받아 적절히 이해할 수 있는 우리의 능력이라고 말한다.[11] 그는 더 나아가 실천적 추론practical reasoning이라는 아리스토텔레스의 개념을 상기시킨다. 그 아이디어는 지식과 활동은 특수한 목적 달성에 도움이 되는 데에 합리적으로 사용된다는 것이다.[12] 건축가들에게 있어서, 그러한 목적들은 '이러한 공간경험으로 영혼을 휘저으려는 시도' 정도로 고상하게 여길 만큼 '이 문을 정확히 오른쪽으로 개폐되도록 하는 것'으로 제한될 수 있을지도 모르겠다. 전자를 달성하기 위한 필수적인 지식은 아마도 건축 규정building regulations이라는 맥락에서 문이 작동하는 방식에 대한 기초적인 이해를 요구한다. 한편으로 후자는 아마도 평생의 작업을 통해 획득한 축적된 통찰력collective insight을 요구할 것이다. 어떤 방식으로든지 간에, 각 목적은 공통의 필요조건을 공유하고 있다. 건축가는 적정한, 최신의, 그리고 관련 있는 정보를 참조하고 그 정보를 이용하는 데에 자신의 판단을 적용한다는 것 말이다.

재능 있는 디자이너는 이 같은 '수많은 수준에서의 추상화'를 관리하는 데 시적詩的이고 기술적인 두 가지 방식으로 자신의 기량skills을 발휘한다. 그리고 건축 인공지능 연구의 훨씬 새로운 작업, 특히 학계에서는 전자前者에 초점을 맞춘다. 새로운 옵션을 생성하기 위해 수천 개의 보자르 평면으로 기계학습 시스템을 훈련시키거나 혹은 신선한 미학적 해결책을 창조하기 위해 인공지능 전략들을 사용하는 것은 물론 연구할 가치가 있는 방법이다. 그것은 그곳에서 그러한 시스템들이 가까운 시일 내에 가장 즉각적이거나 혹은 실무에 중요한 의미를 가지지 않을 것 같다는 것도 더 나아가 이 검토에 대한 균형에 초점을 두지 않는다는 것도 아니다.

완벽한 인식론epistemology을 개발하는 것은—미학적이거나 혹은 기술적인—타자를 위한 업무이다. 그러나 이러한 검토의 목적을 위해 그러므로 우리는 건축지식은 세부적인 기술 정보에서부터, 절차와 과정에 대한 이해를 통해, 전문직에서의 경력과정 동안 끊임없는 재적용, 정제精製, 그리고 통합으로부터 얻은 통찰에 이르기까지 모든 것을 아우른다. 그렇게 구축된 전문지식에 인공지능이 적합할 만한 곳은 어디인가?

인공지능 하에서 전문지식은 어떻게 변할까?

HOW MIGHT PROFESSIONAL KNOWLEDGE CHANGE UNDER AI?

면허 규제 당국이 실무와 전문가의 능력이라는 좀 더 평범한 측면들을 강조하는 것은 학계 내에서 만들어진 교과과정의 건축지식을 강조하는 것과 새로운 상황, 기술들, 그리고 책임이라는 불확실한 미래를 마주하기 위해 건축가를 훈련시킬 필요성 양쪽 모두와 갈등을 빚는 것 같다.

그러나 그것은 현재의, 혹은 곧바로 다가오고 있는, 인공지능시스템들의 능력과 양립 불가능한 것은 아니다. 그 시스템들은 막대한 양의 매우 '얕은thin' 데이터들을 수집, 색인indexing, 참조하기에 아주 능숙하다. '얕은'이라고 표현한 것은, 인식론적으로 '깊이가 없는shallow'정보라는 의미이다. 즉 기계에 의해 생성된 의미 혹은 통찰이 크게 결여된 그런 정보 말이다. 오늘날의 인공지능 시스템들은 막대한 양의 디지털 정보, 대부분 단어, 그리고 이미지를 받아들일 수 있다. 그러나 그것들의 근원적인 의미 혹은 함의들에 대한 실질적인 이해는 제한적이다. 완벽하게 디지털적으로 색인索引된 세계는 지식을 보편적으로 접근할 수 있게 만들고 따라서 인간의 추론 혹은 과학적 방법 같은 기법들을 쓸모없는 것으로 만들어 버린다[13]는 마리오 카르포Mario Carpo의 주장에도 불구하고, 아직 우리는 건물이 실제로 '존재한다'는 가장 어렴풋한 생각을 가지고 기계들을 보아야 한다. 즉 그것은 빌딩 지식에 관한 방대한 잠재적 목록을 일반적으로 잘 이용하기 위해 인지 지능cognitive intelligence의 진화를 요구할 것이다.

간단한 증거는 이러한 이야기를 잘 말해준다. 그림1.3.2의 이미지에 주의를 기울여 보라.

오늘날 '최상의' 인공지능 능력 중 두 가지는 아마도 자연어 프로세싱natural language processing과 이미지 색인 및 생성image indexing and generation일 것이다. 인공지능을 위한 앨런연구소Allen Institute의 연구자들은, 그들은 인공지능 시스템들의 인간적 함의에 대한 이해를 연구한다.- 짤막한 묘사 문구descriptive phrase에 대한 이해로부터 이미지들을 창조하는

1.3.2: 인공지능을 기반으로 생성된 이미지

생성자generator를 구축해 왔다. 여기 있는 그림은 '도시 내의 건물'이라는 문구의 결과다. 어렵거나 혹은 특히 복잡한 문제가 아니다. 당신은 그 결과를 당신을 위해 판단할 수 있고 앨런연구소의 웹사이트에서 인공지능으로 창조된 이미지들을 시도해 볼 수 있다.[14]

일반적으로 컴퓨터들은, 그리고 특히 인공지능은, 정보를 찾고, 분류하며, 목록을 작성하고 상관성과 통계를 통해 정보에 접근하는 데 탁월하다.[15] 나는 건축, 디지털 지식, 그리고 인공지능의 교차점에 대한 두 개의 관련된 잠재적 함의를 주장하려 한다.

1. 대부분 관련된—그리고 확실히 건축가 독자에게는 놀랍지 않다—세계의 건축지식은 소멸되고, 부실하게 구성되고, 가상적으로 쉽게 접근 가능하지도 않다. 말하자면, MEDLINE[2]색인의, 그 데이터베이스는 모든 의학 연구를 교차 참고문헌cross-reference을 싣는다. 혹은 (미국 여기서는) Lexus/Nexus[3]의, 미국의 법적 사례들의 모든 역사에 접근 가능하다, 색인에는 건축적 버전이 없다. 적절한 의학적 처방은 만일 MEDLINE 색인이 없다면 거의 불가능할 것이다. 혹은 Lexis/Nexis가 없다면 미국 혹은 영국에서의 사건의 추이에서 공통의 법 판결 역시 가능하지 않을 것이다.
2. 그러므로 아마도 건설 산업을 목적으로 하는 어떤 인공지능 시스템의 첫 번째 역할은 우리의 데이터를 얻을 수 있게 하는 것이다. 점점 더 많은 데이터가 디지털화되고 분류되고 있다.

건축데이터에 대한 수많은 소스는, 건설제품제조업자의 명세서에서부터 런던 시내 부지의 LIDAR 스캔에 이르기까지, 접근 가능하다는 그 지점에서, 차세대 인공지능 시스템들은 부상하기 시작할 수 있을 뿐만 아니라 그러한 시스템들과 시스템들이 분류하는 데이터 양쪽 모두 사용할 수 있는 정도까지 급증할 수도 있다. 내가 다른 곳에서 주장하였듯이,[16] 데이터를 토대로 한 정연한 성능measured performance과 분석analytics은 데이터가 디지털화됨에 따라 디자인과 건설의 훨씬 더 중요한 부분이 될 것 같다. 그리고 인공지능의 첫 번째 역할은 그런 일이 일어날 수 있도록 필수적인 정보 플랫폼들을 합리적으로 만드는 것을 돕는 데 있을 것이다.

그렇게 하면서, 오늘날 건축가들에게 유용한, 가장 큰 여전히 이용되지 않은 자원 중의 하나는 그들의 후임자들에게 유용하게 될 것이다. 즉 전 세계에 걸쳐 오늘날 오피스의 서버 내에는 테라바이트의 데이터가 있는, 디지털 프로젝트 데이터는 프로젝트 작업의 가공물이다. 1980년대와 1990년대 실무자로서, 모든 디지털 도면과 여타의 데이터에도 불구하고, 우리는 우리에게 정보를 제공하기 위해서 기억에 의존한다. 오로지 우리의 뇌는 진행 중인 작업에 관한 필요한 의사결정과 더불어 이전 프로젝트에서 힘들게 얻는 경험에만 연결하면서 말이다.[17] 반면에 오늘날 인간 건축가는 다수의 디지털 모형을 훑어보아야 할 수도 있다. 최고의 실행practice 혹은 그 데이터에 의해 밝혀신 농향을 결정하기 위해서 말이다. 인공지능은 회사의 아카이브에서 그러한 정보를 획득하고 평가하는 데 적합하다.

1.3.3: 미국의 LEXUS/NEXUS 법률 연구 시스템 건축데이터를 위한 필적할 만한 시스템은 없다.

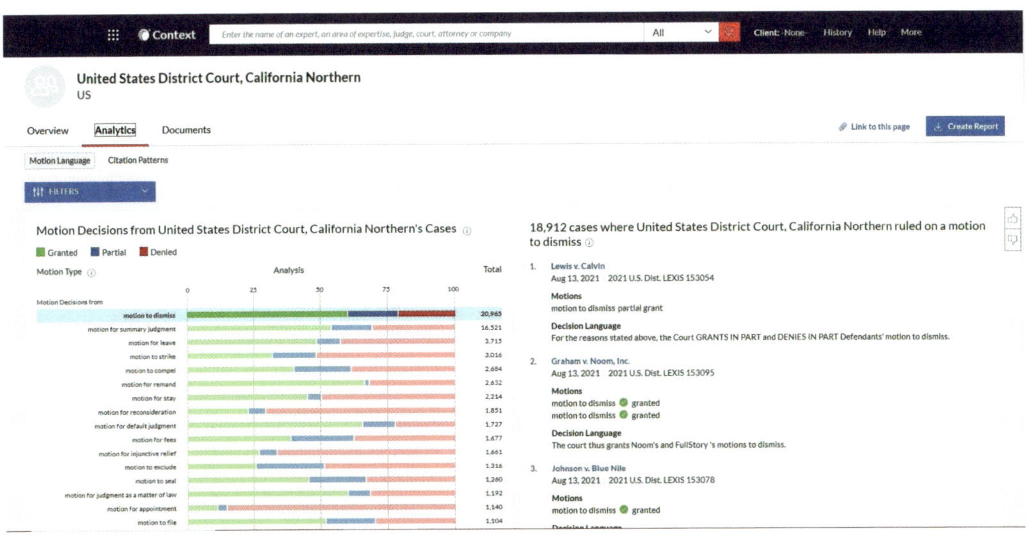

그와 같은 동일 원리는 건축지식의 다루기 힘든 문제, 즉 디지털 시스템에 걸쳐있는 정보의 상호운용성interoperability에 적용될 수도 있다. 그림1.3.4.는 인공지능에 의해 합리적으로 사용될 수 있는 오늘날의 디지털 정보가 새로운 출력outputs으로 전환되는 잠재적 배열을 묘사하고 있다. 인공지능 프로세스들은 데이터의 색인, 교차 참고문헌 제공 그리고 상관관계 입증에 적합하다. 그리고 그것 자체가 건축/엔지니어링/건설 정보를 위한 내재적 상호운용성 도구가 될 수 있다. 그리고 그로 인해 후속後續—학문 분야와 컴퓨터연산의 진화를 위한—시스템들을 위한 좀 더 일관된 정보 플랫폼 구축을 시작할 수 있다. 컴퓨터 과학에서 유사한 개념, 즉 '글루 코드glue code'[6]로 알려져 있는 것이 하나의 선례이다. 글루 코드는 더 큰 시스템의 낮은 단계에서, 데이터를 하나의 서브루틴subroutine[7]에서 다른 서브루틴으로 옮기는, 더 큰 프로그램의 별도 부분으로 연결하는 컴퓨터 명령어computer instructions들로 구성되어 있다. 한편으로 전혀 이국적이지 않으면서도, 인공지능은 미래의 건축지식의 글루 코드일 수도 있다.

재로운 지식모형들 NEW MODELS OF KNOWLEDGE

이 글의 균형 면에서 더 나아가 제시된 주장을 개략적으로 요약하자면 분명하다. 즉 인공지능이 건축가들에게 유용하다 할지라도 위협이 더 감소하기까지는 해야 할 일도 많고 먼 길을 가야 한다. 실용이 파괴보다 더 바람직하다. (산업의 많은 프로세스와 마찬가지로) 건축 프로세스들은 점점 더 컴퓨터의 사용에 의존하고 있다. 그리고 진정으로 유용한 인공지능 시스템들은 데이터에 의존해야 한다고 가정해보라. 시간은 아마 있을 것 같다. 아마도 10년 혹은 더 길어질 것이다, 그곳에서는 컴퓨터사용과 인식론적 일관성이 건축가를 위해 결합하고, 다른 기준들, 양립할 수 없는 디지털

1.3.4: 빌딩 벤처 혁신 네트워크가 제시하고 있는 디지털 정보 소스

프로세스들 그리고 접근 불가능한 통찰의 날들이 종말을 고할 것이다.

그 작업은 실무를 중시하는 것에서부터 성장할 것 같다. 위에서 주장한 바와 같이, 그것은 주로 좀 더 실무적이고, 절차적이며 평범한 것들과 관련이 있다. 그리고 건설 수행 프로세스building delivery processes의 다른 부분들이, 사례들은 타당성 연구, 상세 비용 모델링precision cost modelling, 건설 자동화와 자율적인 디지털 건물 운영을 포함한다, 점증하는 디지털화를 통해 진화할 때, 건축가는 정보를 관리하고 접근하며, 결과적으로 새로운 책임과 전문가의 의무에 봉사하기 위해 정보를 적절히 사용하는 방법을 이해할 필요가 있을 것이다. 오늘날의 건축가는, 전문가의 판단과 직관과 결합된, 지속적으로 증가하고 있는 정보 풀pool과의 친밀성을 통과하는 것에 달렸다. 내일의 건축가는 디자인에 대한 인공지능의 능력에 개입할 필요가 있을 것 같다.

인공지능과 디자인 프로세스 변형 그리고 그 너머

1.4 AI AND PROCESS TRANSFORMATION IN DESIGN AND BEYOND

≫ 신생 인공지능 기술은 점차적으로 디지털화되는 건설 산업에서 디자이너들을 위한 여러 기회를 생성하고 있다. 한편 그와 동시에 그들의 역할과 책임을 정의하는 데 있어서 엄청난 불확실성을 경험하고 있다. 가속적으로 자동화된 프로세스의 세계에서, 전문직에 유용한 현재의 기술들은 인공지능이 더욱 유용해짐에 따라 어떻게 변형될 수 있을까? ≪

건축가의 사무소에서 나의 첫 번째 실무의 시작은 디지털 이전 시대, 즉 컴퓨터가 전문직에서 어느 곳에서나 사용되기 오래전이었다. 노스캐롤라이나에서의 소규모 실무 관리 파트너에서 '컴퓨터 지원 제도computer-aided-drafting'라고 불리는 새로운 기술의 시험 이후의 어느 여름 오후에 스튜디오로 복귀하였다. 그는 전체 아이디어, 특히 비용에 대해서는 매우 회의적이었지만, 한편으로 플로터가 도면을 그리는 것을 보는 것은 '도면의 한 부분을 작업하고 그런 다음 다른 부분을 그리는 실제 제도공처럼'[1] 매력적이었다고 말했다. 그는 또는 가까운 미래에 우리의 사무실에서 그곳의 누군가는 마일라 시트mylar sheets위에 플라스틱 리드선plastic lead을 내려놓으며 기계로 대체되지는 않으리라는 것을 분명히 했다.

나의 옛 보스는 건축가들의 기술을 향한 초기이지만 지속적인 불확실성을 전달하고 있었다. 한편 10년 앞서 이상주의적 공학자인 니콜라스 네그로폰테Nicholas Negroponte와 그의 동료들이 MIT에서 '건축 기계 The Architecture Machine'에 대해 연구하고 있는 동안, 나의 고용주와 같은 주류 실무자들은 워드 프로세스 시스템보다 더 세련된 어떤 것과는 수년이 벗어나 있었다.[2]

네그로폰테의 연구와 트레이싱 페이퍼 위의 상세도를 그리는 나의 첫 번째 직무 사이의 공간 어딘가에서 이러한 양면가치의 핵심에서 이중적 고민을 발견할 수 있다. 즉 건축가로서 우리의 작업은 유일하게 가치 있는 이바지하고 있다는 확신, 그것은 유능한 기계가 무자비하게 우리를 대체할 것이라는—기계 지능에 대한 전문직의 불안의 원천과 디자인 프로세스에 대한 잠정적인 재앙적인 영향—편집증과 짝을 이룬다. 그러나 스탠퍼드대학교의 컴퓨터 과학자인 로이 아마라Roy Amara는 '우리는 기술의 영향을

1.4.1: 초기 팬 플롯터 C. 1980

단기적으로는 과대평가하고 장기적으로는 과소평가하는 경향이 있다고 말해왔다.' 라고 지적한다.[3] 그것은 확실히 인공지능에 대한 건축의 현재 관심과 같은 경우이다. 오늘날의 기술적 상황은 10년 전의 그것과는 근본적으로 다르다. 그러나 그 같은 분위기는 당연히 남아 있다.

실무에 관한 인공지능의 함의에 대한 결과적 관심사의 범위는 디자인 이론에서부터 고용 경제학에까지 이른다. 닐 리치Neil Leach는 인공지능 구동 컴퓨터가 창의적일 수 있는지를 궁금해하였다.[4] 한편 앙투안 피컨Antoine Picon은 기계 지원 디자인의 기회를 신중하게 받아들이면서 동시에 노동력을 재구축하는 인공지능에 대해 우려하였다.

≫ 최근까지, 자동화는 오직 부실한 자질의 직업에만 충격을 줄 것이라 가정하였다. 이것은 사실이 아닐 수도 있다. 건축은 아마도 가장 심각하게 타격을 받는 분야 중의 하나일 것이다. 이처럼 고도로 취약한 이유는 건축이 모든 예술 가운데 가장 형식화되어 있기 때문이다. 기계적 부분은 다른 분야보다 더 강하다. 따라서 분야의 전통적 지위는 예술과 기술 그 사이의 문지방 위에 있다.[5] ≪

노동 경제학자 다니엘 서스킨트Daniel Susskind는 (잉글랜드 은행 총재를 인용하며) 이러한 현상을 '딜버트 가문의 학살the massacre of the Dilberts'[6] 이라고 부른다. 그리고 전문가들의 가치제안value proposition[1]에 대해 좀 더 전반적으로 이의를 제기하고 있다.

≫ 우리는 전문직은 두 개의 병렬적인 변화를 겪게 될 것이라고 주장한다. 첫 번째는 자동화가 주도할 것이다. 전통적인 작업방식은 기술의 적용을 통해 유능해지고 최적화될 것이다. 두 번째는 혁신이 주도할 것이다. 점점 더 재능 있는 시스템들이 실무적 전문지식을 새롭게 공유하는 방식을 탄생시키며 전문직의 작업을 변화시킬 것이다. 장기적으로 이러한 두 번째의 미래가 지배적일 것일 것이며, 우리의 전문직은 끊임없이 해체될 것이다.[7] ≪

이론적 전망과 일상적인 실무의 현실 간에는 많은 격차가 있을 수 있다. 그래서 지금은 그 둘을 연결할 적절한 시간이다. 솔직히 해체가 시작되지 않도록 말이다. 이러한 새로운 기술의 가능성에 대한 이론화를 넘어, 그것이 우리를 전진시킬 것이라는 희망으로 무시하거나 혹은 피할 수 없는 지식작업의 자동화와 싸우면서, 우리는 디자인 프로세스와 기계 지능 간의 관계를 시험해야 한다. 그것들이 최악 그리고 최상의 공존 상황일 때에도 조금이라도 상호 보완적일 수 있는 방법을 확정하기 위해서 말이다.

프로세스와 플랫폼 PROCESSES AND PLATFORMS

건설 산업이 점차적으로 디지털화됨에 따라, 데이터 입력, 알고리즘적 프로세스와 잠재적 인공지능지원 출력에 관한 신생 분류법taxonomy이 부상하고 있다. 산업이 점점 더 컴퓨터에 의존하면서, 거대한 디지털 정보 연합체pool를 탄생시켰다. 그러한 데이터들은, 결과적 정보를 구성, 색인, 그리고 참고문헌을 심는, 소위 공동 데이터 환경common data environment이라는 플랫폼을 거쳐 접근할 수 있게 되었다. 그 플랫폼들은–산업 내에서 공통적으로 사용하는–CAD, BIM, 분석 엔진, 스프레드시트 등등- 현재 자동화된 프로세스automated process 도구들의 수집으로 만들어진 입력과 출력 둘 다를 시스템화하였다. 인공지능 도구들이 건축/엔지니어링/건설/운영에 유용해짐에 따라, 새로운 자율적인 프로세스autonomous process 도구 세트들이 등장할 것이다. 그것은 자동화된 이전 도구들에는 필수적이었던 직접 입력과 제어 없이도 결과를 만들어 낸다. 모든 세 개의 프로세스 플랫폼들의–공통 데이터 환경[2], 자동화된 프로세스 도구와 자율적인 프로세스–조합은 일련의 새로운 잠재적 결과물을 만들어 낼 것이다. 그리고 그 결과물들은 디자인 프로세스와 그 결과에 대한 건축가의 책임을 근본적으로 변화시킬 것으로 보인다.

이들 관계를 보여주는 다이어그램은 그림1.4.1을 보라.

1.4.2:
입력, 프로세스 변형과 결과물들

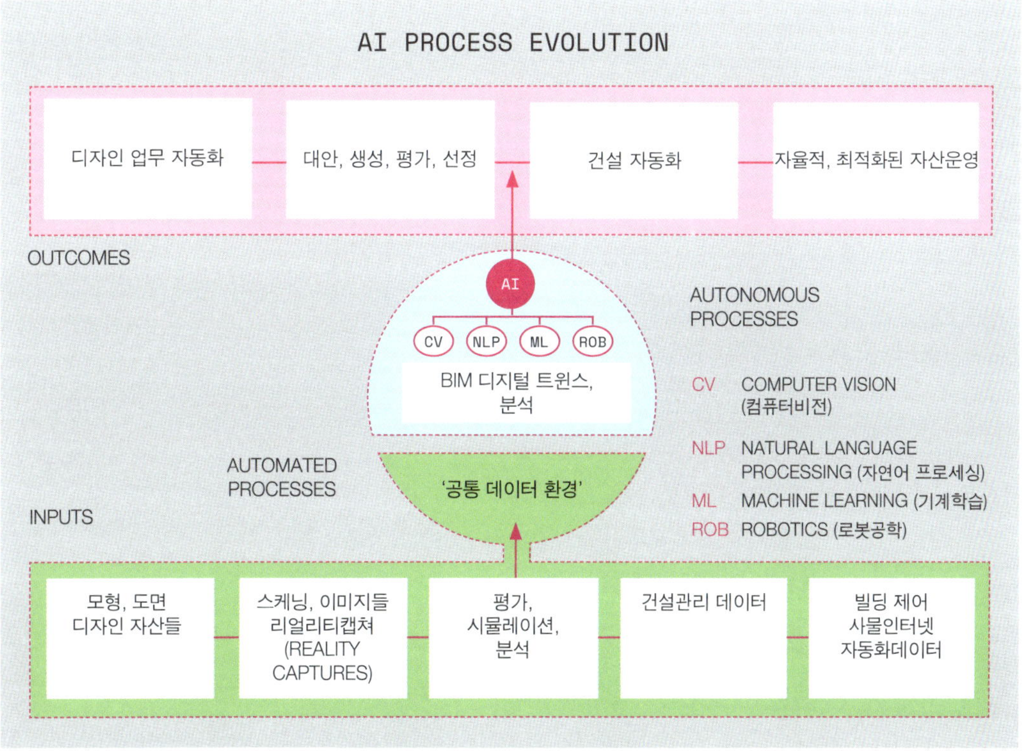

건설 도구들이 점점 더 컴퓨터를 기반으로 하게 되면서, 오늘날의 건설 프로젝트들은 거대한 디지털 정보 파일들을 생성한다. 1980년대와 1990년대 초반 대부분의 관련 디지털 출력이 CAD 혹은 워드프로세스 도구들(주로 오토캐드, WordPerfect)에 의해 생성되는 반면, 디자인-건설-운영-사용 연속체의 거의 모든 부분의 요소는 오늘날 디지털화되었다. 건축 전문직이 코비드-19 팬데믹Covid pendemic 기간 동안 완전히 재택근무remote work[3]로 전환이 쉬웠다는 것은 디자인작업이 대체로 디지털화될 수 있다는 것을 증명하면서 영구적으로 그런 방식을 유지하기 쉽다는 것이다.

앞 장에서 본 바와 같이, 주로 경험주의 플랫폼들을 기반으로 하는 오늘날 인공지능 시스템들은 어느 정도 수준의 기본적인 능력에 도달하기 위해서는 막대한 양의 디지털 정보를 소비하여야만 한다. 불행하게도, 이러한 데이터는 오늘날 폭넓고 다양한 형태와 포맷으로 존재한다. 그리고 수천의 체스 게임과 수백만 고양이 사진들에 대한 기록만큼 이질적인 것은 결코 아니다.

그렇지만 현재 실무에서 제안하는 방식으로 디지털 건설 정보를 범주화하고 디지털 기법과 프로세스의 있을 법한 진화를 범주화하는 것이 가능하다. 디자인에서의 인공지능의 미래를 위한 지능적인 입력 전략들을 개발하기 위해서 말이다. 범주들은 아래와 같다.

디자인 재현 Design representations 모형, 도면, 연구, 프로젝트 관리 증명서류, 자산asset 디자인, 조직관리와 건설의 결과로서 생성된 여타의 메타데이터metadata[4]의 형태로 이루어진다. 재현 정보representational information는 디자이너, 건설자, 그리고 빌딩 운영자가 인텐트intent[5]를 형태적으로 기억하기 위해 생성한다.

리얼리티 캡쳐 정보 Reality capture information 기존의 물리적 실제를 기록document한다. 영상 기록, 사진(2D와 3D) 그리고 기존 상황과 진행 중인 건설에 대한 스캔으로부터 얻은 점구름 데이터point cloud data[6] 뿐만 아니라 지형 데이트와 지리정보시스템GIS 데이터를 포함한다. 그 모든 데이터는 물리적 세계의 건물들을 접근 가능한 디지털 형태로 변환하기 위해 결합한다.

평가, 시뮬레이션 그리고 분석 데이터 Evaluation, simulation and analytical data 디자인, 엔지니어링, 그리고 건설관리를 지원하는 참고 데이터 세트들을 포함한다. 수행과 시뮬레이션을 위한 분석 모형들은 프로젝트를 개발할 때 프로젝트의 작동방식behavior을 기획하기 위한 (정보)입력으로 디자인 재현을 활용한다. 구조적 엔지니어링 소프트웨어, 에너지 모형, 그리고 전산 유체 역학computational fluid dynamics은 앤드류 위트Andrew Witt가 '테크노사이언스 technoscientific'[7] 모형들[8]이라고 부르는 것들이 좋은 예들이다.

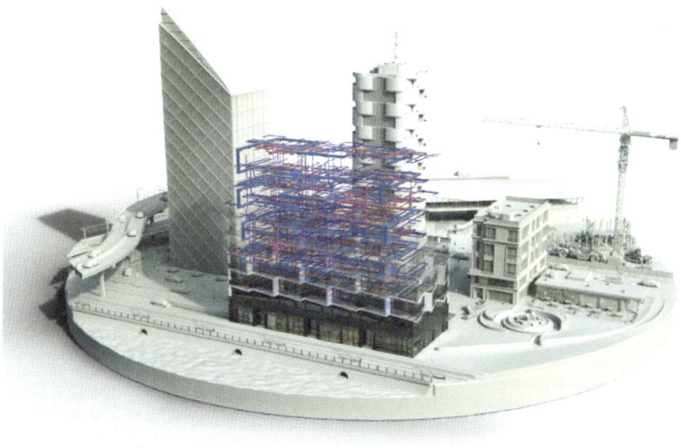

1.4.3:
빌딩정보모형 (BIM)

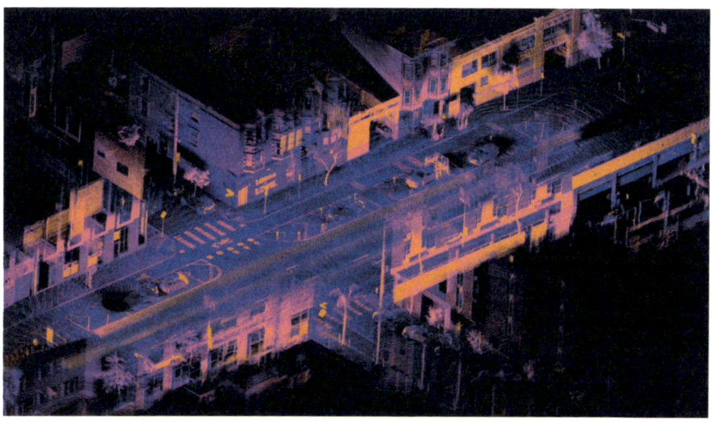

1.4.4:
LIDAR 스캔

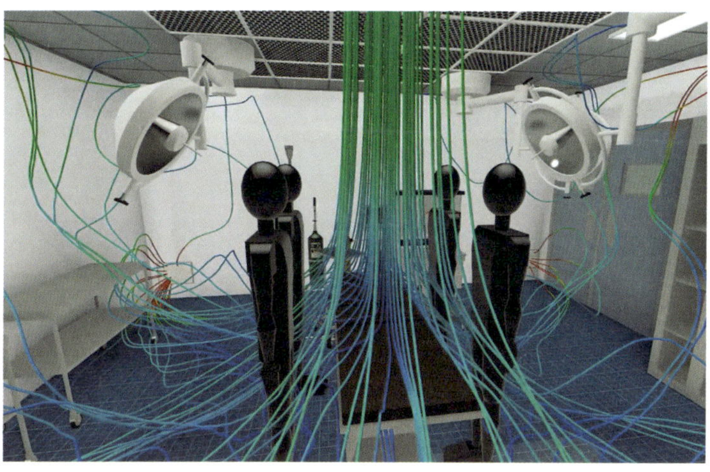

1.4.5: 디지털
분석과 시뮬레이션

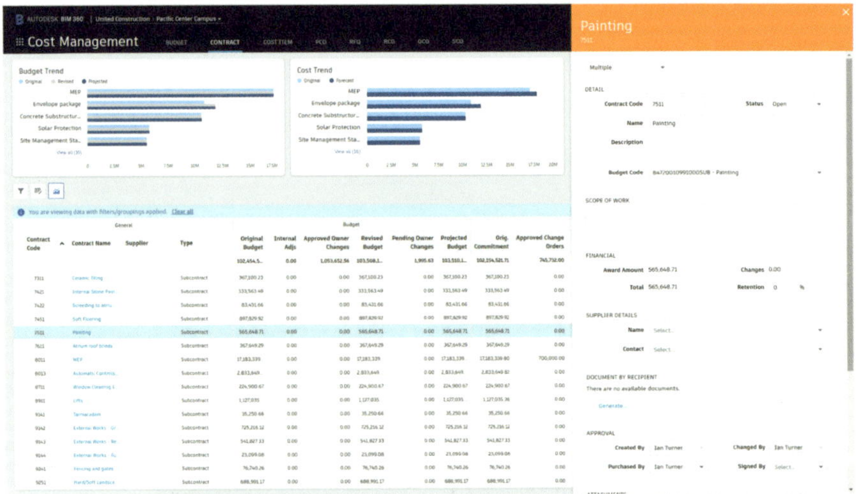

1.4.6: 오토데스크 B360 비용관리추적시스템

1.4.7: 오토데스크 TANDEM 디지털 트윈

제어와 코디네이션 정보 Control and coordination information 건설관리데이터 시스템, 프로젝트 제어 웹 사이트, 비용추정/관리 시스템과 같은 프로세스 제어, 모니터링 및 추적 프로토콜에 의해 생성되는 정보이다.

자산운용, 시스템 성능과 이용 정보 Asset operation, system performance and use information
빌딩관리제어시스템과 자산과 이용자와 자산 그 자체와의 상호작용을 묘사하는 사물인터넷을 운영하는 여타의 센서들에 의해 생성된다. 건조된 자산들built asset이 점차 모든 종류의 디지털 인프라digital infrastructure를 포함하게 됨에 따라, 결과적 데이터는 미래 디자이너들이 발전될 수 있는 것에 대한 일종의 기록으로 축적될 것이다.

조합에서, 이러한 데이터 소스들은 일관적이지 않다. 건조된 자산을 발생시키고, 실현하며, 운영하고, 사용하는 '프로젝트' 사업의 추상적 개념으로만 일치한다. 그러나 개별적으로, 데이터 소스들은 잘 조직되고, 색인 되었으며, 지속적이다. 그리고 그로 인해 기계 지능 시스템들machine intelligence systems을 위한 데이터 소스로서 전체적으로 접근할 수 있다. 그리고 어떤 경우에는 그러한 시스템들 자체에서 생성될 수도 있다.

프로세스 변형 PROCESS TRANSFORMATION

새롭고 디지털적으로 구동되는 결과들로의 데이터 흐름의 변형의 핵심에는 건축가들의 작품을, 그것의 디지털 미래로 이동시키기 위한 결합 안에서 작동하는, 기존 그리고 신규 소프트웨어, 플랫폼, 그리고 컴퓨터화된 절차들이 있다. 거기에는 세 가지 구성 요소들이 있다.

1. **공통 데이터 환경**Common Data Environment: 입력의 흐름은 공통 데이터 환경 혹은 CDE 라고 불리는 환경으로 합쳐진다. 그것은 형태적으로 '어떤 주어진 프로젝트 혹은 자산, 관리되는 프로세스들을 통해 각 정보 컨테이너를 수집, 관리, 그리고 보급을 위한 자산을 위한 합의된 정보 소스'[9]로 정의하고 있다. 그 정보 구조는 (위에서 '컨테이너'라고 언급한) 자산 창조 프로세스asset creation process의 다양한 가공물들을 구성, 위치결정, 버전 관리, 분배하기 위한 색인 참고문헌작성 시스템index referencing system을 창조한다. 그리고 그것으로 프로젝트 자산을 창조하는 동안 축적하는 다양한 입력 흐름과 데이터 모음들을 위해 (공통 데이터 환경의 용어를 사용하는) '컨테이너'를 제공한다.

프로젝트의 디자이너들, 건설자들, 운영자들은 그 경우에는 두 가지 유형의 도구들이 있다. 건물을 만들어 내는 데 있어서 각각의 역할들을 창조하기 위한 것이든 아니면 지원하기 위한 것이든 말이다. 즉 그 도구들은 '자동화된'것들이며 '자율적'인 것들이다. 그것은 인공지능 도구들이 어떻게 건축가들에게 다른 기회들을 제공하는지를—그리고 위협하는지를—정의하는데 중요할 수 있는 구별점이다.

2. **자동화된 프로세스**Automated processes: 자동화된 도구들은 디지털 장비들이다. 그것으로써 대부분의 건축가는 오늘날 익숙하며 직접적으로 '알고리즘' 기계 지능의 범주 속에 포함된다. 오늘날 어떤 소프트웨어 도구는, 그 역량에 관한 직접적인 인간의 조작 산물로서, '자동화된'것으로 특징 지워질 수 있는 특수한 입력 세트를 토대로 하는 결과와 데이터를 생성한다. 이러한 논의의 목적을 위해서, 우리는 BIM의 사례를 이점을 설명하기 위해 사용할 수 있다.

BIM 도구를 사용하여 자신의 디자인을 개발하는 건축가는 대체로 데이터 생성 프로세스를 완벽하게 제어한다. 그녀는 자신의 프로젝트가 문, 벽, 창문과 바닥이 필요하다는 것을 결정하고 자신의 BIM 소프트웨어에 그렇게 하도록 지시함으로써 그러한 요소들을 디지털로 만들어 낸다. 그 요소들 각각은 알고리즘적으로 특수한 특성을 지니도록 부호화되어 있다. 예를 들어 문은 벽에 대해 어떤 제한적인 관계를 가진다. 그리고 그러한 의미에서, 건축가가 모형을 창조할 때 배치하는, 특수한 '구축적 지능tectonic intelligence'지능을 가진다. 그 문을 배치하는 과정은 건축가가 문을 자신의 BIM에 인스턴스화instantiate[8] 할 때 그리고 그 문의 재현이 다양한 양상들modalities-평면, 입면, 단면, 상세, 스케쥴-로 자동적으로 건축가가 원하는 지점들에 정착할 때 자동화된다. 오늘날 건축가에게 유용한 대부분의 전통적 소프트웨어 도구들은 그처럼 '자동화된' 프로세스들이다.

3. **자동화된 프로세스**Automated processes: 인공지능 도구들은, 그러나, 그들의 자동화된 부분과는 구별된다. 인공지능 도구들 내에서 디자이너의 직접적인 개입 없이, 자동으로 작동하며, 결과물을 처리하고 생성한다. BIM을 다룰 수 있는 건축가는 생산 정보를 온라인에서 조사한다. 예를 들어, 검색엔진의 인공지능으로 구동되는 프로세스는 단지 이전 연구를 기반으로 웹상에서 생산 정보를 구축하는 영역만이 아니라 건축가의 이전 연구와 맨 먼저 그 연구를 시작할 때 가졌던 목적에 대한 결론들에 관한 모형을 기반으로, 건축가의 특수한 관심사일 수 있는 것에 대해 기계로서 '학습'한 것을 결합한다. 그것을 이용하여, 산물들은 검색한다. 그리고 오늘날 인공지능/기계학습 시스템들을 기반으로 하는 그 모든 도구는 '자율적'이며 건축가의 BIM 창작 경험과는 구별된다.

새로운 성과물의 생성 A NEW GENERATION OF OUTCOMES

새로운 성과물의 생성 인공지능 기반 시스템에 접근할 수 있는, 점차적으로 거대해지고 더 잘 조직된 데이터 세트들과 더불어, 우리는, 건축가들은 십 년 뒤에 알게 될, 있을 수 있는 자율적 기회들의 세트에 대해 추측할 수 있다. 그때는 그러한 시스템들이 더욱 유능해지고 가용해지게 될 것이다. 지금부터 '자율적 출력autonomous outputs'이라고 부르게 될 이 범주들은 추측의 틀speculative framework을 형성한다. 그것으로부터 우리는 전문직에 미치는 함의들을 위한 전략들을 구축하기 시작할 것이다. 그리고 그 전략들은 다음과 같다.

디자인 업무 자동화 Design task automation: 처리와 프로토콜은 디자이너의 직접적 개입을 요구한다. 미래에는 자율적으로 될 것 같다. 대부분 법률 점검code checking은 오늘날 수작업 과정이다. 그 절차는, 법률 점검 도구에 대한 디지털 모형을 제출함으로써 지원받을 수 있다. 법률 점검 도구는, 좀 더 전통적인 '건축'모형을 테크노사이언스technoscientific 모형과 결합하면서, 법 준수code compliance를 평가하기 위해 인공지능을 사용한다.

내일, 인공지능 기반 법률 점검 도구는, 디자이너가 기본 계획을 할 때 법률 관련 문제들을 예측하며, BIM 프로세스의 배경 속에 숨겨질 수 있을 것이다. 유사한 자율적 프로토콜들은 전체 납품과 건물의 생애를 운영하는 것에 걸쳐 이를 수도 있다.

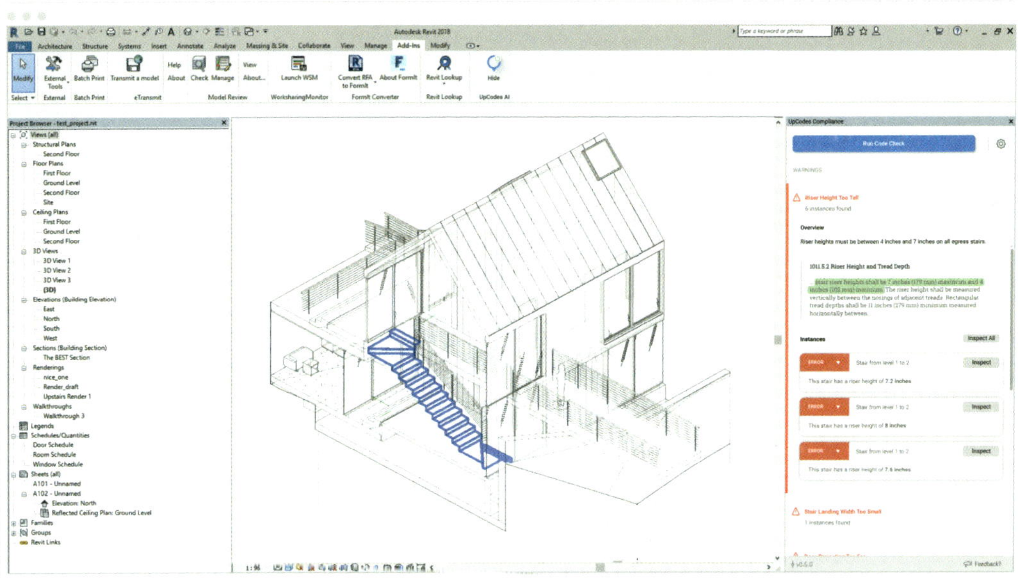

1.4.8: 업코드들(UPCODES) 법률 점검 소프트웨어

대안적 생성, 탐사 Alternative generation, exploration: 디자인 대안들은 예전에는 전부 직접적인 디자인 정보의 조작을 통해 만들어졌다. 그림1.4.9.에서 보여준 판지 모형처럼 말이다. 오늘날 이러한 프로세스는 스크립트 작성scripting의 지원을 받는다. 그것은 모형의 특성을 다양화하고 그리고 그로 인해 다양한 해결책을 창조하기 위해 특정한 디지털적으로 제어되는 모형의 매개변수들의 통제를 '자동화'하는 형태이다. 그러한 스크립트들은 때때로 그 결과를 평가하고 최적화하기 위해—에너지 분석과 같은—분석 소프트웨어와 결합된다. 스크립트들은 매개변수를 창조한다. 그것으로 디자인들은 미래에는 인공지능에 의해 생성될 수도 있다.

건설 자동화 Construction automation: 로봇공학이, 컴퓨터 비전computer vision으로 강화되고 제조업으로부터 차용한 산업화된 건설 프로세스의 출현으로 보강되면서, 제어를 위한 인공지능 지원 시스템들과 더불어 가속화함에 따라, 예전에는 인간 노동자들에 의해 배타적으로 수행되었던 건설 업무들은 증강되고, 어떤 경우에서는, 구인 구직 사이트상의 자율적 장치들 때문에 대체될 것이다. 눈에 띄는 최근의 사례는 PictoBot이다. 그것은 인공지능으로 구동되는 로봇으로서 내벽을 도색하기 위해 동행하는 인간 관리자supervisor와 함께, 혹은 그렇지 않다면 단독으로, 작업한다. 그러한 작업의 패턴들, 위치들, 그리고 마감들이 건축가의 빌딩 정보 모형BIM에 상세하게 기입될 수도 있다. 한편 그러한 특별한 특성을 지닌 표면에 대한 디자이너의 의도를 번역하는 것은, 몇 가지 유형의 컴퓨터 지능을 통해서만 효과적으로 기계화될 수 있는, 맥락에 따른 운용을 요구한다.

자율적 빌딩 기능 Autonomous building function: 만일 건축가와 엔지니어링의 초기 BIM이 시스템들(그리고 그 성능을 구현할 수 있는 통제 인프라의 디자인)의 성능목표performance objectives를 포함할 수도 있는 빌딩에 관한 최초의 기능 묘사도구functional descriptor라면, 공기, 물, 폐기물을 운영하는 것과 실시간 분석과 협력하여, 건물이 데이터의 또 다른 디지털 자료collection를 생성하는, 신호체계를 운영하는 것은 그러한 시스템들을 조정하고 최적화하는 데 이용될 수 있다. Johnson Controls와 같은 빌딩 인프라를 제공하는 회사들은, 예를 들어, 공기 분배 시스템뿐만 아니라 인공지능을 기반으로 시스템 출력ouput과 에너지 이용(그로 인해 탄소를 줄이는)을 기억하고 최적화하는 모니터와 소통하는 시스템을 위한 디지털 제어digital controls[9]를 구축한다. 물론, 인공지능에 의해 해석된, 결과적 분석 데이터 세트들은 후속 건물들의 디자인과 그 건물들의 구성 장비에 대한 통찰 또한 제공할 수 있다.

1.4.9: 수작업으로 구축된 모형들, C. 1993

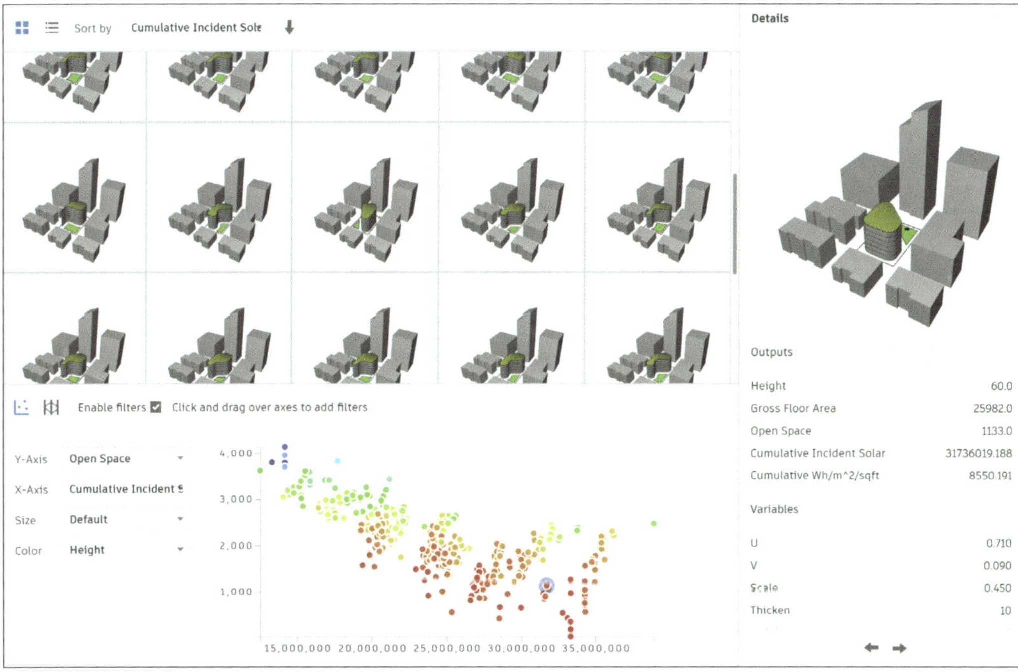

1.4.10: 건축범위 BUILDING ENCLOSURE 를 생성하기 위한 스크립트 작성 도구들

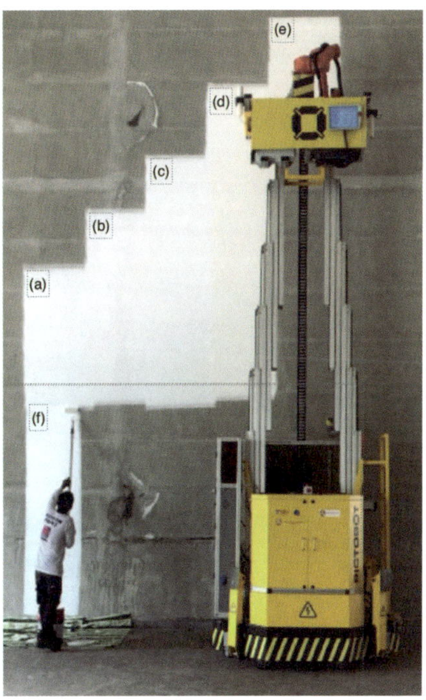

1.4.11 PICTOBOT, 자율도색 로봇, E. ASADI, B. LI, 그리고 I. CHEN 제공[10]

선순환 A VIRTUOUS LOOP

디자이너들과 건설자들이 사용하는 (BIM과 같은) 오늘날 대체로 자동화된 프로세스 간의 관계는, 시간이 흐름에 따라, 인공지능을 기반으로 하는 프로세스들의 자율적 기회에 자리를 내어주게 될 것이다. 그리고 그렇게 함으로써 빌딩 프로세스의 입력과 출력 둘 다 변형될 것이다. 왜냐하면, 컴퓨터 연산 플랫폼들은 인간 소유자로부터 독립성을 얻을 때, 플랫폼들은 잠재적으로 자기 강화적self-reinforcing 데이터 선순환으로 추가적인 데이터 소스들을 생성할 것이기 때문이다. 적절하게 유도된 이러한 순환은, 건물들의 디자이너, 건설자, 그리고 이용자들이 그렇게 하도록 요구하는 것처럼, 산업에 생산성, 효율성, 그리고 효과성에 많은 혜택을 가져다줄 수 있다. 그렇게 하는 것은 마찬가지로 동일한 역할자들에게 디지털 정보 생성과 그것들의 지능적 이용에 대해 지시적directive 일 것을 요구한다. 인공지능이 광활한 데이터의 바다를 유용한 지식으로 전환할 수 있는 방법에 대한 명료한 생각들을 가지고서 말이다.

서비스 영역

1.5 SCOPES OF SERVICE

≫ 디지털화는 어떤 활동들은 증강시키고 지원하면서 그리고 다른 것들은 대체하면서 지속적으로 건축가의 작업을 변형시킬 것이다. 오늘날의 컴퓨터는 대체로 - 작업을 가속화하고 복잡성을 관리하면서- 절차적인 방식으로 그렇게 하면서도, 인공지능 시스템들은 산업에 제공하는 서비스의 영역, 폭, 그리고 구조 내에서 직업에 다른 기회들을 부여하면서도 위협을 가하고 있다. 인공지능 시스템들이 진화함에 따라, 모든 전문가의 일상적 작업, 그리고 종국에는 건축가들조차도 그 시스템으로 통합될 것이다.≪

직업 대對 업무 JOBS VERSUS TASKS

리차드와 다니엘 서스킨드Richard and Daniel Susskind가 2015년 자신들의 저서, *The Future of the Professions*전문직의 미래에서, 종국에는 전문직에 대한 사회의 요구를 인공지능이 대체하리라고 주장하였을 때, 건축가들은 당연히 관련이 있었다. 우리와 동일하게 위협받고 있는 법 혹은 의료계의 구성원들보다, 아마도 그들은 자신들이 자동화되어 존재가 사라지는 것을 허용하기 전에 더 큰 싸움을 할 것이다. 건축 전문직은 더 위태롭고, 왜소하며, 정치적인 힘이 약하고, 그리고 분명히 보수가 적다. 두 저자는 자신들 논문의 바로 시작 지점에서 아래와 같이 선언하였다.

> *≫ ... 우리는 전문지식이 사회에서 유용하게 되는 방식에서 근본적이고 돌이킬 수 없는 변화가 발생하는 기간 중 짧은 순간에 있다. 기술은 이러한 변화의 주요 동인動因이다. 그리고 장기적으로 우리는 전문가들이 20세기와 그 이전에 했던 방식으로 작업하는 것을 필요로 하지도 원하지도 않을 것이다.[1] ≪*

저자들은 사회가 전문가들로 하여금 전문지식을 적용하도록 설정하였다. 그리고 그렇게 하면서 전문가들은 전문지식 정보를 무리 짓게 하였고, 정보에 대한 접근을 통제하고, 지능적인 기계로 쉽게 자동화될 수 있는 방식으로 정보를 배치하고 있다는 것을 알아차렸다. 방사선 기사들은 특수증상 이미지를 좀 더 인내심을 가지고 정확하게 읽을 수 있는 알고리즘에 자리를 내주게 될 것이다. 변호사들은 더 이상 증거를 위한 서류들을 검색하고, 정해진 순서에 따른 법적 처리를 준비하고, 쟁의에서 의뢰인을 대표하는 것조차도 필요 없을 것이다. 그리고 건축가들은 디자인하고 실시도면을 작성하고 혹은 건물을 짓는 프로젝트를 도울 필요가 없을 것이다.[2]

2021년 내가 이 책을 저술하고 있는 이때, 어떤 분야의 작업에 대한 초지능 기계들의 심각한 침식이 없이 이러한 소멸을 선언한지도 6년이 흘렀다. 최상은 지나치게 낙천적이 되지 않는 것이다. 그러나, 기술적 변화는 일반적으로 건설 산업 특히 건축에 훨씬 더 더디게 다가오고 있다.[3]

건축가들과 우리가 제공하는 서비스에 대한 침해는 아마도 다니엘 서스킨드의 후속 저작에서 더 잘 기술되어 있을 것이다. 그곳에서 우리가 주장하는 것은 전체 직업들 보다 별개의 업무들은 컴퓨터에 의해 배제될 것이라는 점이다. 그는 'ALM 가설ALM hypothesis'[1]이라고 불리는 경제학자 데이비드 아우터David Autor, 프랭크 레비Frank Levy와 리처드 머네인Richard Murnane의 저작을 토대로 추정하고 있다. 그 가설은 전체 직업jobs과 업무들,tasks 루틴 업무routine tasks와 비 루틴 업무non-routine tasks를 구분하고 있다. 루틴 업무들은 (산업혁명 기간에 기계화 때문에 자동화된 업무 중 상당수의 업무처럼) ALM 이론이 '명시적explicit'지식이라고 말하는 것을 요구한다. 명시적 지식은 증명서류의 작성, 설명, 그리고 반복이 용이하다. 이것들은—예를 들어, 전문 건축가의 창조성과 판단을 요구하는—'내재적implicit' 지식을 기반으로 한다. 그것은 자동화되지 않을 것이다. 왜냐하면,

알고리즘들과 같은 논리적 표현으로 표출되는 규칙들로 그러한 작업을 포착하는 것은 불가능하기 때문이다.[4]

서스킨드는 이러한 사고思考를 부상하고 있는 인공지능의 현시대에 투사하고 있다. 기계들이 내재적 지식의 영역으로 충분히 잠식할지도 모른다는 것을 주장하기 위해서 말이다.

> *≫말하고 싶은 유혹이 드는 것은 기계들은 우리처럼 추론하지 못하기 때문에, 기계들은 결코 판단을 사용할 수 없을 것이다, 기계들은 우리처럼 느낄 수 없으므로, 기계들은 결코 감정적일 수 없을 것이라고 점이다. 그러나 여전히 인류에 의해 행해졌던 공감, 판단, 혹은 창조성을 요구하는 업무들을 기계들이—어느 정도 완전히 다른 방식으로 그것들을 함으로써—실행할지도 모른다는 것을 깨닫지 못하고 있다.[5]≪*

오늘날 경험주의적인 딥 러닝 기반 시스템들은 창조성을 흉내 내기 시작하고 있다. 그러나 예를 들어 알고리즘이 건축가의 전문가적 판단을 대대적으로 대체하리라는 것을 기꺼이 믿을 수도 있는 정도로까지는 분명히 아니지만 말이다. 한편 오늘날 전문가의 서비스의 관점, 즉 인공지능이 전문가 작업의 업무에 영향을 미칠 수도 있는 구조를 통해 검토하는 것이 더 중요하다.

건축을 학습하는 기계들 MACHINES LEARNING ARCHITECTURE

만일 오늘날 가장 유능한 지능적 기계들이 딥 러닝을 위한 다양한 전략들을 기반으로 한다면, 우리는 그 기계들이 훈련받을 수 있는 것을 통해 기계들의 능력을 평가할 수 있다. 1.2장에서 기술한 마크 그리브스Mark Greaves의 기계 능력 분류법은 많은 교사에게 알려진 규범적 자료, 즉 학습에 관한 블룸의 분류법Bloom's Taxonomy of learning으로부터 유래하였다. 그 분류법은, 소위 (기억화와 같은) '저차원적 사고lower order thinking'에서부터 (무엇인가 새로운 것을 창조하는 것과 같은) '고차원적 사고higher order thinking'까지, 능력의 위계를 정의한다. 블룸은 이러한 접근법을 교실에서 교육학적 전략들을 선택하기 위한 일종의 안내서로 창안하였다. 그리고 자신의 학생들인 앤더슨Anderson과 크라스왈Krathwohl이 뒤이어 그 위계를 오늘날 교사들에게 매우 익숙한 용어로 다듬었다.[6] 그리고 표1.5.1.의 비교에서 집계되었다.

오늘날 가장 성공적인 딥 러닝 시스템들은 어쨌든 블룸의 피라미드를 올라왔다. - 시스템은 새로운 게임 전략들을 발명하고 그것으로써 인간의 전략들을 섬멸시킨다. 확실히 영어를 일본어로 번역하거나 혹은 심지어 작곡하거나 혹은 회화를 하기도 한다. 과거 기억하기 혹은 새로운 개념들을 '창조하기' 위해 데이터를 테스트하는 것까지도 훨씬 넘어서면서 말이다. 바둑게임의 특수한 규칙들, 예를 들어, 혹은 수천의 회화에 대한 '학습된' 패턴들과 같은 특정한 극히 제한적인 맥락들 내에서는, 아마도 이는 사실일 것이다. 그러나 엄밀한 규칙 세트들로 프로그램 된 기계는 엄청난 규모의 명백한

1.5.1:
학습 분류법들

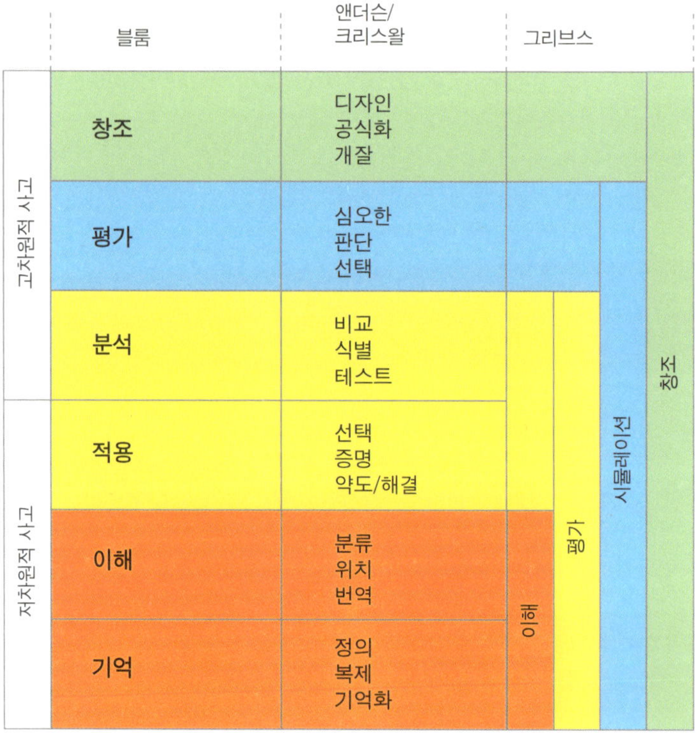

지식을 가지는 것으로 말할 수 있다. 그리고 그 자체는 매우 제한된 방식에서 '창조하기'이다. 특히 그 후 성공의 방책들은—게임을 이기거나 혹은 방사선 사진에서 종양을 밝히는 것—그만큼 구체적이다.

그렇다면, 적어도 이 주장에 관한 다음 몇 페이지를 위해, 서스킨드의 업무 자동화에 대한 이론은 예견할 수 있는 미래에 건축 실무에 인공지능을 가장 적정한 적용이며 그리고 전문직이 제공하는 서비스 내에서 선택된 업무들은 지능적인 컴퓨터에 의해 가속화되거나 혹은 대체되기까지 할 만큼 충분히 증강될 것이라고 가정해 보자. 서스킨드는 그러한 업무들은 확인하기 쉽다고 주장한다. 즉 그 업무들은 (성공을 결정하는데) 쉽게 측정될 수 있는 명백한 목적에 봉사한다. 그리고 기계가 그 목적을 달성하려는 방법을 학습하기 위한 수많은 데이터가 존재한다.[7] 누군가는 광범위한 건축 업무들이 다음과 같은 질문들을 포함하여 이러한 목록에 부합할 수도 있다고 주장할지도 모른다. 즉 '이 프로젝트는 화재안전기준fire safety code을 만족시키는가?' 혹은 천장의 플레넘plenum 공간은 모든 빌딩 서비스 설비를 수용하는가?' 충분한 데이터와 적절한 훈련으로, 컴퓨터는 이러한 목적을 달성할 수 있는가? 혹은, 오히려 더 좋기까지 해서, 질문에 대한 대답뿐만 아니라 그러한 요구들에 대응하는 데 필요한 디자인 해결방안을 생성하는가?

왜 안 되겠는가? 그 비품들은 천장의 플레넘 공간에 부합하든 그렇지 않든 둘 중 하나이며, 그리고 그 문들은 올바른 화재등급을 가지고 정확한 방향으로 개폐되든지 혹은 그렇지 않든지 둘 중 하나다. 딥 러닝 인공지능이 천장들과 출구와 복도를 충분히 검토할 수 있다고 가정한다면, 옳고 그름과 정확한 것과 부주의한 것을 학습할 수 있어야 한다.

만일 그것이 그렇듯 간단하기만 하다면, 우리는 건축지능을 곧바로 기계에 구축하기 시작할 수 있다. 그러나 업무 자동화는 또 다른 차원이다. 스튜어트 러셀Stuart Russell이 위계적 계획과 관리hierarchical planning and management라고 부르는 것은 다음과 같다.

> *≫장시간에 걸친 지능적 행태는—박사학위를 취득하는 것(1조의 행위들)에서부터, 응용프로그램 커버레터cover letter에 하나의 문자를 타이핑하는 것 중의 일부로서, 손가락 하나로 보내지는 단순한 제어 명령까지 내내—다양한 수준의 추상화에는 활동을 위계적으로 계획하고 관리하는 능력을 요구한다.[8] ≪*

특수한 목적을 달성하기 위해, 명시적 지식을 요구하고, 명료하고, 측정 가능한 성과물을 가지는 목적들조차도, 지능적 기계는 통합된 질서 안에서 그 목적을 달성하기 위해 (자동화된)업무들의 위계를 적정하게 사용할 수 있어야만 한다. 그리고 그렇게 함으로써 업무들은 정의된 목표를 향하여 협력하여 작동한다는 것을 확신시킬 수 있어야만 한다. 오늘날 건축가들의 의무 중, 명시적 지식에만 의존하는 의무들조차도, 이러한 방식으로 자동화될 수 있는 것은 거의 없다. 그리고 그것으로서 디자인 서비스의 많은 부분이 가까운 미래에서 그다지 머지않은 미래에 만족스럽게 자동화되리라는 것은 성공할 것 같지 않다.

건축 서비스들 ARCHITECTURAL SERVICES

현대의modern 건축가들은 프로젝트 정의project definition로 시작하는 규범적 연속체prototypical continuum 내에서 자신들의 서비스를 수행한다. 그리고 디자인에서부터 건설까지 확장한다. 영국에서 그러한 서비스들은 RIBA Plan of Work,영국 왕립 건축가 협회의 작업계획[9] 그리고 미국의 AIA's Owner-Architect Agreement미국건축사협회의 소유자-건축가 계약 B101[10]의 'Basic Services기본 서비스'에 잘 정의되어 있다. 각각은 그림1.5.2.의 다이어그램에 비교되어 있다.

일반적으로, 각 영역은 업무에 관한 표준세트standard set를 통한 경로를 제시하고 있다. 업무들은 프로젝트 정의, 디자인, 프로덕션production 등등과 같은 범주들로 기술할 수 있다. 작업의 각 단계는 일련의 하부업무들로 구성되어 있다. 그 하부업무들은 단계별로 다르며, 기대치들, 상품들, 그리고 건축가의 서비스를 관리하는 전문가 기준을 기반으로 조율된다. 이러한 하부업무들 자체는 실무관리, 프로젝트 관리, 등등과 같은 일반적인 업무general buckets로 분류될 수 있으며, 서비스 단계들에 걸쳐 있다. 서비스 범주들로 정렬된 그러한 업무들의 샘플에 관한 개략적인 매핑mapping은 그림1.5.3에서 발견할 수 있다.

표준 서비스 영역들				
영국 왕립 건축가 협회(영국) RIBA (UK)	0 전략적 정의	1 준비 + 상황설명	2 개념 설계	3 공간 코디네이션
미국 건축사 협회(미국) AIA (US)	PD 예비 계획, 프로그래밍		SD 계획 설계	DD 기본 설계
서비스 범주들				
정의				
디자인				
프로덕션				
조달				
건설				
운영				

1.5.2:
RIBA와 AIA의
서비스 범주

만일 우리가 서스킨드의 '명료한 목적과 수많은 데이터' 기준과 러셀의 업무 위계를 결합한 시각을 통해 이러한 업무 구성요소들을 바라보고, 내재적 지식을 요구하는 ALM 가설의 업무들을 포함하면, 경험주의적 자동화empiricist automation가 가능한 건축가의 서비스 작업을 분류해 볼 수 있다.

측정 가능한 목적으로 쉽게 정의될 수 있고 명백한 논리를 통해 집행되는 '**절차적인**procedural' 어떤 업무 구성요소를 소환해보자. 그것들은 목적을, 측정할 수 있을 수 있는 목적까지도, 달성하기 위한 절차적 업무들의 지능적인 통합을 요구하는 '**통합적인**integrative' 것을 필요로 한다. 그리고 그것들은 본질적으로 창조적이고, 주관적이며 그리고 내재적 지식에 의존하는 '**지각적인**perceptive' 것을 필요로 한다. 그림1.5.3은, 각 업무 구성요소를 완성하는데 필수적인 작업에 의존하여, 절차적인 것에서부터 출발하여 통합적이고 지각적인 것에 이르는 연속체 상에 각 구성요소를 범주화하려 한 것이다.

부호화된 막대들이 보여주는 바와 같이, 오늘날 건축가들이 하는 것은 거의 없다. 이러한 상대적으로 세부화된 검토 수준에서조차도, 그것은 쉽게 자동화될 수 있는 것으로 특징 지워질 수 있다. 사실상, (우리가 사용하는 모든 소프트웨어를 포함하여) 오늘날 기술들의 상당 부분은 절차적인 것들이다. 그 모든 것은 기술들이 성취한 고차원적 업무 서비스에서 적절히 사용되고 있다. 건축 방정식에서 인간들을 제거하는 것은. 위계적으로 복잡한 목표들을 성취하는 그러한 능력들을 결합하면서 블룸 분류법을 올라가는, 역량에서의 거대한 도약을 이제 막 요구하고 있는 것이다. 이것은

4 기술적 설계	사용되지 않음	5 제작 + 건설	6 양도	7 사용
CD 실시 설계	PR 조달	CA 건설 계약 행정	사용되지 않음	거주후 평가

건축가들이 전략을 짜는데 시간을 더 잘 보낼 수 있으리라는 것을 의미한다. 실무의 절차적 측면들은 인공지능의 자율적 프로세스들로부터 얻을 수 있는 가장 큰 이점일 수 있다. 우리의 작업이 능력 있는 기계들로 대대적으로 대체될 것이라고 걱정하기보다 말이다.

인공지능이 지원하는 서비스들 AI-SUPPORTING SERVICES

프로젝트 프로세스에서 선정된 책임들은 다른 것보다 자율적인 기술에 더 적합하다는 이론을 시험하기 위해 그림1.5.3의 목록에서 많은 견본 업무들을 인용할 수 있다. 상기의 분류를 사용하여 우선 절차적인 몇몇 사례들을 선택하여, 인공지능 시스템들이 인간 건축 상대와 협력하여 작업할 수도 있는 방법에 대해 전망한다.

문제를 이처럼 빠르게 그려보는 것은, 적어도 가까운 시일 내에, 인공지능 시스템들이 영역에 한정될 것이며, 현재는 사용 불가능한 막대한 양의 데이터가 필요하며, 증강하리라는 것을 시사한다. 건축가의 핵심 직업들을 제거하기다 보다는 말이다. 이러한 결론은 가까운 기간 내에서는 안심이 되는 결론이다. 그러나 더 많은 고려사항을 품고 있다. 왜냐하면 인공지능 시스템들은, 이론적으로, 경험주의적 능력에서 지각적 능력으로 진화하기 때문이다.

표준 서비스 영역들				
영국 왕립 건축가 협회(영국) RIBA (UK)	0 전략적 정의	1 준비 + 상황설명	2 개념 설계	3 공간 코디네이션
미국 건축사 협회(미국) AIA (US)	PD 예비 계획, 프로그래밍		SD 계획 설계	DD 기본 설계
서비스 범주들				
정의				
디자인				
프로덕션				
조달				
건설				
운영				
업무 구성요소들				
실무관리				
사업수주				
획득, 할당, 직원배치 관리				
실무 재정 건정성 모니터링				
사업 전력 설정				
실무 운영 관리				
실무 관리와 코디네이션				
프로젝트 직원관리 자원 관리				
작업 할당과 코디네이팅				
예산 및 스케쥴 관리				
컨설턴트 등 외 코디네이팅				
디자인 생성의 관념화				
개요 분석과 이해				
대안 생성				
평가와 대안 선정				
디자인 의사결정 도면 작성				
충돌 요구조건 해소				
기술적 프로덕션과 분석				
개요에 대한 적합성 결정				
평가와 통합 기술적 고려				
공학적 분석 수행				
프로젝트 비용 평가와 관리				
공간 및 기술적 시스템 코디네이팅				
기술 시공서류 생산				
기술 시공서류 검토 승인				
시공과정 검토				
의뢰인과 규제 관리				
회의, 의뢰인 관리/의사결정				
규제자와 코디네이팅				
공공/커뮤니티와 접촉				

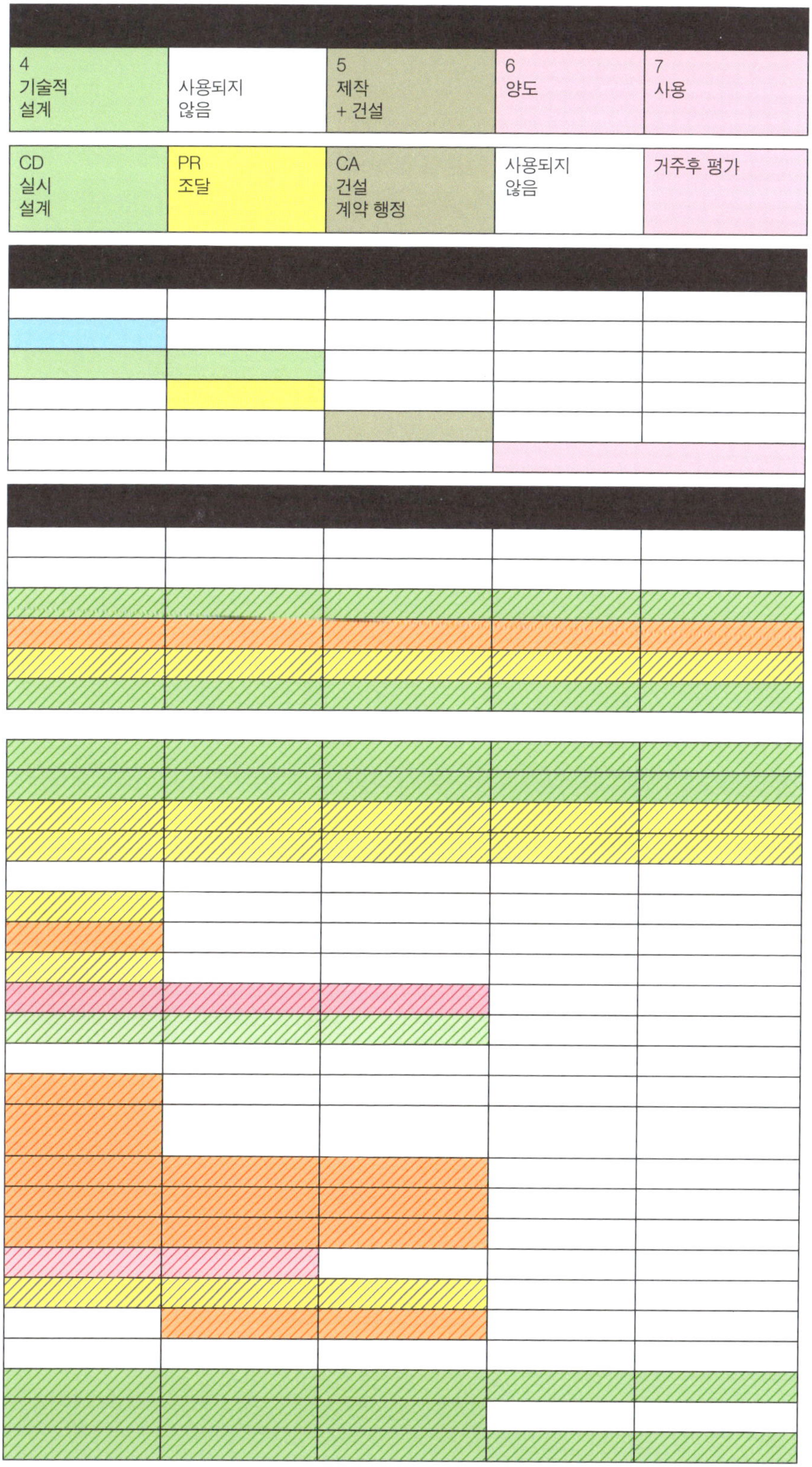

1.5.3:
전통적 서비스
영역들 내에서의
업무 구성요소들

1.5.4:
업무들에 걸친
인공지능의 가능성

업무 구성요소	목적	측정 기준	제안된 인공지능
실무관리			
사업수주	가능한 많은 새로운 프로젝트 포착	승율	모니터들은 프로젝트들을 감시하고 전망하며, 좀 더 만족스러울 것 같은 핵심 특성, 태그, 프로젝트를 결정한다.
모집, 할당, 관리, 직원배치	할당에서 직원 이용의 최적화	직원 활용	과거의 모든 프로젝트글의 직원배치 할당을 조사하고, 업무, 정체성, 긴급 사안에 따라 직원 제안
실무 재정 건정성 모니터링	재정 건정성 확인	수익과 간접비	과거의 모든 프로젝트 관리 보고서를 평가하고, 보수 제안서를 지원하며, 운영 프로젝트들 내의 문제들에 경고를 보낸다.
프로젝트 관리와 코디네이션			
예산과 스케쥴 유지	프로젝트 시간, 직원을 일치시키고 재정 자원들은 정열된다.	프로젝트에 의한 시간 당 요율, 목표이익 활용	과거 수행을 기반으로 프로젝트 운영을 모니터하며, 초과와 충격을 전망하고, 이익을 전망하며, 교정을 추천한다.
컨설턴트들과 그 외 관계자들 코디네이팅	컨설턴트들을 확인하고, 그들의 작업을 정확하게 그리고 시간적으로 일치시킨다.	수행가능한 스케쥴	시간과 컨설트들의 제안을 모니터하고, 제안서의 적절한 제출 시기를 추천하고, 불연속성을 경고한다.
관념화, 디자인 생성			
대안들의 생성	해법, 기회들의 탐색	실행가능한 대안들의 수	프로젝트 유형을 토대로 한 변수들을 추천하고, 이전의 선정된 계획들의 평가하고, 성공적인 하위 구성요소들을 발췌하고, 해법 공간을 정의한다.

업무 구성요소	목적	측정 기준	제안된 인공지능
관념화, 디자인 생성			
대안들의 평가와 선정	최상의 대안 해법들을 발견한다.	실행가능한 대안들의 수	절충안을 평가하는 데 도움을 주고 대안 생성에서 유망한 패턴들을 결정하고, 해법들의 객관적 평가를 제공한다.
기술적 프로덕션과 분석			
개요에 대한 적합성 결정	개요의 수행목표와 일치하는 디자인 확정	개요의 매개변수를 (면적, 예산, 규모)의 가변성	디자인 산출물들을 조사하고, 개요의 수행 매개변수에 대한 지도를 만들고, 불연속성을 경고한다. 즉 과거 해법들을 근거로 교정을 추천한다.
프로젝트 비용 평가 및 관리	프로젝트를 확인하고, 건설 예산을 확정한다.	목표치 또는 건설비용 목표예산	견적서를 생성하고, 적합성을 모니터하고 비용 조절 전략들을 추천한다.
공간적 기술적 시스템 코디네이팅	개념 내 3D 공긴 내에서 작동하는 시스템들의 확인	타단한 충돌사함과 해석들	공간적 충돌을 밝히고, 단순한 문제들을 해결하며, 타당하지 않은 충돌들을 제거하고, 중요한 충돌사항들에 대한 해법들을 제안한다.
건설 과정 검토	시간과 지불 스케쥴에 따른 건설과정 정렬	건설 완료 비율, 시설설치의 정확성	건설현장으로부터의 입력을 평가하고, 시설설치의 불연속성을 밝히고, 시설설치의 가치를 추정하고, 건설을 완벽하게 평가한다.
의뢰인과 규제 관리			
규제자와 코디네이팅	규제 제약들에 대한 프로젝트 적합성을 확신시킨다.	획득한 허가와 승인	법률 적합성을 평가하고, 불연속을 밝히며, 변화를 추천한다.

현재, 가까운 미래, 그리고 그 너머 PRESENT, NEAR FUTURE AND BEYOND

서스킨드의 정의에 동의하는 경험주의적 인공지능 시스템들은 오늘날의 'BuildTech' 시장에 등장하기 시작하고 있다. 그리고 협소하게 설명된 절차들에 중점을 두면 명료하게 측정 가능한 목적들, 명백한 논리, 그리고 풍부한 데이터를 요구한다. 아래의 표는 2021년 중반에 부상하고 있는 몇몇 회사들이 선택하고 있는 것을 보여준다.

1.5.5: 건축에서의 인공지능 기반 스타트업, 2021

회사	목적	논리	데이터
SPACEMAKER AI	부지 상에 멀티유닛 빌딩 배치를 최적화한다.	이용과 배치를 최적화하기 위해 빌딩 차원의 매개변수들를 조정한다.	부지계획과 공간이용에 대한 분석적인 출력
PLANIT IMPACT	건물의 에너지와 물 사용을 측정하고 줄임	빌딩 특성을 에너지와 빗물 유입과 배출로 해석한다.	에너지 모형, 이용 데이터, 부지 인프라 정보
JOIN	개념에서 완성까지 건설비용을 조직하고, 최적화하며, 제어한다.	비용목표에 맞추어 비용투입과 프로젝트 히스토리를 분석하고 관리	비용추정 히스토리 추정, 지역 경제 상황, 시장 정보
ENVELOPE	도시 내 부지상에서 최대한 허용가능한 건설가능한 면적 결정	빌딩 조닝 규정들을 빌딩 배치로 전환함	조닝 법규, 매개변수적 빌딩 템플릿

이 시스템들이 데이트 수집과 시스템의 신경망 내의 복잡하고 상관적인 데이터 구조들을 구축하면서 더 유능해짐에 따라, 시스템들의 논리는 건축가의 책임을 넘어 폭넓은 범위의 목표 업무들targeted tasks로 확대될 것 같다. 새로운 아이디어는 종종 세 개의 I아이 즉 직관intuition, 통찰insight, 영감inspiration으로부터 기인한다고 러셀은 말한다.[11] 절차적 인공지능procedural AI은 이러한 전문가적 판단의 비평적(지각적) 구성요소들을 증강시킬 것이다. 건축가의 서비스를 점점 더 분석과 데이터에 의존적이면서, 그리고 검증되도록 하면서 말이다. 누군가는 건축가들이, 임대면적, 빗물 배수, 조닝 적합성, 그리고 건설비용까지 결과적 성능 데이터를 포함하여 부지 내 배치를 위한 일정 범위의 옵션들을 충분히 검토하면서, 더 큰 확신을 가지고 자신들이 절차적 인공지능의 도움으로 선택한 결정을 권고할 수 있는 어느 날을 상상할 수 있을 것이다. 이러한 시스템들은 유지될 것이다. 그러나 고차원적 사고에—평가와 맞닿아 있는 분석—대한 블룸의 사다리에서 더 낮은 단계로 제한될 것이다. 왜냐하면, 창조는 폭넓은 범위의 정보, 결정, 그리고 능력을 통합할 것을 계속해서 요구할 것이기 때문이다. 경험주의적 인공지능은 높은 단계에 이를 것 같지는 않다.

가까운 시일 내의 미래를 넘어, 건축가의 서비스는 새로운 기대치와 제약들로 구성된 진화하는 추세에 대응해야 할 필요가 있을 것이다. 그 추세는 다음을 포함한다.

» 건설의 자동화
» 의뢰인들의 데이터를 포함한 모든 사업에 걸친 데이터 이용의 증가
» 사회적 평등, 환경적 정의와 인식론적 안전성의 고차원적인 디자인에 대한 열망

이러한 요구사항들을 다루기 위해, 건축가들이 제공할 필요가 있을 법한 요구 서비스 중 몇몇은 오늘날의 전통적인 방법론에서 발견할 수 있다. 그것은 영국왕립건축가협회의 작업계획[RIBA Plan of Work] 혹은 미국건축사협회의 '기본 서비스[Basic Services]'통해 존재하는 것들이다. 더욱 깊이 있는 통찰, 폭넓은 데이터 평가의 적절한 이용, 그리고 디자인 팀과 다양한 (그리고 영원히 증가하는) 수많은 컨설턴트들의 데이터로 유도된 업무들을 조율하는 것[coordination]은 건축가들에게 이 작업을 지원할 인공지능들을 통합하도록 요구할 것이다. 같은 방식으로 인공지능들은 오늘날의 엔지니어들을 관리하고 있다. 내일의 디자인 과제들은 인간과 최상의 상태로 마주할 것이며 인간에 의해 정복될 것이다. 말로 설명하기 어려운 직관, 통찰, 그리고 영감의 마스터들에게 말이다. 그들의 아이디어는 공간들, 빌딩들, 그리고 내일의 도시들을 경영할 것이다. 비록 우리가 도밍고스의 마스트 알고리즘[Domingos' Master Algorithm]의 먼 목적에 도달한다고 할지라도 말이다.

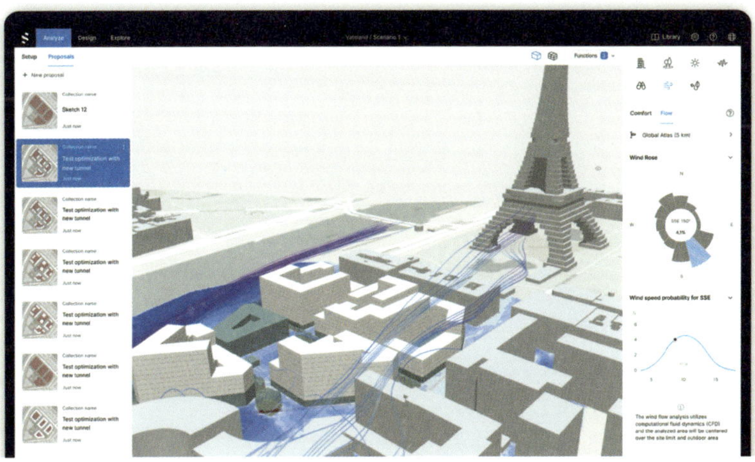

1.5.6:
SPACEMAKER AI, 오토데스크가 최근에 2억4천만 달러로 인수하였다.

수행, 수단과 방법들

1.6 DELIVERY, MEANS AND METHODS

≫건축가들은 프로젝트 수행project delivery 시스템 내에서 일한다. 의뢰인, 건축가들의 컨설팅 협력자들, 건설자들, 궁극적으로 대중들과의 특수한 관계와 의무를 지니고서 말이다. 그들은 자신들의 책임을 완수하기 위하여. 판단, 영감 그리고 리더십의 기술을 통합하는 발견법적 전략들heuristic strategies과 결합하여, 다양한 기능과 도구들을 적절히 사용한다. 기술이 자율적 컴퓨팅으로 이동함에 따라 전문적 변화로서 건축가의 역할은 어떤 방식으로 작동할까?≪

수행 시스템 SYSTEMS OF DELIVERY

'프로젝트 수행(혹은 납품)'이라는 용어는 건물을 짓는 두 가지 핵심적인 측면들을 포함한다.

1. 의뢰인들(그들은 건물들에 대한 수요를 창출하고 그런 다음 건물들을 운영하고 사용한다.), 건축가들(그들은 건물들을 디자인한다.), 건설자들(그들은 건물들을 조달, 제작, 조립, 그리고 건설한다.)의 집합체[constellation]
2. 그들 각자의 역할들, 책임들, 그리고 리스크를 관리하는 능력에 의해 정의되는 전문적, 정보적, 재정적, 그리고 법적 관계의 환경 속에서 역할자들[players]은 어떻게 배치되는가?

이들 두 요인은 프로젝트 수행 모형[project delivery model][1]으로 알려진 형태적 템플릿에 따라 전형적인 방식으로 결합한다. 완벽한 세계에서는, 적절한 수행 모형은 프로젝트의 요구와 참여자들의 역량에 부합하는 것으로 밝혀질 것이다. 그러나 힘의 역학과 정치는 기술적 고려사항에서 그러한 결정들 속에서의 역할만큼이나 많이 작동하기 때문에 수행 시스템의 선택은 역할자를 혹은 프로젝트 그 자체에 항상 완벽하게 어울리는 것은 아니다. 프로젝트의 초기에 정보의 불연속[discontinuities]을 겪게 되면 흔히 당분간 좋은 효과를 보지 못한 채 지속된다.

프로젝트 수행 유형

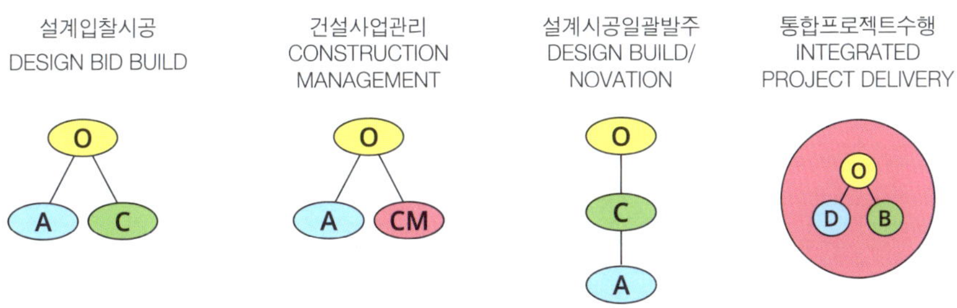

1.6.1: 오늘날 보이는 전형적인 수행 모형들의 선정

21세기의 과정을 넘어, 그리고 특히 건축이 신뢰할 만한[bona fide] 전문직으로 진화하였을 때, 이러한 수행 모형들 내에서의 핵심 역할자들[players]은 각자 전형적인[prototypical] 역할들을 발전시켰다. 의뢰인들은 자본을 물리적 자산으로 변환시키기를 기대하지만, 그렇게 하기 위한 기술적 역량이 부족하다. 그래서 그들은 자신들의 요구를 정의하기 위해 건축가들을 고용하고, 그 정의를 건물로 변환하기 위해 계약자들을 고용한다. 이익의 오정렬[誤整列, misalignment]을 포함하는 다양한 이유로 인해, 이러한 시스템들은 만족스럽지 않은 결과를 낳는다.[2] 그리고 그러한 이유로 시스템들을 개선하기 위한 방대한 실험들이 진행됐다.

1.3장에서 서술한 바와 같이, 건축가와 건설자의 전형적인 역할과 결합된, 잘못된 정렬은 각자가 반대 입장에서 다른 편을 설정하는 것이다. 건축가들은 전문가적 서비스 판단이라는 형태로 수행한다. 따라서 건축가들 사업은 대체로 아이디어를 창조하고 분배(디자인)하는 것이다. 반면에 계약자들은 제품을 인도하는 것이다. 그리고 그것은 주로 사물(건물)을 만드는 업무들이다. 이러한 맥락에서, 이러한 구별은 중요하다. 만일 건축가들의 역할이 '아이디어들 제안'이고 계약자들의 역할은 '그 아이디어를 처리하는 것'이라고 한다면, 분명히 갈등을 초래하게 될 것이다. 그러나 건조환경이 점점 더 디지털화되었고, 디자이너와 건설자 간의 분리는- 건축가와 건설자 그리고 그들의 공동 의뢰인 어느 쪽에도 도움이 되지 않으면서- 불필요하게 인위적인 것으로 여겨진다. 경제를 추동하는 다수의 제품 생산은 -자동차, 비행기, 가전제품, 전기제품- 수십 년간 디지털적으로 최적화되어 왔지만, 건설 산업은 훨씬 더 뒤처진 상태로 쫓아가고 있다. 이러한 차이는 건설의 산업화로 인해 끝나기 시작하고 있다.[3]

게다가, 인공지능의 자율적 기회들은 수행 시스템 내에서 건축가가 제공하는 서비스들과 그러한 서비스들이 건설 세계의 물리적 가공품으로 변환되는 방법에 영향을 미칠 것으로 보인다.

현대의 건설에서 수행 역학관계delivery dynamics 문제는 다양한 전략들로 처리됐다. 공공민간 파트너십public-private partnerships(PPP), 그리고 통합프로젝트 수행integrated project delivery(IPD)에 대한 최근의 실험과 같은 모형에서 보이는 것처럼 디자인, 비용추정, 건설과 공급자들 간의 관계 재배열에서부터 BIM과 같은 디자인/건설 합작 재현의 혁신적인 수단들—혹은 이들 수단을 함께 조합하는 것까지—에 대한 시도들에 이르기까지 말이다. 그러나 그러한 문제들의 핵심은 1963년 초기에 영국 건설 산업을 위해 준비한 보고서에서 밝혀졌다.

> *≫ 건설 통제의 기본적 결정들은 종종 불완전하거나 혹은 과도하게 갑자기 이루어진다. 왜냐하면 필수적 정보는 충분한 시간이 허용되지 않거나 충분할 만큼 완벽하지 않기 때문이다. 많은 경우에 있어서, 건설 팀의 구성원들은 데이터를 제공함으로써 이 문제를 덜어줄 수 있다. (그러나 그렇게 하지 않는다.) 그 데이터는 다른 데이터들에 의해 더 완전하고 더 유용한 정보의 준비를 촉진할 것이다. 빌딩건설은 산업 활동들 사이에서도 빌딩건설이 나아가는 방법에 대한 상세 정보의 부족 현상이 두드러지게 나타난다. 더 많은 정보가 알려져야 비로소 향상을 위한 토대를 마련할 수 있다.[4] ≪*

프로젝트를 수행하기 위해 작업하고 있는 역할자들 각각은 특정 수준의 해결책에서, 특정 시간에, 그리고 정밀한 완성도에서 정보가 필요하다. 각각은 자신들의 의무들을 이행하기 위해, 이익을 내기 위해, 그리고 관리할 수 없는 리스크를 가정하지 않기 위해 이러한 정보를 창조하고, 소비하고, 적절히 이용하며, 그리고/혹은 분배한다. 프로젝트들은 게다가 상호의존적이면서도 그럼에도 불구하고 정보 구조들의 호환되지 않는 수집과 책임들의 집합체 내에서 수행된다. 디지털 시대에, 다양한 기술들은 수행이라는 겉모습 아래에 잠복하고 있다. 수행을 수월하게 하고 향상시키기를 희망하면서 말이다. 인공지능은 구혼자들의 혼잡한 현장에 막 합류하고 있다. 우리는 인공지능이 건축가들의 역량을 증강하리라는 것을—그럼에도 불구하고 또한 대체할 수도 있다는 것을—그리고 건축을 건설과 연결시키는 정보 구조를 생성하고 조직하리라는 것을 예상할 수 있다.

디자인 의도 DESIGN INTENT

이러한 질문의 핵심에는 수행 과정 그 자체에 대한 건축가의 근본적인 책임에 관한 정의가 있다. 그 의무는 '디자인 의도'라는 개념을 통해 가장 잘 이해할 수 있다. 영국 왕립 건축가 협회의 작업계획RIBA Plan of Work은 '디자인 팀이 전문 하도급 계약자에게 그 시스템을 설계하도록 허용하는 방식으로 건설 시스템Building System을 설명하기 위한 수단'[5]으로 정의하고 있다. 만일 당신이 어떤 주어진 시스템의 디자이너가 정확하게 누구인지에 대해 궁금해한다면, 당신은 혼자가 아니다. 건축가와 그들에게 협력하고 있는 컨설턴트들(엔지니어들과 그와 유사한 사람들)은, 건축가의 의도(그것이 무엇을 의미하든지 간에)에 대해 필연적으로 명료해져야 하는 상세 수준에서, 디자인이 보아야 하고 운용해야 하는, 예전에 완료되었던, 정보에 대해 정리한다. 수많은 '디자인'이 현장에서 실현될 준비가 되기 전에 반드시 필요한 중간단계들이 있다. 중간단계들은 재료들과 조립의 특수성, (건설의 '수단과 방법'으로 불리는) 정확한 절차와 건설 프로세스, 그리고 크고 작은 다른 계약자들의 수많은 의사결정을 포함한다. 대서양 양안兩岸의 현대 건설 속성에 대해 폭넓게 일반화하자면, 관대하게 결론지을 수 있는데, 건설은 각각의 주체—디자이너 혹은 건설자들—가 건설에 대해 전적으로 책임지기에는 너무나 기술적으로 복잡하게 되었다. 심지어 가장 작은 규모의 프로젝트조차도 하도급 계약자들, 제품 제작자, 재료 공급자로 구성된 무리가 있으며, 그리고 항상 비용이 최우선적이다. 이러한 참여 규칙rules of engagement 하에서 이상적인 계약에 대해 가장 긍정적으로 특징을 말하자면, 건축가는 건설자를 안내하기 위해 충분히 상세하게 자신의 아이디어를 정리한다. 그리고 계약자는 모든 특정 상세사항들을 이해한다. 아이디어의 상당 부분이 번역과정에서 상실된다.

항상 그런 것만은 아니다. 영국에서의 18세기 후반에, 그리고 미국에서는 100년 뒤, 건축가는 건설의 모든 측면에 대해 전적으로 책임을 졌다. 거스 히긴Gurth Higgin과 닐 제솝Neil Jessop은 그림1.6.2에서 프로젝트 수행 모형을 기술하였다.

1.6.2:
18세기, 영국에서의 프로젝트 수행[6]

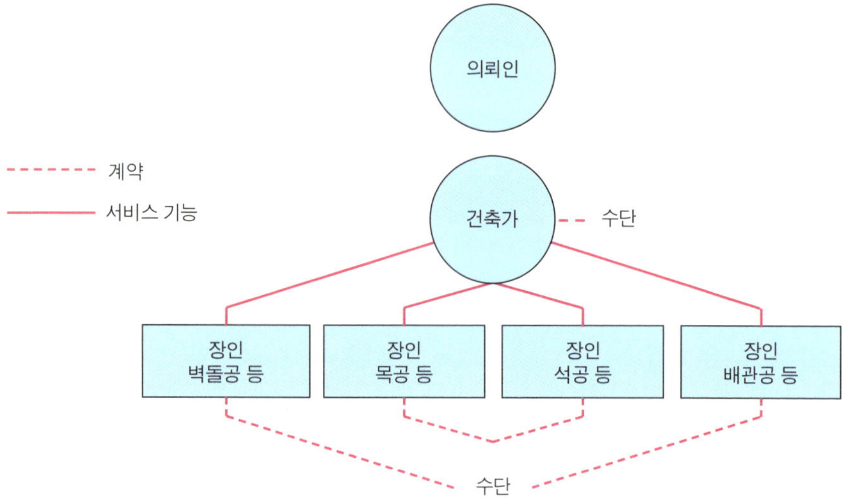

안타깝게도, 프로젝트 코디네이션과 예산관리에 대한 걱정과 실패는, 도시와 산업 시대 건설이 점점 복잡해짐에 따라, 19세기까지 현재의 정렬alignment에 더 많은 것들을 가져다주었다.[7] 그림1.6.3에서 알 수 있는 바와 같이, 20세기에는 약간만 정교해졌다.

Note the (비용을 관리하기 위한) 원가관리자quantity surveyor와 (작업을 조달하고 조율coordinate 하기 위한) 주 계약자의 출현을 주목해보면, 양쪽의 역할은 현재의 실무를 반영하고 있다. 이러한 모형들이 진화함에 따라, 정보의 세분화와 해결책의 수준이 필수적으로 지금까지 증가되도록 구축되었다. 그리고 그것이 분명해진 것은 조달 과정, 계약자들, 그리고—건설 시스템들building systems을 구성할 하도급 계약자를 포함한—계약자들의 협력자들과의 접촉interface은 디자인 그 자체를 '완성하기에finalise' 최고의 방법이었기 때문이다.[8]

건설 산업이 도면에서 BIM으로 이동함에 따라, 그러한 시스템에 내재된 갈등들은 3D 정보의 가용성으로 인해 진정되기보다 오히려 악화되었다. 건축가들은 전문지식 혹은 설계 의도 BIM 데이터에 극도의 건설 디테일을 제공하기 위한 수수료, 그 어느 것도 가지고 있지 않다고 불평하였다. 그리고 건설자들은 결과적으로 BIM이 수행 가능한 자들은 건설building에 적절치 않았다고 선언하였다. 그래서 기술의 삽입이 투명성과 협력을 증대시키기 위해 설계되었음에도 불구하고, 오래된 병폐는 지속되고 있다.

그러나 영향력을 미치는 다른 것들이 있는데, 기술을 통해, 마침내 이러한 오래된 분리의 막을 내릴 수도 있다. 효율성과 생산성 방향으로 점점 더 압박을 받고 있으며, 전통적 수행 접근방식approach의 결과에 대해 불만족스러운 시장에서, 건설에서의 디지털

1.6.3:
영국에서의 프로젝트 수행, 19세기와 20세기[9]

19세기 상반기

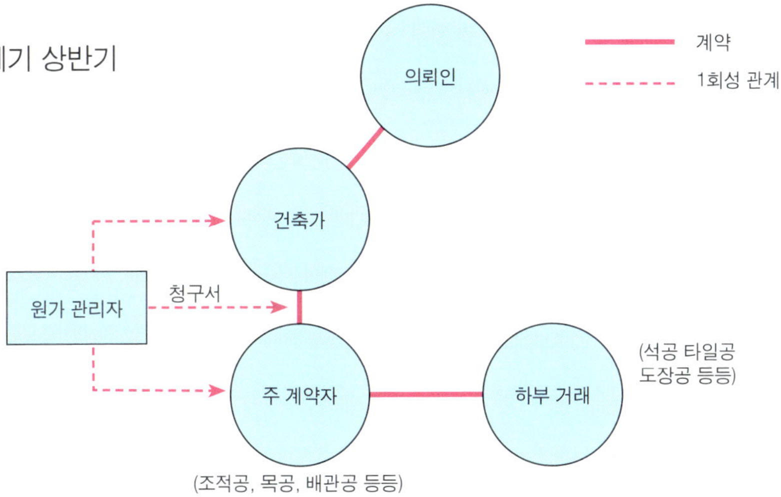

19세기 후반에서 현재까지

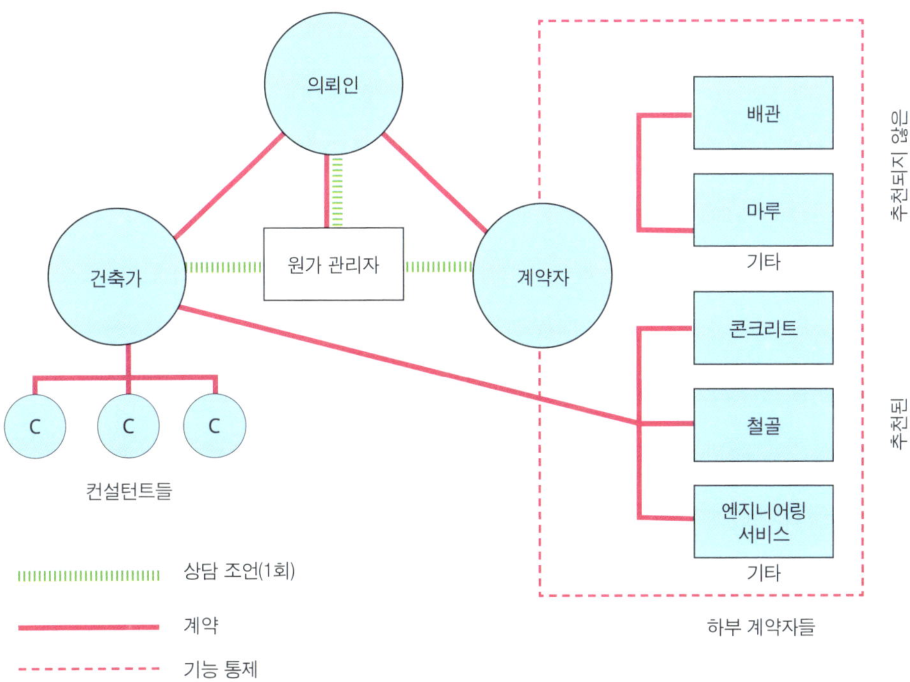

제작과 산업 프로세스는 피할 수 없다. 이것은 특히 사실인데, 왜냐하면 자동화는 산업을 현재는 '산업화된 건설industrialised construction'로 불리는 것을 향하여 이동시키고 있다. 그리고 건물 짓기building를 위한 제작 전략들manufacturing strategies을 가속화하고 있기 때문이다.[10] 그 경로를 매끄럽게 하려고 더 양질의 디지털적으로 수행 가능한 수단들digital deliverables에 대한 분명하고도 결과적인 요구가 있다. 그러나 건축가들과 그들의 컨설팅 엔지니어들은 그러한 수단들을 수행할 것인가? 그리고 인공지능은 전문가들의 분리를 끝내는 데 일조할 수 있을까?

전문가의 관계 PROFESSIONAL RELATIONSHIPS

이러한 문제는 건축가의 모든 의무, 정보적인 그리고 그 외의 것들에 대한 맥락에서 검토해야 한다. 그렇게 하려고, 우리는 그림1.6.2에서 묘사된 그런 구조에서 건축가의 특수한 연관 관계들을 보기 위해, 그림1.6.4에서 보이는 전통적인 수행 모형 다이어그램들을 철저하게 뒤집을 수 있다. 관계의 중심에 있는 가설상의 건축가를 통해, 우리는 요구되는 네 가지 뚜렷한 역할들을 알 수 있다. (그림1.6.4를 보라)

소유자의 대리인, 건축가는 수행 과정에서 의뢰인의 중재자로서 활동한다. 디자인을 생성하고, 그것을 보살피며, '설계 의도'에 대한 설명으로 무장하고, 건설과 소유자의 대리인으로서 건물이 의도에 일치하도록 보증하기 위한 활동을 통해서 말이다.

디자인팀의 리더, 건축가는 일치된, 조정된, 그리고 정확한 디자인을, 건설자에게 전달할 것이다. 창조라는 서비스 과정에서 다양한 컨설턴트들의 작업을 조율하고 통합한다.

건설자의 안내자, 건설자가 프로젝트의 목적을 명확하게 이해하도록 안내하고 건설팀에게는 의뢰인을 대신하여 디자인 의도를 이해시켜서 분명하게 하고, 궁극적으로 재검토와 찬성을 끌어내는 것이다. 왜냐하면, 그것은 건설을 지원하는 더욱 상세한 정보로 변환되기 때문이다. 하도급 계약자들은, 주어진 빌딩 시스템들에 대한 책임이 있다. 종종 그 시스템의 구축을 지원하는 과정에서 매우 상세한 정보(시공도shop drawing)를 만들어 낼 것이다. 그러나 건축가는 제작자fabricator가 제작을 시작하기 전에 그러한 제안들을 재검토하고 승인하여야 한다.

공공의 보호자, 프로젝트의 특정 이용자들뿐만 아니라 건축가가 특정한 계약적 의무를 지지 않는 사람들을 양쪽 모두를 포함하여, 공공의 보호자로서 건축가는 자신의 디자인 안에 거주하는 이들의 건강, 안전, 복지에 대한 책임이 있다.

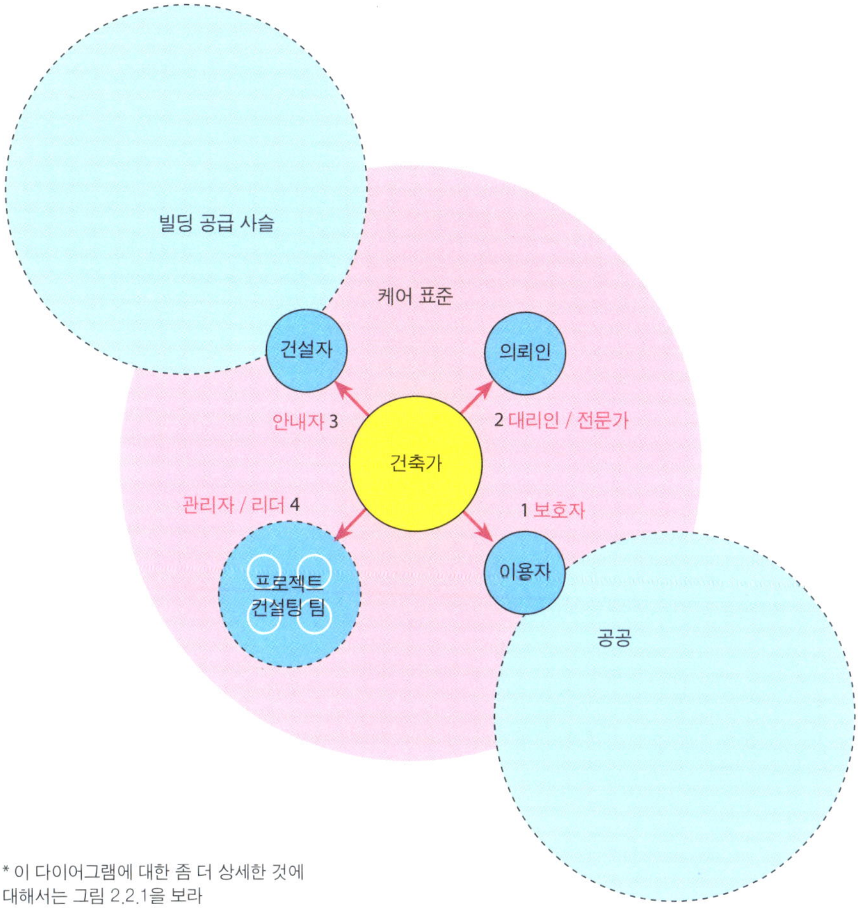

1.6.4:
수행모형* 내에서의
건축가의 관계

* 이 다이어그램에 대한 좀 더 상세한 것에
대해서는 그림 2.2.1을 보라

건축가는 게다가 생성 혹은 재검토 어느 것이든, 단순한 빌딩 사업마저도 주변에서 떠도는, 막대한 양의 정보의 의미에 영향을 받는다. 그러한 정보는, 그것을 엄격하게 표준화하려는 노력에도 불구하고, 다양한 포맷들, 버전들, 그리고 상세 수준에서 분명히 나타난다. 그리고 이해되어야 하고, 조정되어야 하며, 종종 소스에서 유용한 것으로 받아들여지도록 변환돼야 한다. 인공지능이라는 당면한 기회는—이 기회에 대해서는 아직 본 글쓰기에서는 조사하지 않았다—이 데이터 간의 관계를 '이해하기' 위한 시도가 될 것이다. 그리고 구조화된, 접근 가능한, 그리고 효과적인 방식으로 데이터를 적절히 사용하는 데 도움이 될 것이다.

관계, 수행, 그리고 컴퓨터 연산 RELATIONSHIPS, DELIVERY AND COMPUTATION

그래서 아마도 인공지능은 언젠가 디지털 인공지능의 썰물과 흐름을 합리적인 것을 만들 것이다. 디지털 정보는 프로젝트가 수행될 때 건축가의 관계와 의무를 따른다. 만일 충분한 데이터가 조직되고 접근 가능하게 된다면, 패턴과 데이터 점 간의 연관 관계를 발견하는 데 능숙한 차세대 경험주의 딥 러닝 시스템들에는 주요한 기회가 될 것으로 보인다.

그러나 인공지능은, 아주 가까운 미래에, 어떤 방식으로 네 가지 역할에서 정의된 것과 같은 건축가들의 직업을 증강하거나 혹은 제거할 수도 있을까? 몇 가지 초기 전망을 표 1.6.5에서 요약하였다.

1.6.5:
건축가의 수행역할에 대한 인공지능의 함의에 대한 사례

역할	인공지능에 의한 증강	인공지능에 의한 제거
소유의 대리인	대규모 대표 데이터와 인공지능으로 생성된 결과들을 토대로 한 증명된 디자인 결과들	완벽한 디자인 계획의 생성
디자인 팀의 리더	작업 지점으로의 유용한 정보의 일치된 분배	프로젝트의 엔지니어링과 기타 대표 참가자들의 통합과 코디네이션
건설자를 대상으로 한 정보 안내자	조립과 건설을 위한 절차적 정보에 의해 증강된 디자인 데이터	건축 실시도면의 자동적 생성 건설자의 정보 수용을 기반으로 함
공공의 건강, 안전, 보건의 보호자	생활 안정성 분석 및 준수 분석	허가를 위한 법 검토 및 보증

부상하고 있는 인공지능 시스템의 개발과 성과를 유도하는 것에 대한 중요성은 증강과 제거 시나리오 사이의 대비를 통해 분명하게 드러난다. 자율적 알고리즘들은 건축가가 대안들을 생성하고 평가하는 데 도움을 줄 수도 있지만, 그것은 기술적으로 매우 짧은 단계이다. 그러한 시스템들로 하여금 디자인에 대한 최종 결정을 허용하면서도, 기본적으로 건축가(혹은 그 밖의 누군가)를 단지 운영자로 남겨놓으면서 말이다. 디자인 팀 그 자체의 조율coordination이 완전히 자동화로 대체될 가능성은 적어 보인다. 왜냐하면 이러한 업무는 기술적 통합만큼이나 인간의 리더십과 관련된 것이 상당히 많기 때문이다. 산업화된 건설로의 이동은 그저 전통적인 '디자인 의도'보다 훨씬 더 많은 데이터에 대한 수요를 창출한다. 더 높은 해상도의 디자인 데이터와 제작과 조립의 연속적 배열을 위한 절차적 템플릿이라는 형태로 말이다. 이 데이터들은 미래에 지능적 알고리즘 덕택에 자동화될 수도 있고, 큰 뭉텅이로 건축가의 역할—그리고 보상—을 결과적으로 제거할 수도 있는 잠재력을 가지고 있다. 최종적으로 그 속에 있는 것은 아마도, 2.3장에서 검토할 것이다, 핵심적인 실존적 위협일 것이다. 공공의 건강, 안전,

그리고 복지에 대한 건축가의 근본적인 책임은, 계획planning과 안전법규에 대한 이해, 해석, 그리고 실행으로 정의되는 것처럼, 오늘날 UpCodes와 같은 회사들에 의해 자동화되고 있다. 일단 그 작업이 컴퓨터에 의해 완료되면, —오히려 기계보다— 인간에 의한 전문가적 보증의 필요성에 의문이 생긴다.

수단과 방법들 MEANS AND METHODS

그래서 지금 나타나는 것은 디자인, 건설, 그리고 빌딩 운영 프로세스들이 빠르게 디지털화되고 있다는 것이다. 수행 과정에서 참여자들이 지닌 의무들은 특히 디자이너들과 건설자들의 의무에 따라 진화하는 것 같다. 즉 이러한 프로세스들은 부족한 인공지능 시스템들에 의해 소비될 수 있는 많은 데이터를 창조하고 있다. 어떤 방식으로 (관대하게) 도울 것인가를 학습하기를 기다리면서 말이다. 그리고 정보 격차digital devide[1]에서 가장 큰 격차는 디자인과 건설 사이에 있다. 특히 건설은 오히려 제작manufacturing에 가깝게 되었다.

그렇다면 건축가의 관점으로 볼 때 수행에서 인공지능에 대한 가장 유용한 주안점은 무엇일까? 자동화 알고리즘들은 (건물 내의 창문의 수를 세는 방법과 같은) 프로세스들을 기억하는 데 능숙하다. 경험주의의 자뮬적 쓰로세스틀은 데이터의 패턴을 조사하는 데 능숙하다. 그리고 결국 인식적 시스템들은 그 두 개를 함께 봉합할 수 있을지도 모른다. 디자인 의도와 건설 실행 사이의 틈을 메우는 것이 가장 가능성이 큰 목적인데, 이 같은 인공지능을 기반으로 하는 모든 기술적 옵션들을 조합하는 것이다. 거기에는 단일 기술을 넘어 폭넓은 역량들을 요구할 것이다. 그리고 클라우드cloud는, 잠재적으로, 가장 역동적이고 즉각적인 방식으로 전반적으로 프로젝트들의 수행을 향상시키고 있다.

BIM이 프로세스 혁명에 대한 건설 산업의 관심에 초점을 맞추기 시작하였을 때, 노동 이론가인 파올로 톰베시Paolo Tombesi는 '유연적 전문화flexible specialisation'라고 불리는 건축가의 변화 중인 역할에 관한 주장을 내어놓았다. 그는 하나의 건물을 만드는 것은—본질적으로 근원적인 수행 모형—여러 가지 프로세스들과 의무들로 구성되어 있다. 그것은 건축가의 기술적이고 통합적인 디자인 기량을 요구한다. 그리고 그것으로서 전문직은 프로젝트 수행에 있어서 오브제들의 디자인에 대한 노예와 같은 헌신에서부터 멀어져 더 폭넓고 더 역동적인 책임들로 이동하여야 한다고 주장한다 (그림1.6.6을 보라).[11]

톰베시는 BIM의 기술적 가능성을 넘어 숙고하지 않았지만, 그의 주장은 주변 환경으로 쉽게 확장한다. 그곳에서는 특정 데이터와 그의 프로세스 접속점들의 절차적 측면들이 부분적으로 인공지능으로 자동화되고, 건축가들은 그 결과들을 조정하고 통합하는 이러한 역량들을 적절히 사용하는 역할을 떠맡는다. 더 나아가 유연적 전문화라는 수행 구조에 내재된 다양한 데이터 흐름은, 인공지능의 능력이라는 강력한 잠재력을 활용한, 그 정보를 조직하고, 일반화하며, 모니터하는 플랫폼을 합리화할 것을 요구한다.

최종적으로, 건설이라고 하는 직접적인 영향을 미치는 상호의존적 프로세스를 넘어 원재료와 가공재료의 광범위한 공급 사설supply chain 속에 있다. 건축가이자 역사가인 앤드류 라밴넥Andrew Rabeneck은 디자이너와 건설자들은 철강 혹은 시멘트와 같은 건설 원자재들의 자본 흐름이라는 '새로운 정치적 경제와 함께하는 단지 우발적인contingent 역할자'에 불과할 뿐이라고 주장하기까지 하였다.[12] 산업생산의 지적 자산을 통제하는 것은, 라밴넥에 의하면, 그러한 시스템들의 개발이라는 리스크를 떠안은 사람들이 추측하였던 것이었다. 그리고 결과적으로 '재료와 제품 제조 회사들 사이에서 과학적 지식과 프로세스들에 대한 산업적인 통제industrial control는 꾸준히 성장하였다.'[13] 그는 이러한 주장을 확장하여, 공급망과 그 구성요소들에 대한 지식의 전환과 이해는 건축가들 자신들이 가진 가치와 영향력의 더 큰 상실의 일부분이라는 것을 언급하였다.

건설의 수단과 방법들이 점점 더 산업화됨에 따라, 있을 수 있는 것은 라밴넥이 주장했던 전문가의 건축적 기량의 하락이 가속화될 수도 있다는 점이다. 의도와 실행 사이의 격차를 더 넓게 벌리면서 말이다. 이러한 가능성은 인공지능을 이용한 도구들은 —그것은 건설의 프로세스, 절차 그리고 정보 요구사항에 대한 건축가의 이해를 대폭 강화하고 디자인에 정보를 제공하고 지원하는 통찰을 허락할 수도 있다—수행 시스템 내에서 건축가를 증강하거나 혹은 제거하는 어느 쪽으로든 이용될 수 있다는 주장을 강화한다.

1.6.6:
유연적 전문화에 대한 톰베시의 개념

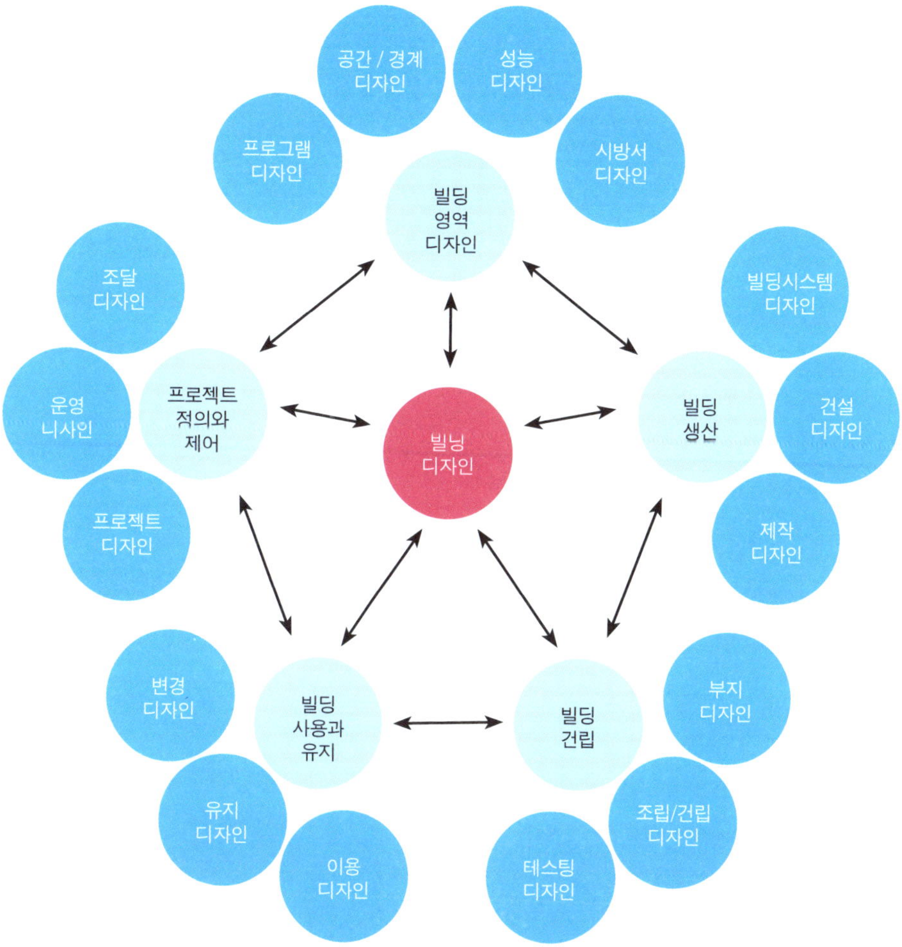

02
RELATION-SHIPS

≫ 건설 사업은 결과를 산출하기 위해 실제화된 일련의 네트워크에 의존한다. 컨설턴트들과 건설자로 이루어진 전문팀들이 그러한 네트워크 중의 하나이다. 그들의 리스크 관계들, 경제적 거래들과 데이터 네트워크들은 다른 예들이다. 그러나 제3의 네트워크 세트가-인공지능/기계학습 시스템을 구성하는 신경망- 곧 이러한 구조들을 뒤덮고 그 구조들을 변형시킬 것이다. ≪

경제적 의미, 보상과 가치

2.1 ECONOMICS, COMPENSATION AND VALUE

≫모든 기술과 마찬가지로, 인공지능은 한편으로는 동시에 인간 건축가들이 실행하였던 몇 가지 업무들의 필요성을 제거하면서 가치창조와 생산성을 위한 새로운 기회들을 제공할 것 같다. 상품화라는 통상적인 압박의 위험은 새로운 능력, 그리고 그러한 능력으로, 실무에서 가치를 전달하는—그리고 수익성을 증가시키는—새로운 기회들로 인해 상쇄될 수도 있다.≪

건축가들은 건설 산업building industry이라는 더 큰 경제적 모형들 속에서 활동하고 있다. 그것은 참여자들을 위한 지속적인 가치 제안value proposition을 창조하기 위해 오랫동안 분투해왔다는 것을 의미한다. 대부분의 건물은 최저 및 최소 비용이라는 단일 변수를 최적화하여 최종 제품을 얻으라는 하나의 경제적 언명 아래에서 생산되고 있다. 의뢰인들은 종종 최저 비용의 수수료를 중개함으로써 건축가들을 선택한다. 그러면 건축가들은 동일한 방식으로 그들의 컨설팅 엔지니어들을 선택한다. 계약자들은 종종 최저 입찰을 토대로 선정된다. 그 논리는 전체 공급 사슬, 멀리는 빌딩 제품 제조업체들, 제작자, 그리고 공급자들에게까지 미친다. 프로젝트 창조에 있어서 참여자들, 혹은 궁극적으로 의뢰인에 대한 결과적 프로젝트의 가치는 경제적 거래들 속에 반영되어 있지 않다. 인공지능이 프로젝트 건축가의 능력, 의무 그리고 결과를 변화시킬 때, 경제적 제안들은 그에 따라 어떻게 진화할 수 있을까?

표준 모형들 CANONICAL MODELS

첫 번째 산업혁명 기간 동안 이해하게 되었던 것처럼, 기술은 고용패턴과 임금을 혼란에 빠뜨린다. 기계화된 농장의 장비는 쟁기 운전자와 황소들을 대체시켰고, 산업화된 직조기織造機는 직공들을 사업의 밖으로 내몰기 시작했다. 이것은 20세기 중반 오스트리아의 경제학자 조지프 슘페터Joseph Schumpeter가 정의한 '창조적 파괴creative destruction'의 한 버전이다. 그곳에서 새로운 경제 시스템들은—종종 새로운 기술들에 의해 촉진된다—그들의 전신前身을 파괴하고 대체한다. 추정컨대 그렇게 하는 동안 모두를 위해 경제적 성능을 향상시키면서 말이다.[1] 그리고 비록 이러한 향상들이 일시적인 것으로 판명될지라도, 더 새로운 기술들을 내세우는 새로운 경쟁업체들이 싸움에 가담할 때, 시장을 개선하는 창조적 파괴의 개념은 다니엘 서스킨트가 설명한 소위 고용의 '표준 모형canonical model'과 한 쌍을 이룰 수 있다. 그곳에서는 '새로운 기술들이 숙련된 노동자 혹은 숙련되지 않은 노동자 어느 쪽이든 더 악화되도록 만드는 것은 불가능하다. 즉 기술적 진보는 항상 모두의 급여를 인상시킨다. 비록 주어진 시간에 비해 다른 노동자들보다 좀 더 많다고 하더라도 말이다.'[2]

만일 인공지능이 건축 실무에서 창조적 파괴의 촉매제라고 한다면, 그땐 누군가는 디자인 직업은 아마도 (인공지능의) 추측 능력으로 인해 제거될 것이라고 결론지을 수 있다. 그렇지만, 표준 경제 모형들은 그러한 직업들은 새로운 기술의 창조와 지원을 도우는 데 필수적인 새로운 직업으로 더 많이 대체될 것이라고 주장한다. 그래서 당신은 조닝, 법규 분석, 그리고 계획 연구를 하는 건축가의 사무실에서 일하는 직업을 잃어 왔을 수도 있지만, 당신은 (혹은 다른 누군가는) 분명히 그러한 특수한 업무를 하는 소프트웨어를 창조하는 수많은 인공지능 기반 회사 중의 한 곳에 고용될 것이다.[3] 그리고, 이론에서는 적어도, 생존 실무자에 의해 창조된 결과적 디자인작업의 질은 소프트웨어의 지원을 받은 디자인의 엄청난 새로운 능력 덕분에 향상될 것이다. 그리고 결과적으로 당신의 주택 혹은 학교의 비용은 감소할 것이다.

그러한 과제들은 인공지능이 관련된 대체 능력들로 인해 강화되었다. 서스킨드는 더 나아가 *노동 없는 세계*A World Without Work에서, 모든 직업이 인공지능에 의해 대체되는 것이 아니라 오히려 그러한 직업들 내의 특수 업무들이 대체될 것이라고 주장하고 있다. 그는 기술이 (기계에 의해 쉽게 대체되지 않는) 숙련 노동과 (많은 업무가 자동화될 수 있는) 비숙련 노동 사이의 틈을 지속적으로 파고들 것이라고 말한다. 건축가들은 일반적으로 숙련된 노동자로 간주된다. 그러나 그림1.5.3에서 제시하고 있는 바와 같이, 우리의 직업 중에는 그처럼 자동화를 해야 하는 작업이 많이 있다.

문제는, 늘 그렇듯, 결과적 잠재적 능력potency은 실무 경제학에 반영되는 실제적 가치로 전환되고 있다는 것이다. 기술은 그렇다 하더라도, 건축가들이 우리의 서비스들의 질, 그리고 우리가 그들에게 지불하는 많은 돈, 둘 다를 개선하는 데에는 항상 어려움이 있었다.

효율과 효과 EFFICIENCY AND EFFECTIVENESS

실무에서 상대적으로 최근에 이루어진 두 개의 전환들은 이러한 어려움을 증명하고 있다. 오토 캐드와 같은 컴퓨터 지원 제도 도구들이 대두됨에 따라, 대체로 1990년대 초반에, 하드웨어와 소프트웨어 양 부문에서의 자본 투자가 상당했다.[4] 이러한 비용을 부담하기 위해, 회사들은 종종 의뢰인에게 '캐드 서비스'에 대한 시간당 요금을 부과했을 것이다. 그것은 출장 혹은 청사진 출력과는 다르게 프로젝트 지출로 취급되었다. 그러나 시간이 흐르면서, 의뢰인들은 이 생각에 대해 현명해졌고 컴퓨터의 정밀성과 능률이 주는 혜택은 자신들이 아니라 건축가에게 발생하는 것이라고 주장하면서 이러한 요금들에 대한 지불을 거부하였다. 물론, 이러한 관점은 CAD로 생성된 도면들의 더욱 향상된 큰 정확도와 일관성 또는 건축가들이 창조할 수 있었던 디자인 해법들의 증가된 복잡성 중 그 어느 것도 반영하지 않았다. 그리고 건축가들은 (또다시) 자신들의 서비스 질에서의 개선을 요금의 증가로 변환하는 데에 실패하였다. 그것은 최저·최소 비용 경쟁으로 인해 지속적으로 압박받게 되었다.

BIM이 가져다준 두 번째 기술적 물결은 비슷했다. 만일 구조적으로 뚜렷한, 결과들, 적어도 미국 여기에서라면 말이다. 그림2.1.2는 2009년 경제 대공황의 양단에 있는 2년의 미국 건축 전문직의 실적을 기록하고 있다. 2005년 모든 미국건축가협회 회사들에 대한 순수익은 대략 270억 달러였다. 그리고 전문직은 회복의 조짐을 보이면서 2013년까지 순수익의 96%(264억 달러)까지 돌아왔다. 만일 순수익이 생산된 작업을 대충 반영한 것이라면, 그렇다면 동일한 양의 작업이 1만6천 명보다 적은 직원들(약 11%)에 의해 이루어진 것이다. BIM의 적용이 거의 4배 정도로 증가시킨 동일한 시간에 말이다.

2.1.1:
시저 펠리와 어소시에이츠 사무실의 자신의 작업대에서 행복한 캐드 운용자, C. 2000

2.1.2:
수익비교, BIM적용과 최근 2년간 고용[5]

년도	순수이 (10억원)	청구서발행 가능한 프로젝트에 BIM을 사용하는 회사 비율	건축직 배치 수
2005	27.5	10%	115,9000
2013	26.4	37%	99,800

데이터가 시사하고 있는 것은 건축가들이 자신들의 생산역량을 증가시켰다는 사실이다. 짐작건대 더 새로운 기술을 사용으로, 훨씬 적은 인원으로 동일한 양의 노동을 생산함으로써 10% 이상까지 말이다. 실무자들로부터 얻은 일화적 데이터 anecdotal data는 경제 대공황 이후 노동량은 꾸준하게 증가했지만, 다수의 수수료는 침체된 상태를 유지하고 있었다는 것을 나타낸다. 이러한 수치들이 BIM 기술의 생산성 이익을 완벽하게 반영하지 못할 수도 있다는 것을 암시하면서 말이다. 수익 분석 매핑mapping을 좀 더 주의 깊게 살펴보면, 그림2.1.3에서 보이는 BIM의 적용과 생산성(직원 대비 순수수료 수익)에 대한 표proxy는 BIM 적용과 더불어 생산성은 가속화되지만, 안타깝게도, 수익성과는 관련이 없다는 것을 보여준다.

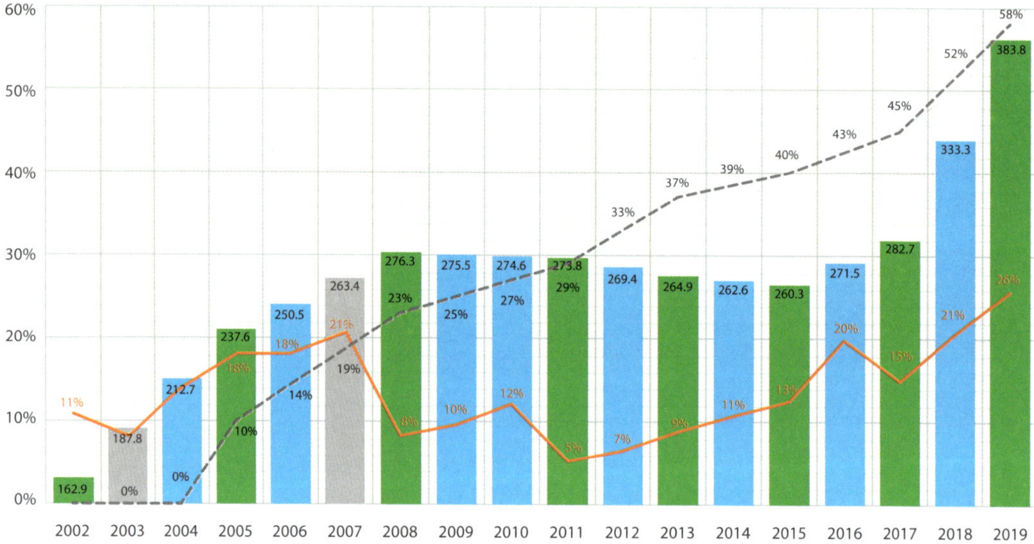

생산, 수익, 그리고 BIM의 적용, 2002-2019, 미국

지불청구 가능 고용인 대비 순 수수료 수익 ($000) 회사 수익성 BIM 적용 비율

2.1.3:
생산성, 수익성 그리고 BIM 적용[6]

그래서 여기 하나의 사례가 있는데, 새로운 기술(BIM)은 새로운 능력과 효과를 가져다주었다. 그러나 전문직은 어떠한 실재하는 경제적 방식으로 직접적으로 이익을 얻지 못한 것으로 나타난다. 만일 인공지능이 유사한 의미를 지닌다면, 근본적으로 건축가 서비스의 상품화된 가치를 위축시키면서, 전문직은 급격하게 약화되는 결과를 맞게 될 것으로 보인다. 그러나 적어도 세 가지 전략들 즉 자동화, 분석, 그리고 예측이 있다. 그 전략들은 이러한 운명을 피하도록 우리를 도울 수 있는 부상하고 있는 인공지능의 기술적인 잠재적 능력으로 인해 가능해진 것들이다.

생산성 재정의 PRODUCTIVITY REDEFINED

위의 분석은 기술적용(장비화)과 특정 수수료 양을 생성하는데 필수적인 직원의 직책 수 사이의 상관성 내에서 건축적 생산성의 잠정적 향상을 나타내기 위해 고안된 표이다. 그러한 생산성을 측정하기 위해 일반적으로 받아들여진 기준은 없다. 그것은 디자인 프로세스의 처리하기 어려운 특성과 그러한 문제들에, 특히 전문가 협회 내에서의 문제들에, 대한 연구자의 일반적인 관심 부족의 결과다.[7] 나의 전문 실무 과정 중에, 나는 이 문제를 약간 다르게 보았다. 즉 만일 당신이 디자인 프로세스의 관리자라면, 정확히 좋은 아이디어를 얻고 그런 다음 그것을 생산하는 데 얼마나 걸릴까? 만일 디자인이 호르스트 리텔Horst Rittel의 '사악한 문제들'을 해결하는 과정이라면, 그땐 프로세스 그 자체의 '사악한' 속성은 시간, 작업, 비용에 대한 결과적 전망을 유사하게 처리하기 어려운 것으로 만들면서 이러한 문제에 정확하게 대응하는 것을 어렵게 만든다.

그래서 어쩌면 증가된 생산성을 위해 인공지능 도구들을 적절히 사용하기 위한 어떤 지능적 전략은 세 가지 차원 즉 자동화, 분석, 그리고 예측 내에서 다른 방침tack을 취해야 할지도 모른다. 1.2장 그림1.2.4에서 그리브스Mark Greaves가 정의한 것처럼 인공지능의 역량들과 결합함으로써 말이다.

자동화Automation는 인간에 의해 현재 수행되는 선형적 프로세스를 인공지능 지원 알고리즘들로 지능적으로 대체하고 있다. 알고리즘들은 더 많은 사례를 '보기' 때문에 그러한 능력들을 학습할 수도 있다.

분석Analysis은 디자인 의사결정의 결과들과 의미를 측정하고 이해하기 위한 더 정교한 수단을 창조한다.

예측Prediction은 그러한 의사결정의 최종 결과를 예측하기 위해 자동화와 분석 능력을 결합하는 것이다. 그리고 그렇게 인간 디자이너들의 선택 덕분에 얻은 결과를 선택하고 최적화하는 방법을 학습하는 동안에 말이다.

그림2.1.4의 다이어그램은 기술 구동 생산성technology-driven productivity이 높은 프로세스 영역을 조사함으로써, 즉 빌딩 디자인의 법규준수를 확인함으로써, 이러한 관계를 대략 그려내고 있다.

이처럼 인공지능으로 구동되는 미래의 가설상의hypothetical 디자이너는 자신의 디자인 건축법규 준수를 입증하기 위해 애쓰고 있다. 그리고 점진적으로 유능한 기계학습 알고리즘 세트를 적절히 사용한다. 우리는 그것을 '법규 검토 시스템Code Evaluation System' 이라고 부를 것이다. 그 시스템은 인식적 전략과 경험주의 전략을 결합한 것이다. 이 시스템의 생애 초기에 디자이너는 디자인을, 아마도 BIM에서, 창조해 왔다. 그래서 그 구성요소들은 공간적으로 그리고 유형학적으로 쉽게 식별될 수 있다. 시스템은 가장 먼저 모든 관련 인명안전 구성요소들 즉 디자이너의 모형에서 비상탈출fire exiting 을 식별한다. 이 경우에 출입문과 계단들, 그 모든 것들은 적절한 크기, 방향, 그리고 배열을 유지하여야 한다. 만일 인공지능이 하나의 구성요소를 놓치면, 건축가는 그것을 수작업으로 밝힌다. 그리고 인공지능 식별자identifier는 시간이 흐름에 따라 그러한 요소들을 더 잘 발견하고 이해하게 된다.

일단 이 시스템이 건물의 모든 탈출 구성요소들을 발견하는 것을 학습하고 나면, 이 프로세스의 '2부Part 2'로 이동할 수 있다. 디자인의 각 요소의 실제 거동actual behavior을 분석하기 위한 평가 알고리즘evaluative algorithms을 적용하는 것 말이다. 출입문들은 올바른 방향으로 개폐되는가? 그 문들은 적절한 화재등급을 준수하는가? 계단들은 적절하게 배열되었는가? 방호밀폐 상태에서, 수용자의 수를 충분히 감당할 수 있을 만큼의 규모인가? 이것은 '1부Part 1'와 마찬가지로 다이어그램에 나타난 그리브스Mark Greaves의

2.1.4:
인공지능으로 강화된 생산성에 이르는 세 가지 단계들

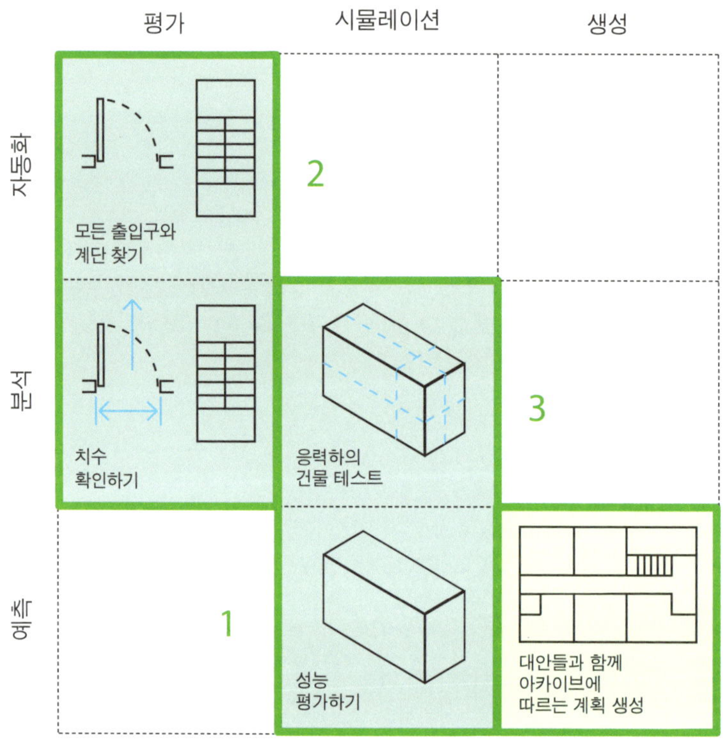

용어로 자동화, 분석, 그리고 평가의 교차점에 위치하고 있다.

우리의 기계학습 법규 검토 시스템은 규칙 기반 알고리즘들rules-based algorithms과 인간 운영자와 함께하는 실무를 결합하여 안전한 빌딩을 만들기 위해 필수적인 건축요소들의 상호작용을 학습하는 것으로 시작한다. 화염火焰 확산, 연기 분포, 그리고 점유 행동을 중첩overlay시키는 추가적인 시뮬레이션 능력으로 이 시스템을 확장함으로써 개개 요소의 평가에서 전체 건물의 거동behavior으로 이동할 수 있다. 모의 구속 상황에서 건물의 포괄적인 성능을 평가함으로써 말이다. 이것은 그리브스의 용어들 혹은 우리 시스템 진화의 '2부'에 있는 시뮬레이션을 함께하는 분석과 예측의 교차점이다.

제시된 이러한 시스템의 최종 표현에는, 우리의 다이어그램에서 '3부Part3, 시스템은 빌딩 내 안전 조건에 대한 종합적 특성들을 아주 탄탄하게 이해해 왔다. 그렇게 함으로써 시스템은 건축가 대가master가 재현한 예비 모형에서 일련의 안전 해결책들을 생성하는 능력을 제한하여 왔다. 그러나 그 능력은 영구적으로 확장된다. 만일 그처럼 많은 건축가가 점차적으로 유능한 시스템을 훈련한다면, 시스템은 시간이 흐름에 따라 그 해답을 최적화할 것이다.

여기서 제안하고 있는 시스템은 몇 가지 두드러진 특징들이 있다.

» 결과적으로 번거롭고, 기술적이며 측정 가능한 개별적 문제에 대해서 효과가 있다.

» 건축가의 디자인 능력과 관련이 없는 문제들을 해결한다.

» 만일 시스템이 잘 작동한다면, 건축가의 시간, 노력, 지력知力을 절약한다. 그때 건축가는, 이론적으로, 결과적 노동 주기를 (단순히 현금화함으로써) 이익으로 변환하거나 혹은 디자인 그 자체의 '사악한' 특성을 개선하는데 스스로를 지원할 수 있다. 어떤 방식으로든지, 이 건축가는 자신의 새로운 인공지능 구동 디자인 보조원의 능력을 가치, 경제적 혹은 다른 어떤 것으로 전환한 것이다.[8]

생산성과 성능을 넘어서 BEYOND PRODUCTIVITY AND PERFORMANCE

옵셔니어링optioneering[1]과 정확한 예측 둘 다 가능할 만큼, 충분히 효율적인 인공지능 도구 세트는 건축가의 가치 제안value proposition을 전체적으로 새로운 영역으로 데려다 놓는다. 판매된 시간의 가치를 보상과 완전한 분리하고, 디자이너의 건물들의 결과적 성능의 토대에 집중하도록 허용하는 것 말이다. 이것은 교묘하지만, 잠재적으로 수지에 맞는 전략이다. 그 전략에서 디자인 서비스는 더 이상 수행(납품) 사슬delivery chain내의 상품화된 업무가 아니다. 그보다 오히려 프로젝트 행태project behavior와 더 밀접하게 관련이 있다. 결과적 전망은 아름다움, 경험 혹은 미학이라는 이슈들에 갇혀서는 안 된다. 그러나 그보다, 컴퓨터가 시간이 흐름에 따라 정확한 예측을 위해 훈련받을 수 있는, 기술적 행태와 같은 종류들과 결합되어야 한다.

생산성과 프로세스 전략들은 그럼에도 불구하고, 인공지능에 점점 더 의존하는 세계에서 또 다른 당면한 가치 기회value opportunity는—데이터, 때로는 '새로운 오일the new oil'이라고 불리는—프로세스 그 자체를 위한 연료라는 것이다.[9] 건설산업building industry은 산업 참여자들이 접근하여 공유할 수 있는 데이터 표준, 저장소, 혹은 수단들이 부족한 것으로 악명이 높다. 그럼에도 거기에는 위계를 갖춘 흥미를 끄는 데이터들provocative data이 존재한다. 그 데이터들은 그림2.1.5에서 그래픽으로 기술되고 있는 건설 사업 그 자체의 다양한 차원들에 걸쳐 축적될 것이다.

우리의 목적에 따르면, 이 건설 산업 세계의 중심에는 건축가 사무소 그 자체 내부에서 수집한 데이터가 있다. 그 데이터는 충분한 양으로 회사의 인공지능 시스템의 능력을 향상하는 데 있어서 회사에 유용할 수 있을 것이다. 그러나 그러한 시스템들은 막대한 양의 데이터를 필요로 하기 때문에, 건축 데이터 그 자체가 전문직 그 자체 사이에서 수집될 것 같다. 그것을 넘어, 기계학습 플랫폼들을 위한 훈련과 참고 데이터는 프로젝트 수준에서 수집할 수 있다. 말하자면 빌딩 유형, 혹은 설계・시공 일괄입찰design-to-build 시장에 걸쳐서까지 말이다. 결국, 그러한 모든 데이터는 전반적인 건설 산업의 맥락에서 존재할 수 있다. 디자인, 건설, 조달, 운영정보, 그리고 궁극적으로는 인공지능을 구현하는 모든 역할자들에 걸쳐 참고 가능한 것들을 포함해서 말이다.

그러한 제안된 데이터 비축에는, 통찰의 원천, 고용과 같은, 엄청난 경제적 가치가 포함되어 있다. 인공지능 시스템을 훈련시키는 것은 일관된, 지속적인, '순수한' 데이터가 필요하다. 그리고 데이터를 일치시키는 것은 인공지능 소프트웨어 그 자체를 구축하는 것만큼의, 많지 않다면, 노력을 요구한다고 주장해 왔다.[10] '표준모형 canonical model'이 제시하고 있는 바와 같이, 이러한 데이터를 조직하고 관리하는 것은 건축가들에게는 가능성 있는 취업 자원이다. 결과적으로 창조적 파괴creative destruction 로부터 새롭게 부상하는 역할들 말이다.

2.1.5:
건축/엔지니어링/건설/운영에서 교환가치를 지닌 데이터 영역들

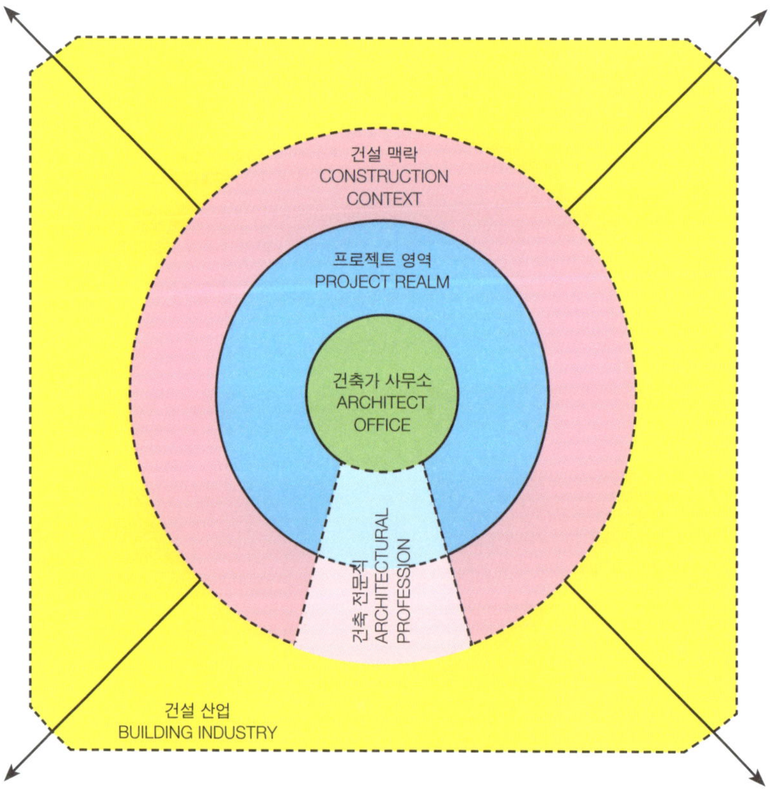

그러한 데이터는 산업에 간단히 증여되어서는 안 된다. 왜냐하면, 그것은 잠재적인 오용誤用의 리스크뿐만 아니라 엄청난 고유 가치를 지니고 있기 때문이다. 독립적, 비영리 써드 파티에 의해 중재되고 관리되는 데이터 신탁data trust의 창조는 미래에 창조될, 유능한 인공지능 시스템들의 먹거리인, 있을 수 있는 막대한 양의 디지털 빌딩 정보를 위해 필요한 플랫폼을 창조할 수 있다.[11]

대안적 경제 모형들 ALTERNATIVE ECONOMIC MODELS

만일 서스킨드가 옳다면, 다음 십 년은 증강된 다수의 건축 업무들을 보게 될 것이다. 그리고 인공지능 시스템에 의해 대체된 많은 사례 속에서 말이다. 결과적으로 전체 직업들이 대체될 것인지 그렇지 않을 것인지에 관한 것은 부분적인 논쟁의 주제다. 매우 특수한 규칙들, 선례들, 그리고 고도로 제약된 맥락들이 있는, 체스 혹은 바둑과 같은 게임을 마스터하는 것은 어느 유능한 건축가의 능력을 구성하는 다양한 업무들, 책무들, 그리고 통합적 프로세스들을 관리하기 위한 전제조건이 거의 될 수가 없다. 있을 수 있는 것은, 전체적으로, 실무의 생산과 분석적 기능들은 자율적 컴퓨터 사용으로 인해 소수의 건축가는 세계의 환경을 디자인해야 하는 정도로까지 대체될 것이다. 그러나 역으로, 아마도, 평범한 것을 되풀이하는 고역에서 벗어나, 디자이너의 힘은 건축가의 영향과 중요성 그리고 건축이 기술에 의해 감소하기보다 기술 덕분에 확장될 정도로 충분히 증대될 것이다. 기술적 혁신과 프로세스 개선의 교차점에서 신중하면서도 의미심장한 계획은 그러한 성과를 현실로 만드는 유일한 길이다.

법률, 정책, 리스크

2.2 LAWS, POLICY AND RISK

≫건축가는 전후 사정을 고려하여 좋은 판단을 행사하는 자신들의 책임을 토대로 전통적으로 합리적인 유지관리라는 관습법 기준을 유지해 왔다. 그러한 책임들이 더 지능적인 기술과 더불어 진화함에 따라, 법적 표준, 건설과 관련한 공공정책, 건축가의 수행능력은 어떤 방식으로 변할 수 있을까?≪

우리가 건축 전문직을 변화시키기 위해 지능적 기계의 물결을 기다리는 동안, 인공지능/기계학습 기술은 이미 보험료를 설정하고, 방사선 촬영 이미지를 평가하고, 대출과 여타 정부 수익의 적격성을 판단하고, 심지어 안면인식을 통한 범죄 용의자 체포를 위해 폭넓게 사용되고 있다. 그리고 주어진 이러한 알고리즘들의 수수께끼 같은 속성은 (수십만의 보험 청구, 혹은 심지어 인터넷에서부터 긁어모은 수백만의 잠재적 범죄자의 초상화와 같은) 데이터 풀pool로부터 결과들을 생성하기 위해 '스스로를 가르친다.'는 것이다. 알고리즘들이 의사결정을 하는 근본적인 논리를 해독하는 것은 불가능하다.
더 나쁜 것은 그 논리는 그것을 이용하는 전문가들이 거의 이해할 수 없다는 사실이다.

변호사 미셸 길먼Michele Gilman은 불투명한 미국의 보건 시스템, 자원을 할당하기 위한 인공지능의 사용으로 지금은 더 둔감해진 관료제 속에서 가난한 환자들의 권리를 위해 투쟁하며 그들을 대변하고 있다. 아래의 내용은, *MIT Technology Review*誌의 최근 기사에 실린 것으로, 매릴랜드州 볼티모어에서의 최근 소송에 제출되었다.

> *≫ 그들이 법정에 서 있었던 것은 정부가 방금 새로운 알고리즘을 적용하였다는 것을 폭로하는 그 상황을 한 목격자가 묘사하는 것을 한참은 듣고 있던 중이었다. 목격자인 간호사는 그것에 대해 어떤 것도 설명할 수 없었다. '물론 아닙니다. 그들이 그것을 선반에서 꺼냈습니다.' 길먼이 말했다. '적어도 그녀는 간호사이지. 컴퓨터 과학자가 아닙니다. 그녀는 어떤 요인들이 그 속에 들어가는지에 대해 설명할 수 없어요. 어째서 그것이 더 중요하게 되었을까요? 당신은 무엇을 찾고 있나요? 그래서 저는 저의 견습 변호사와 함께 있습니다. 그는 저의 병원에서 저와 함께 근무합니다. 그리고 그것은 마치 "오, 알고리즘에게 반대 심문을 할까요?" 라고 하는 것과 다를 바 없습니다." ≪*

이 광경은 규제자, 대중, 법원, 건축가들과 의뢰인들이 전문가의 노동이 자동화되었을 때 직면하게 되는 난제의 범위를 우아하게 포착하고 있다. 즉 기계에 의한 의사결정의 의미에 대해 누가 혹은 무엇이 책임질 수 있는가? 그리고 기계들은 자신들의 유지관리에 대중의 복지를 맡기는 것에 대해 충분히 이해할 수 있기나 할까?

유지관리의 의무와 그 리스크 THE DUTY OF CARE AND ITS RISKS

미국과 영국은 건축가의 직무능력표준competency standard를 설정하고 있는 관습법 전통을 공유하고 있다. (강조는 저자에 의한 것임)

> ≫ *건축가/컨설턴트는 그 프로젝트와 유사한 규모, 속성, 복잡성을 지닌 그러한 서비스를 제공함에 있어서 경험 있는 건축가/컨설턴트에게 기대되는 **합리적인 기술, 유지관리**care **그리고 근면**을 이용할 것이다. (영국왕립건축가협회 표준 전문 서비스 계약 2018: 건축서비스)*[2]
>
> *건축가는 동일 혹은 유사 환경 하의 동일 혹은 유사 지역에서의 실무 건축가에 의한 **전문기술과 통상적으로 제공되는 유지관리**와 밀접하게 결합된 서비스를 수행할 것이다. 건축가는 그러한 전문기술과 유지관리 그리고 프로젝트의 정연한 진행에 맞추어 신속하게 서비스를 수행할 것이다. (미국건축사협회 도큐먼트 B101-2017: 소유자와 건축가 간의 표준계약서)*[3] ≪

각 사례에서 건축가의 수행능력의 기준은 동일한 환경 내에서 다른 유능한 실무자들의 수행능력을 어떻게 비교할 수 있는가 하는 것이다. 이러한 표준은 어떤 다른 형태의 법령으로 소개되지 않는다. 그러나 오히려 법정에서 올바른 전문가의 행동과 적절한 선례의 적용을 당연한 것으로 가정하는 전문가 증인의 법정진술 이후에 결정된다.

1.3장에서 검토한 바와 같이, 건축가와 대중 간의 관계는 본질적으로 신뢰를 주고받는 것이다. 즉 건축가에게 공공의 건강, 안전, 그리고 복지에 대한 중요한 의사결정 권한이 주어진다. 그리고 그것으로서 이러한 전문가적 지위의 특권들, 짐작하건대 영향력, 자율 그리고 보상을 누린다. 그 대신 그들은 자신들의 행위들에 대해 개인적인 책임을 져야 하고 기업과 같은 방식으로 그 책임을 위임할 수 없다. 기업은 개인보다 회사에 잘못된 결정에 대한 과실이 있다.

건설 프로젝트에 관여하고 있는 디자인 전문가들은 공공의 복지는 건조환경 내에서 보호되고, 적어도 지금 당장은, 책임을 져야 하는 책임자가 있다는 것을 명확히 확인해야 한다는 것을 지시하고 있다. 그 요구조건은 미국과 영국 간에 약간의 차이가 있다. 즉 영국에서 '수석 디자이너'는 어떤 건설 계약자보다 많이 관여하면서 프로젝트에 특화되어야 한다.[4] 그에 비해 대부분의 미국 사법권에서는, 대략 275 제곱미터 이상의 인간 거주를 위한 건물은 면허를 득한 건축가가 디자인하여야만 한다.[5]

건축가의 의무를 수행함에 있어서, 건축가는 두 가지 유형의 리스크를 추정한다.

1. 비즈니스 리스크들Business risk: 서비스의 의무는 계약에서 가용한 것보다 더 많은 자원, 특히 수수료를 필요로 할 것이다.
2. 전문가의 배상 책임Professional liability: 판단에서의 오류 가능성은 결과적으로 유지관리의 의무 위반에 포함되어 있는 전문가의 과실이라는 주장을 낳게 될 것이다.

건축에서 기계 지능의 경영 리스크들은 좀 더 실존적이고 이것들은 본 장의 후반부에 언급되어 있다. 좀 더 직접적으로 실무적으로 중요한 것은 전문가의 책임, 유지관리의 의무, 그리고 (증강)을 지원하는 것에서든 혹은 장소 혹은 (자동화) 인간 건축가들에서든 복잡한 의사결정을 하는 기계들의 의미에 관한 문제들이다.

기술과 기술적 책임 TECHNOLOGY AND TECHNICAL RESPONSIBILITY

명백히 기술의 느린 속도에도 불구하고, 폭넓은 범위에서 디자인과 건설 공급 사슬construction supply chain은 오늘날 다양한 절차적, 자동화, 그리고 데이터 관리 도구들로 디지털화되고 있다. 건축에서는 BIM이 그런 장비 중에서 가장 두드러진다.[6] 그러나 이 소프트웨어는 대체로, 자율적이라기보다, 자동화를 위한 수단의 범주에 포함된다. 한편으로 그 기능성의 (스케줄과 뷰의 생성과 같은) 특정 측면들은 완전히 자율적이지만, BIM은 디자인 데이터를 구체적으로 예를 들어 나타내기 위해 디자이너와 면밀하게 상호작용한다. 그리고 이러한 상호작용의 결과에 대한 책임에 관한 권한은 명확하다. 즉 그 도구를 사용하는 건축가는 그 성과에 대한 책임이 있다. 이것은 영국 건축사등록협회ARB7와 미국 건축사등록원NCARB8에 의해 확립된 책임질 수 있는 통제responsible control에 관한 개념과 일치한다.

책임 있는 디자이너가 기술적 분석의 상당 비율이 기술에 의존하는 환경에서조차, 소프트웨어 혹은 그 생산자가 권한을 위임하는 것을 가정하는 것은 있을 수 없다. 이러한 생생한 사례는 구조 공학과 관련된 분야에 있다. 그 분야에서 테클라 스트럭처스Tekla Structures[1]와 같은 소프트웨어는 하중의 정기적 측정과 구조적 상세의 생성을 위해 수년간 사용되어 왔다. 이러한 기술의 반복적 사용(그리고 전문가 검증)은 엔지니어들을 빌딩들은 말 그대로 서 있지만 측정치를 산출하는 기술에 의존하도록 만든다. 그러나 기록하는 엔지니어는 여전히 개인적으로 그 작업에 대한 책임이 있다. 컴퓨터 출력과는 상관없이 말이다.

BIM과 같은 재현 도구들, 혹은 구조 공학 소프트웨어와 같은 분석 도구들은 그것들의 잠재적 인공지능으로 구동하는 후속 도구들과 구별되는 두 가지 중요한 탁월성이 있다.

1. 그러한 소프트웨어에 주어진 입력 세트는 신뢰할 수 있도록 결과 세트를 생산한다. 그 둘의 관계에서 예측 가능성과 신뢰성을 형성하면서 말이다.
2. 만일 필수적이라면, 근거가 되는 소프트웨어 법령 발의자들은, 주어진 입력이 주어진 출력을 생산하는, 기초적인 논리를 정밀하게 설명할 수 있다. 그리고 잠재적 불규칙성은, 적어도 이론상으로, 반복되고, 만일 필수적이라면, 진단하고, 수정될 수 있다.

미래의 기계학습을 기반으로 하는 도구는, 그러나, 이러한 재확인하는 특성 중 어떤 것도 가지지 않을 것이다. 도구의 기초를 이루는 법령이 도구가 더 많은 데이터에 노출됨에 따라 지속적으로 진화한다고 한다면, 그 알고리즘은 동일한 제약조건들, 매개변수 혹은 입력들을 기초로 다른 시간에 다른 선택을 하도록 결정할 수도 있다. 그리고 딥 러닝 시스템들은 특히 모호하기로 악명이 높기 때문에—왜냐하면 그 시스템들은 자신들 스스로의 내적 논리를 구축하기 때문이다.—주어진 결정이 만들어진 이유를 밝히는 것은 불가능할 것이다.

물론, 건축가는 더 많은 경험을 쌓게 되기 때문에, 동일한 환경에 대해 결과적으로 다른 결과를 생성하는 다른 결정을 내릴 수도 있다. 그러나 그 차이는 만일 건축가가 오류를 저지른다면, 우리는 누가 책임을 져야 하는지를 안다는 점이다. 소프트웨어의 경우에는 이것이 거의 어렵다.

알고리즘의 책임 THE RESPONSIBILITY OF ALGORITHMS

사실상, 극단적으로 정반대의 경우가 있다. 당신이 어떤 상업적 소프트웨어에 접속하는 것을 허용되기 전에, 당신은 소프트웨어의 '최종 사용자 라이선스 계약End User License Agreement'[2] 혹은 EULA로 계약사항을 확인하도록 요구받는다. EULA는 정확하게 당신이 할 수 있는 것—그리고 할 수 없는 것—그리고 라이선스를 가진 당신이 소프트웨어로부터 기대할 수 있는 것을 , 장황한 용어들을 사용하여, 설명하고 있다.[9]

나의 이전 회사인 오토데스크는 수많은 건축가, 엔지니어들, 그리고 계약자들을 포함하여 전 세계적으로 수백만 명의 이용자들을 보유하고 있다. 지루함으로 당신이 페이지를 넘기든, 혹은 완전히 그 장을 무시하든 그 리스크에 대해서, 나는 충분히 오토데스크의 표준 최종 사용자 라이선스 계약에서 발췌한 아래의 두 가지 관련된 그럼에도 수정된 항목들을 인용한다. 읽기가 고통스럽지만 그 항목들이 밝히고 있는 내용은 아래와 같다.

> 5.2 면책조항. 제5.1조(제한적 보증)에 제공된 명시적 제한 보증을 제외하고 해당 법률이 허용하는 최대한도 내에서 오토데스크와 그 공급업체는 명시적이든 묵시적이든 어떠한 종류의 보증, 진술 또는 조건도 제공하지 않으며, 라이선스 사용자는 이를 받지 않습니다. 모든 오토데스크 자료, 관계 프로그램 또는 (관계 프로그램 또는 기타 방법에 준하는) 서비스와 관련하여 (상품성, 특정 목적에의 적합성 또는 비침해에 대한 묵시적인 보증, 법령이나 거래 과정 또는 거래 이용에 의해 달리 묵시된 보증을 포함하되 이에 국한되지 않습니다.) ...**오토데스크는 다음 사항을 보증하지 않습니다.** ... 오토데스크 또는 써드 파티[third party][3]에 의한 관계 프로그램이나 지원 여부와 관계없이, **라이선스가 부여된 자료나 서비스의 작동이나 출력이 중단되지 않고, 오류가 없고, 안전하고, 정확하고, 신뢰할 수 있거나 완전할 것임을 보증하지 않습니다.** ...
>
> 6.1 기능 제한. 라이센스 자료 및 서비스는 ... **숙련된 전문가에 의해서만 사용하도록 의도된** 상업적 전문 도구입니다. 특히 상업적인 전문적 사용의 경우 라이선스 자료 및 서비스는 **사용자의 전문적 판단이나 독립적인 테스트를 대체할 수 없습니다.** 라이선스 자료 및 서비스는 라이선스 사용자의 설계, 분석, 시뮬레이션, 추정, 테스트, 및/또는 기타 활동들을 지원하기 위한 것입니다. 그리고 제품 스트레스, 안전 및 유용성에 관한 활동을 포함하여, **라이선스 사용자 자신의 독립적인 설계, 분석, 시뮬레이션, 추정, 테스트, 및/또는 기타 활동들을 대체하지 않습니다.**[10]

이용자가 면책조항의 중요성을 이해하고 있다는 것을 완벽하게 확실히 해두기 위해, 그것은 대문자로 인쇄되어 있다. 반면에 기능 제한항목은 대소문자를 혼용하여 인쇄되었다. 만일 그것이 여기서 충분히 선명하지 않다면, 최종 사용자가 이 소프트웨어를 이용할 때 합의하는 두 가지 중요한 개념들이 있다. 첫째, 당신은 그 소프트웨어를 완전히 당신 자신의 리스크를 안고 사용하는 것이다. 그리고 회사는 목적에의 적합성, 정확성, 혹은 다른 출력물들에 대한 어떤 것에 대해서든 책임이 없다는 것을 가정하는 것이다. 이것은 종종 라이선스 이용자 입장에서는 제시된 소프트웨어 신청비용을 감수하는 것을 어렵게 만든다.

둘째, 마치 그것이 충분하지 않은 것처럼, 최종 사용자 라이선스 계약은 소프트웨어는, 주장한 바에 의하면 소프트웨어의 목적과 기능을 이해할, 숙련된 전문가들이 사용하도록 되어있다고 명기하고 있다. 이것이 더 나아가 설명하고자 하는 것은 그 같은 전문가가 이 도구를 사용하는 것이 전문가의 판단 그 자체를 대체하는 것은 아니라는 사실이다. 당신은 마음대로 할 수 있는 어떤 강력한 디지털 장비를 가질 수도 있다. 그러나 유지관리 의무 역시 획득하는 것이다. 그리고 당신은 여전히 곤란한 처지에 놓여있다. 제발 현재 당신은 신청 중이라는 사실을 확인하라는 것이다.

나의 이전 고용주들(그리고 그들의 매각인 형제들)에 대해 공정하게 말하자면, 이러한 계약 거래에는 몇 가지 논리가 있다. 책임 있는 소프트웨어 회사들은 자신들의 제품을 출시하기 전에 광범위하게 테스트한다.[11] 사용자 상호작용과 설계조건의 모든 조합이 사용하는 동안 소프트웨어가 적합해야 할 필요가 있다고 예측하는 것은 불가능하다. 실제로 내가 건축 실무업체를 위한 계약을 협상하는 동안, 의뢰인들이 우리 도면의 디지털 버전을 요구하였을 때 나는 비슷한 언어 '사용 적합성'을 이용하였다. 왜냐하면, 나는 그들이 그 데이터로 무엇을 할지도 몰랐고 그것의 통제되지 않은 이용에 대한 책임을 내 회사에 어떤 식으로 부과하려 들지도 몰랐기 때문이다. 나는 또한 의뢰인들에게 종이로 된 동일한 도면에 의존할 것을 요청했다. 야생에서 무제한 데이터의 결과적 책임을 예견하거나 혹은 관리할 실질적인 방법은 존재하지 않는다.

문제는, 물론, 복잡한 데이터 상호작용이다. 그것은 사용자의 입력과 소프트웨어 출력을 포함하는데 기계학습 알고리즘처럼 소프트웨어가 지속적으로 진화할 때 복잡성의 정도가 더 높아진다. 역사는 소프트웨어 매각자들은 자신들의 차세대 도구에 대한 책임보다, 그에 대응하여, 더 앞서 움직일 것이라고 말한다.[12]

집행의 실패 FAILURES OF EXECUTION

건설 산업에서 실패는 흔한 일이다. 좀 더 전형적으로 엉켜버린 스케줄과 예산 초과에서부터 흔하지 않지만, 런던의 그렌펠 타워Grenfell Tower화재와 같은 불행한 재난에 이르기까지 말이다. 이러한 극단들 사이의 어딘가에 기술적으로, 환경적으로, 사회적으로, 그리고 맥락적으로 적합해야 하는 건설building의 책임이 있다. 분명히 기술은 건설 전문가들-그리고 특히 건축가들과 같은 수석 디자이너들-이 그러한 성과를 내는 더 나은 작업을 하도록 돕는 데 있어서 부분적으로 중요한 역할을 할 수 있다. 이 특별한 탐구 목적을 위해, 질문은 프로젝트 실행의 결과적 리스크를 관리하는 책임들은 인공지능으로 구동되는 도구들에 의해 증가하거나 혹은 감소한다는 정도에 머문다.

프로젝트를 실행하는 동안 건축가의 네 가지 기본적인 역할 중 각각에서 건축가를 지원하도록 인공지능이 협력을 요청받았을 때, 실패의 근본적인 리스크를 조사하는 그림1.6.5를 토대로, 그림2.2.1에서 그와 같은 리스크들을 개략적으로 정리하였다.

역할	인공지능에 의한 증강	인공지능에 의한 대체	실패에 대한 전문가 리스크
소유자의 대리인	대규모 재현적 데이터와 인공지능으로 생성된 결과물을 토대로 증명된 디자인 결과들	완벽한 디자인 계획의 생성	비일관적이고, 부적절하며, 위험한 해법들 그 외에 목적에 대한 적합성이 검사되지 않음
디자인팀의 리더	작업 지점으로 유용한 정보를 일관성 있게 배급	공학과 프로젝트의 다른 대표자들의 통합과 그들의 작업에 대한 코디네이션	잘못된 코디네이션은 기술적, 운영적 오류로 이끎
디자인 정보를 건설자에게 전하는 안내자	조립과 건설을 위한 절차적 정보에 의해 증강된 디자인 데이터	건설자들의 정보 요구를 기반으로 한 건설, 시공도면의 자동 생성	정보 품질의 불일치 디자인 결정 오류 시기부적절한 대응들
공공의 보건, 안전, 복지의 보호자	생애 안전분석 준수 평가	법규 검토 허가를 위한 보증	상해, 사망의 결과로 인한 피해

2.2.1:
역할과 전문가의 리스크

2017년 그렌펠 타워에 발생한 끔찍한 화재의 맥락에서 이러한 위험들을 생각해보라. 그 재앙에서, 고층 주거 건물의 4층의 작은 가전제품에서 일어난 불길은 건물의 외피를 통해 통제할 수 없이 번졌고 72명이 목숨을 잃었다. 그 외피의 구성요소들은 2015년 재정비 기간에 교체된 것이었다. 그 교체는 원原 수석 디자이너의 직접적인 개입 없이 건물주와 관리자의 지휘 아래에 이루어졌다. 사실상, 모든 프로젝트에 수석 디자이너가 개입하도록 하는 요건이 2015년에 시행되었지만, 그 재정비 프로젝트 동안에 관련되기에는 너무 늦었다. 그렌펠 재앙은 컨플루언스confluence[4]의 기술적 결정과 의뢰인, 디자인, 건설/빌딩 공급 산업체의 역할자들의 조합으로 만들어진 오류의 결과이다. 아마도 궁극적으로 그렌펠에서의 변명의 여지가 없는 죽음들에 대한 책임이 있는 것으로 드러난 이들 역할자들의 복잡한 상호작용이 있었을 것이다. 비록 뉴스 기사가 난 당시에는 모든 역할자들은 어떠한 책임도 부정하고 있지만 말이다.[13]

이러한 평가에서 명백한 것은 실행에서 건설building의 모든 책임은—그리고 특히 건축가들—복잡하고 모호한 의무들, 업무들, 의존성, 그리고 기계에 위임하기 어려울 것이며 성과들과 상호 관련되어 있다. 그리고 이러한 중요한 의무들은 이행되고 있다는 것을 확실히 하기 위해, 인간이 책임을 져야만 한다. 최종 사용자 라이선스 계약에도 불구하고 말이다.

정책 입안 POLICY-MAKING

잘 건설하는 것은 거부할 수 없을 정도로 강력한 대중적 관심사이자 빌딩들이 잘 디자인되고 건설된다는 것은 공공정책의 필수적인 구성요소라는 것을 확인하는 것이다. 건설 사업building enterprise은 (전 지구적 규모의) 기후위기와 (프로젝트 규모의) 그렌펠 재앙과 같이 본질적으로 다른 현상들에서 명백하게 증명된 바와 같이 복잡성이 지속적으로 증가하고 있다. 복잡한 특성과 디자인 의사결정, 건설 전략, 빌딩 성능, 재료 특성, 그리고 심지어 시장여건의 상호작용들에 대한 이해하기, 관리하기, 그리고 최적화하기는 빅데이터와 인공지능/기계학습과 잘 어울리는 업무이다. 빌딩 사업에서 기계 지능 응용프로그램 관리에 대한 적절한 책임은 공공에게 이익이 될 수 있다. 만일 그 둘 간의 관계가 올바르게 중재되기만 한다면 말이다.

이러한 논리로 두 가지 정책 발의가 제안되었다. 그림2.2.1에서 기술된 책임들의 각각이 쉽게 '사악한 문제'로 특징지어질 수 있다고 한다면, 결과적 의무들이 기계들에게 엄격하게 위임되게 된다는 것은 거의 이치에 맞지 않다. 그것은 문제를 해결하는 데 중요한—그러나 배타적이지 않은—역할을 할 것이다. 따라서 그 반대에 대한 몇몇 제안들에도 불구하고,[14] 전문가의 라이선스 자격과 지위는 강화되어야 한다. 그래서 교육을 받고, 경험을 쌓은 건축가와 엔지니어들이 프로젝트의 중심에 남아 그에 따라 책임을 받아들일 수 있어야 한다.

공공정책은 기술들의 발전, 배포, 그리고 효능과 관련이 있다. 우리는 점점 더 많이 의존하고 있는 기술들을 따라잡아야 한다. 가능한 한 많이, 가속화되고 있는 기계 지능의 보조에 맞추어서 말이다. 정부가 의료장비와 약물치료, 항공안전, 그리고 여타의 공공보건, 안전, 복지의 측면들에 대한 규제들을 제정, 통제, 강화하는 것과 마찬가지로. 건설 산업이 의지하게 될 시스템과 알고리즘에 대한 표준과 인증 규약의 제정을 지원하여야 한다. 관련 정보들을 위한 저장소가 될 수 있는 데이터 신탁data trusts을 포함해서 말이다. 법적으로 전자 장비들의 안전을 보증하는 업무가 주어진 미국의 보험업자연구소Underwriter Laboratories와 많이 닮은, 유사한 구조들이 디지털적으로 강화된 디자인과 건물을 위해 설치되어야 한다.

비즈니스 리스크와 그 너머 BUSINESS RISK AND BEYOND

디자인 전문직에서 기계 지능의 경영 리스크에 대한 최종 진단, 그것은 본서의 다른 곳에서 특히 1.5장에서 언급해왔다.

단기적으로, 어떤 회사들은 생존할 수 있지만, 자신들의 서비스를 역량 혹은 효율로 차별화할 인공지능의 이른 적용으로 일시적인 경쟁우위를 점할 것으로 보인다. 그러나 더 많은 회사가 그들을 따라감에 따라 이러한 혜택은 사라질 것이다.

장기적으로, 그러나 건축가들은 다른 지식 노동자들과 마찬가지로 인지 자동화cognitive automation에 의한 붕괴와 대체라는 동일한 문제에 봉착할 것으로 보인다.[15] 비록 위의 주장이 제안하는 것은 우리의 파괴의 시간대가 약해질 수 있다 하더라도, 우리의 소멸은 대체로 제거될 수 있다. 그러나 우리 자신의 가치를 높이는데 인공지능 기술의 능력을 사용함으로써—그리고 함의 때문에 건조환경 그 자체의 가치를 높임으로써—순차적으로 사회를 좀 더 건축가들과 그들을 지원하는 기계에 의존하도록 만들 수 있다.

전문가들에 대한 요구

2.3 THE DEMAND FOR PROFESSIONALS

≫ 만일 기계가 지식 노동자들을 대체할 수 있다면, 건설 산업 혹은 사회는 대규모로 정말로 건축가들을 필요로 하지 않을까? 한 논문은 -알려진 바로는 어쨌든 세계의 빌딩 중 극히 소수만 설계하는- 건축가들처럼 우리 작업의 상당 부분이 쉽게 자동화될 수 있다는 것을 시사하고 있다. 아마도 건축 전문지식은, 건축가들의 더 넓은 세력을 가진 기관을 통해서라기보다, 지능적인 기계들을 통해 더 광범위하게 분배될 것이다. 대안적으로 그러한 기계들과 점점 더 유능해지는 후속 기계들은 진정으로 건조환경을 개선할 수 있도록 건축가들에 힘을 부여하는 도구로 여겨질 것이다. ≪

영국 정부의 보건안전청Health and Safety Executive(HSE)이 건설 프로젝트는 수석 디자이너를 필요로 한다는 자격요건을 제정하였을 때, 건조 자산들built assets은 세 가지 뚜렷한 단계들, 즉 계획, 실행, 그리고 사용(뒤이어, 아마도 종국에는 파괴) 속에서 분명히 나타난다. 보건안전청의 건설, 디자인, 그리고 관리 규정들의 효력이 시작되었던 2015년 이전에는, 디자이너들을 수행 과정delivery process에서 요구되지만,desirable 반드시 참여해야 하는 사람으로 여기지 않았다. 이것은 미국의 법과는 극명하게 대조되는 것이다. 미국의 법에서는 상당한 규모의 주거 건물은 반드시 라이선스를 취득한 건축가가 설계해야 한다.[1] 그리고 건설 수행building delivery이라는 용어를 지칭하는 것 속에는 건설 산업의 정치적 힘의 징후indication가 내재되어 있는 것 같다.

보건안전청HSE은 건축가에 대한 필수요건을 (하나의 옵션으로) 규정에 간결하게 다루고 있다. 그 규정은 수석 디자이너들이 반드시 해야 할 것을 지시하고 있다. (강조는 저자에 의한 것임)

» 시공 전前 단계에서 보건과 안전을 **계획, 관리, 모니터, 그리고 조율**하여야 한다. 그렇게 하는 중에 그들은 (기존의 보건 그리고 안전 파일과 같은) 관련 정보들 설명하여야 한다. 그것은 시공단계가 시작된 전・후에 완료된 디자인작업에 영향을 미칠 수도 있다.

» 시공 전前 정보를 수집하는 중에 의뢰인을 **돕고 조언**하여야 한다. 그리고 의무를 이행하는데 필요한 정보를 디자이너들과 계약자들에게 제공하여야 한다.

» 프로젝트에서 작업으로 인해 영향을 받는 누군가에게 대한 **예측 가능한 보건과 안전 리스크를 제거**하기 위해 다른 디자이너들과 함께 작업하여야 한다. 그리고 그 작업에서 그것이 불가능한 곳에 대해서는, 리스크들을 감소시키거나 혹은 통제하기 위한 조치를 취해야 한다.

» 시공 전前 단계에 관여한 모든 사람이 소통하고 협력하는 것을 보장하여야 한다. 필요로 하는 그들의 작업이 무엇이든지 조율하면서 말이다.

» 시공단계 동안 통제해야 할 필요가 있는 리스크들에 대한 정보를 지속적으로 제공하며, 주 계약자와 연락을 유지하여야 한다.[2]

디자이너들을 위한 필요에 대한 이러한 멋진 요약 이외에 놓치고 있는 것은 결과적 가공품의 질에 대한 것이다. 이용 적합성, 맥락에 대한 관계성, 표현적 속성, 혹은 환경적 혹은 사회적 적절성을 포함한다. 이것들은 건축가들을 고용한 의뢰인들이 명료하게 요구하는 결과들이다. 비록 의뢰인들이 수석 디자이너의 역할을 추측하려는 어느 관계자와 함께 건설, 디자인, 관리에 관한 요구조건을 만족할 수 있다 할지라도 말이다. 그렇다 하더라도, 예측 가능한 미래에 지능적인 기계가 '보건과 안전을 계획하고, 관리하며', '의뢰인을 돕고 조언하고', '예측 가능한 리스크들을 제거하고', 혹은 '모두가 소통하고 조율하는 것을 보장'할 수 있을지의 여부를 생각해보라. 만일 이러한 것들이 원거리에서조차 가능하다면, 그들은 그 작업의 단계 동안 수많은 동일 업무들을 수행할 것이다. 나는 시공 관리자들이, 직업소개소에서 건축가들과 합류할 것으로 생각한다. 그러나 그러한 미래까지 고민하는 것이 좋은 생각인가?

작업계획 THE PLAN OF WORK

미국에서 실무를 하는 건축가로서, 나는 항상 영국 왕립 건축가협회의 작업계획RIBA Plan of Work의 명쾌함, 유연성, 우아함을 동경해 왔다. 그것은 시간이 흐름에 따라 진화하고, 수행과 컴퓨터 연산의 현실을 반영하기 위해 변화한다. 그리고 프로젝트의 수명주기 곡선arc과 건축가가 완전하게 프로젝트에 참여할 수 있는 가능성에 대한 매우 명료한 정의를 의뢰인들과 협력업체들에게 보여준다. 이러한 구조는 미국의 그것과 극명한 대조를 이룬다. 그것은 일부 둔감하고 '계획 설계Schematic Design'와 같은 대체로 비협조적인 것으로 묘사된 단계들 내에 '기본 서비스Basic Services'처럼 미국건축가협회에 의해 정의된 것이다. 그것은 대체로 변하지 않은 채로 수십 년 동안 유지되었다. 실무의 유동적 속성에도 불구하고, 특히 디지털 시대에 말이다.[3]

그림1.5.2에서 파생된 두 가지 구조들에 대한 비교는 그림2.3.1에서 확인할 수 있다. 거기에서 나는 작업계획의 미묘하지만 중요한 의미들을 다이어그램으로 표현하였다. 즉 그것은 건축가들의 작업을 네 가지 '상위 단계들super-stages'로 이해하도록 요약될 수 있다.

1. **프로젝트 정의**, 프로젝트에 대한 종합적인 접근을 형성하는데 필수적인 작업단계들로 구성된다.
2. **기술적 발전**, 이 단계에서 접근법은 공학적으로 그리고 시공 가능한 아이디어로 정제된다. 즉, 창조된 시공방법을 준비하는 데에 정보가 통합되고 상세한 기술적 통찰이 있다.
3. **집행**, 이 단계에서 자산은 계약자들에 의해 구축된다.
4. **사용**, 이 단계는 빌딩을 점유하는 때이다.[4]

2.3.1:
건축가의 서비스 영역의 상위 단계들

	프로젝트 정의			기술적
영국 왕립 건축가협회 (RIBA)	0 전략적 정의	1 준비 및 요약보고	2 개념 설계	3 공간적 코디네이션
미국 건축가협회 (AIA)	PD PRELIMINARY DESIGN, PROGRAMMING 기획 설계 프로그래밍		SD SCHEMATIC DESIGN 계획 설계	DD DESIGN DEVELOPMENT 기본 설계

1.5장에서 우리가 보았던 서비스의 '상향식' 분석과는 반대로, 이러한 상위 단계들에 대한 기계 지능의 의미와 건축가의 작업이 어떤 방식으로 증강되거나 혹은 대체될 수 있는지를 생각해보자.

전망적 책임 PROJECTIVE RESPONSIBILITIES

건조환경을 창조하는 데 있어서 건축가의 핵심적 가치는 건축가가 설계하고 있는 건물의 미래 상태에 관한 생각들을 생성하고 시작하는, 이 논의의 목적을 위해 내가 부르게 될, 건축가의 '전망적 책임projective responsibilties' 이라는 것이다. 이 일을 위해, 건축가의 개념적 기량conceptual skills은 도시 속에서 건축가가 설계하는 빌딩이 가지는 의미에 대해 폭넓은 규모의 예측들로부터 인테리어의 마감에 대한 면밀한 선택에 이르기까지 광범위해야 한다. 즉 이것은 매우 폭넓은 검토과제이다. 특히 이러한 결정들의 각각은 프로젝트의 통합된 비전을 뒷받침하여야 한다.

디자인은, 건설과는 별개로, 본질적으로 인간은 사물을 어떻게 만들어야 하는가에 대한 계몽시대Enlightenment era의 생각이다. 그리고 약 1450년경에 레온 바티스타 알베르티Leon Battista Alberti가 건축을 위해 정의하였다. 그가 '건물들은 마음속에 그려져야 하고, 선과 각으로 이루어져야 하며, 학구적인 정신과 상상력으로 완성되어야 한다.'[5]고 적었을 때 말이다. 그런 다음 건설자에 의해 어긋남이 없이 집행되어야 한다. 건설자의 일이란 그 설계 전망design projection을 건조된 실체built reality로 전환하는 것이었다.[6] 그리고 한편으로 건축은, 비트루비우스의 질서체계Vitruvian Oders에서부터 인공지능으로 손쉽게 고를 수 있게 해주는 재고품 처리 시스템off-the-shelf storefront window systems[7]에 이르기까지 구조화되고 형식화된 시스템에 오랫동안 의존해 왔다는 주장이 있어 왔지만, 오늘날 건축가에게 요구되는 넓은 범위의 상상적 의무들imaginative obligations은, 특히 프로젝트에서 작업의 상위 단계 정의, 알고리즘에 의한 시스템적 산출outputs을 거부한다. 간단히 말해 너무 많은 모호성이 존재한다. 판단과 절충점들이 필요하며, 그리고 다양한 규모에서의 사악한 문제들에 대한 해결을 요구하는 것 말이다.

발전		집행		사용
4 기술적 설계	사용되지 않음	5 제작 +건설	6 양도	7 사용
CD CONSTRUCTION DOCUMENTS 실시설계	PR 조달	CA CONSTRUCTION CONTRACT ADMIN 건설 / 계약 / 행정	사용되지 않음	POE POST OCUPANCY EVALUATION 거주후 평가

오늘날의 인공지능/기계학습 시스템들은 패턴들, 특히 인간이 추측할 수 없는 것들을 본다. 그러한 시스템들에게 가용한 광활한 데이터 바다 덕분에 말이다. 그러나 시스템들은 오직 자신들이 지닌, 체스와 바둑 규칙과 같은, 따라야 하는 특수한 컴퓨터 연산 템플릿이 있다는 그 정도까지만 전망할 수 있다. 말하자면 건물 설계에 관한 미래 상황을 전망하는 시스템들의 능력은 (다른 프로젝트들로부터 생성된 데이터에 의해 정의된 것과 같은) 과거 경험이 지닌 기능이다. 그리고 시스템들이 따르도록 프로그램된 규칙 세트가 무엇이든지 간에 말이다. 오늘날의 시스템들이 완전히 놓치고 있는 것은 반 사실적으로counter-factually 추론하고 (왜 어떤 것이 발생했고 혹은 발생하지 않았는지 같은) 인과성 대對 (통계적으로, 이전에 동일한 상황에서 발생해 왔기 때문에 어떤 것이 발생할 수도 있다는) 상관성을 이해하는 것이다. 역설적이게도 컴퓨터 과학자 주데아 펄Judea Pearl은 이러한 주장을 최고의 주장으로 꼽았다. 그는 베이즈 네트워크Bayesian network[1]라고 불리는 통계이론을 발명하였다. 그 이론은 오늘날 상관관계-의존적correlation-reliant 기계학습 신경망 시스템의 토대이다.[8]

펄은 기계들이 상관관계를 기반으로 추론하고 자신이 '인과추론 사다리The Ladder of Causation' 라고 부르는 것을 오를 수 있을 때까지는 진정한 지능적 기계들은 불가능하다는 것을 확신하였다. (그림2.3.2를 보라) 사다리에는 세 개의 가로대가 있다.

연상Association(그곳에서 이해하기는 데이터를 조사하는 기능이다.) 개입Intervention(그곳에서 활동들은 미래에 대한 의미들을 전망하는 것을 기초로 가능하다.), 그리고 반 사실적인 추론들Counterfactuals(그곳에서는 이해하기가 아이디어를 이끈다. 단지 활동을 토대로 하는 것이 아니라 미래에 대한 반 사실적 주장들을 토대로 한다.) 오늘날의 시스템들은 가장 낮은 가로대 위에 견고하게 확립되어 있다.

사다리는 앞서 언급한 로저 생크Roger Schank의 이론들을 정교하게 계승하고 있다. 생크는 어떤 지능적 기계에 대한 진정한 테스트는 추론적으로 생각하는 능력이었다. 그것은 연상과 반 사실적인 추론에 대한 펄의 주장에 대한 또 다른 수확이다. 그는 논리적 추론은 인간의 언어와 지각의 핵심이었다고 말했다. 만일 기계가 '이해하기' 즉 논리적 의미들을 통해 결론을 이끌어 낼 수 있다면, 인간처럼 추론한다고 말할 수 있을 것이다. 불행하게도 이 주제는 우리가 1970년대에 프로그램한 조잡한 기계들 그리고 모든 결과적 인식 논리를 명시적으로 코드화하여야 할 필요성으로 인해 심각하게 절뚝거리게 되었다. 생크의 주제는 1980년대 '인공지능 겨울AI Winter'과 더불어 쇠퇴하였다.

펄의 사다리는 단순히 21세기 인공지능 시스템들을 위한 소프트웨어 로드맵이 아니다. 오히려 인간 지능의 근본적 속성들에 대한 또 다른 주장이다. 그중 하나는 다른 종種과 인간을 구분하고 가속화된 우리의 진보를 설명하고 있다는 것이다.

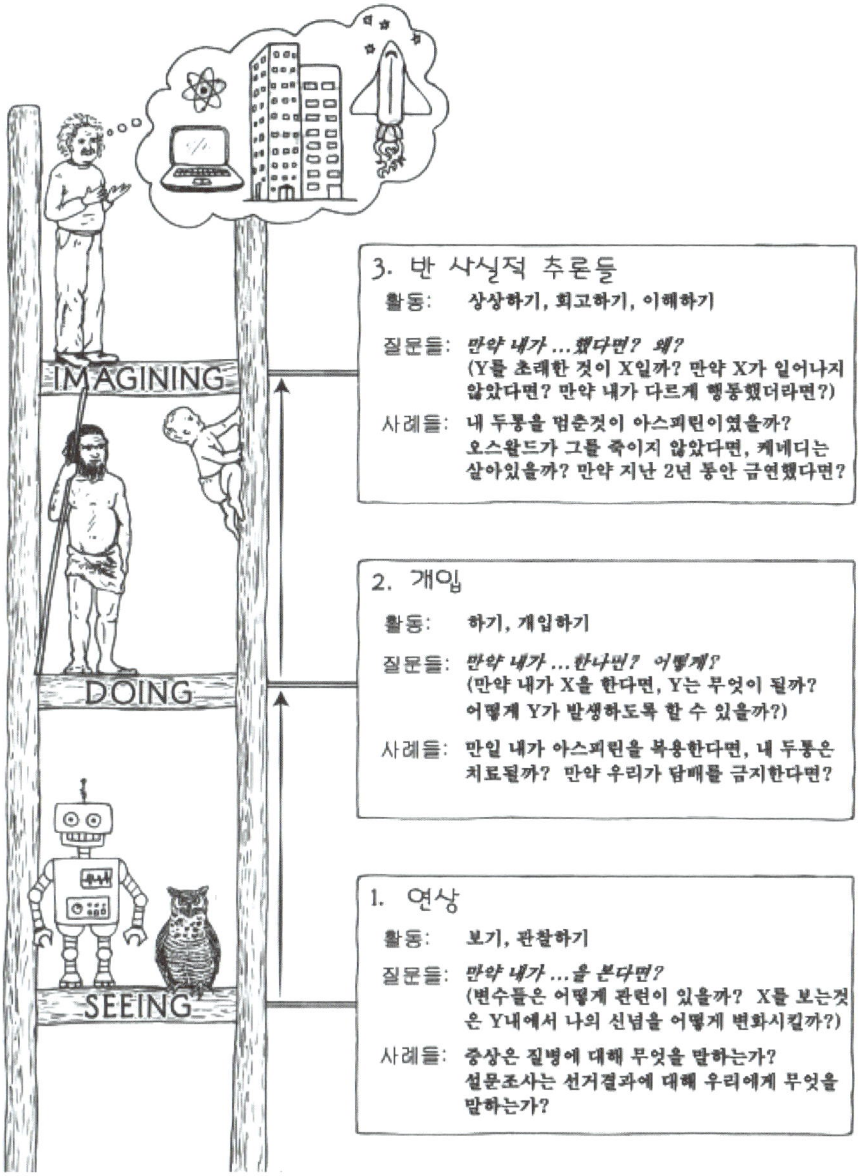

2.3.2:
펄의 '인과추론 사다리'

≫ *다른 종들에는 결핍된 것을 인간이 가지고 있는 것은 자신들의 환경을 정신적으로 재현하는 것이다. -인간들은 의지를 가지고 계획과 학습을 위한 가설적 환경을 상상할 수 있다. ... (그들은) 자신들의 환경에 대한 정신적 재현을 창조하고 저장하는 능력을 소유하고 있다. 즉 그 재현을 따져 묻고, 상상력이라는 정신 활동을 통해 그것을 왜곡하며, 최종적으로 '만약 What if?'과 같은 질문하는 것 말이다.*[9] ≪

펄은 역사에서 가장 중요한 아이디어는 (초기 천체 물리학처럼 지구가 거대한 거북에 걸터앉아 있다는 것과 같은) '거친 모델링 전략wild modelling strategies'의 결과였으며, 단지 데이터를 시나리오에 맞추는 알고리즘은 결코 그러한 개념들을 생성할 수 없다고 분석하고 있다.[10] '가설적 환경 상상하기', 혹은 좀 더 평범한 용어로, '프로젝트 정의Project Definition'는 좋은 건축가의 핵심 가치이며 세 번째 가로대의 재능을 요구한다. 기계가 곧 있을 어느 때에 달성할 것 같지 않은 재능 말이다. 사실상 기계들은 두 번째 단계rung에 도달하여야 하는가? 우리는 '만약'에 대해 건축가가 추측하는 것을 돕는 도구들을 얻을 수 있을지도 모른다. 오늘날의 분석 소프트웨어의 좀 더 현대적인 버전은 인간 건축가에게 엄청난 도움이 될 것이다. 펄의 사다리 꼭대기를 점령하는데 말이다.

기술적 압축 TECHNICAL COMPRESSION

만일 전망의 가치가 확고하게 프로젝트 정의project definition의 책임에 인간 건축가를 정착하게 한다면, 기술적 정의technical definition에 대한 우리의 미래 개입은 덜 명확하다. 한번 정의된 디자인 전략들은—선택과 공간적 조율coordinating 시스템들, 일관적이고 조율된 시공도면 및 서류 생성, 성능과 비용 분석, 디자이너에서부터 건설자에 이르기까지 정보 전달—자동화에 더 적합한 프로토콜로 형식화된다. 디지털 프로젝트 이력이 데이터 소스로서 유용해짐에 따라, 경험주의적 시스템들 혹은 펄의 '개입' 단계rung의 인식 능력에 도달한 시스템들조차도 기술적 통합을 위한 더 많은 책무를 가정할 수 있을 것이다. 디지털적으로 자동화된 건설 및 제조fabrication 시스템들은 디자인 면design side에 대한 시스템의 인공지능 해당 면counterparts에 의해 시스템적으로 생성된 데이터를 소비할 수 있다. 그 모든 것은 기술적 발전이라는 상위 단계가 앞 단계의 프로젝트 정의 속에 있는 것들보다 훨씬 더 인공지능으로 대체되기가 쉽다는 것을 보여준다.

그러나 여기에는 중요한 한 가지를 경고하고 있다. 보건과 안전 고려사항들은 수석디자인에 대한 영국 보건안전청Health and Safety Executive(HSE) 요구조건의 선두에 있다. 그리고 한편으로 프로젝트를 더 안전한 성과물을 향해 안내하는 데 있어서 인공지능 도구들이 훨씬 더 영리하게 될 것 같으면서도, 알고리즘에 대해 배타적으로 그 책임을 할당하는 것에는 혜택이 거의 없다. 알고리즘들은 의사결정이 가능한 것과는 거리가 멀다. 그리고 따라서 그에 걸맞은 의무를 지는 것도 마찬가지다.

철학자 대니얼 데닛Danel C. Dennett이 제안하는 바에 따르면, 컴퓨터들은 의식적인 실체들이 아니다. 실패라는 결과에 괴로워할 수도 없으며, 인간의 의무들을 추측할 수도 없다. 그는 '계약체결에—어떤 인간 소유자에 대한 대용물surrogate로서가 아니라 로봇 자신이 ... 도덕적으로 책임질 수 있는 대리인agent로서—서명할 수 있는 로봇에 대한 명세서를 나에게 주는 것'[11]이 가능한지에 대해서 묻고 있다. 만약 그렌펠 화재로부터 얻은 교훈이 있다면, 그것은 빌딩 사업의 복잡성이다.—설계, 건설, 공급 사슬 관리, 인증과 규제, 그리고 인간의 행태의 모든 차원은 기계의 시야視野를 넘어선다. 데넷이 더 나아가 단정 짓고 있는 바와 같이, '우리는 의식적 대리인을 필요로 하지 않는다. 그러한 특별하고도 특권을 가진 실체를 위해 남겨두어야 할 어떤 업무든지 처리하기에 충분할 만큼

천연의 의식을 지닌 대리인들이 과다하게 공급되고 있다. 우리는 지능적인 도구들이 필요하다.'[12]

보건, 안전, 복지 그리고 미래 HEALTH, SAFETY, WELFARE AND FUTURE

2020년 여름, 전 지구적 팬데믹을 직면하고 있는 상황에서 (나와 같은) 교육행정관들은 다가오는 학년을 계획하는 벅찬 업무를 마주하고 있었다. '모든 것이 못처럼 보인다. 당신이 가진 모든 것이 망치라면'이라는 표제 아래, 건축학교에서 우리 팀은 전염병학의 위기를 해결하기 위한 건축적 전략을 찾기 시작했다. 만일 우리가 (공중보건학교의 동료들에 의해 설정된) 공중 보건 매개변수들의 공간적 요구들을 해석할 수 있다면, 우리 학생들이 상당히 기대하는 어느 정도 유사한 교육을 유지하는 기회를 얻으리라는 것을 알았다. 여름 동안의 철저한 계획 이후, 우리는—건축과 공학적 분석으로 구성된 50페이지의—운영계획을 작성했다. 그것은 우리의 건물을 개방하고 스튜디오에서 작업하는 동안 학생들이 우리의 시설들에 접근할 수 있도록 허용해 해주었다. 모든 교실을 개인적으로 가르칠 수 있는 교수들이 그렇게 할 수 있도록 평가하고 재배열하였다. 공기 시스템들은 평가되고 조정되었으며, 안전 거주 계획safe occupancy schedule이 설정되고 강화되었다. 그 학년은 우리 학생들 사이에서 거의 긍정적인 사례가 없이 종료되었다.

21세기 건축가들은 부富를 위해 아름다운 오브제를 만드는 것에 집착하는 것으로부터 전문직을 떼어놓아야 하는 것과 같은 많은 유사한 과제들에 직면해 있다. 이 과제 리스트의 정점에는 기후 변화가 있다. 그 뒤에는 주거 불평등, 건조환경, 특히 도시에서의 구조적 인종주의, 건설 공급 사슬 내에서의 현대판 노예에 관한 문제들까지 바짝 뒤쫓고 있다.[13]

전체적으로, 이러한 과제들은 공중 보건, 안전, 그리고 복지에 대한 새로운 정의를 포함한다. 영국에서 수석 디자이너들에 대한 필요성을 촉진시키는 아이디어는 미국에서 전문가의 면허교부의 토대다. 일단의 공간적 과제들로서 이러한 문제들을 마주하는 것은 본질적으로 러셀Stuart Russell이 제시한 직관, 통찰 그리고 영감이라는 인간적 능력을 요구한다. 그것들은 기계에 의해 곧바로 제공될 것 같지는 않다. 그리고 기계들이 필요하게 될 '거친 모델링 전략들'로 이러한 문제들을 공격할 시간은 분명히 아니다. 데닛Danel C. Dennett이 그토록 현명하게 가정한 것처럼, 인공지능 생산자들은 '만드는 도구들이어야 한다, 동료가 아니라',[14] 이전에는 결코 그런 적이 없었을 만큼 건축가들이 필요하다. 그러한 도구들로 강력해진 건축가 말이다.

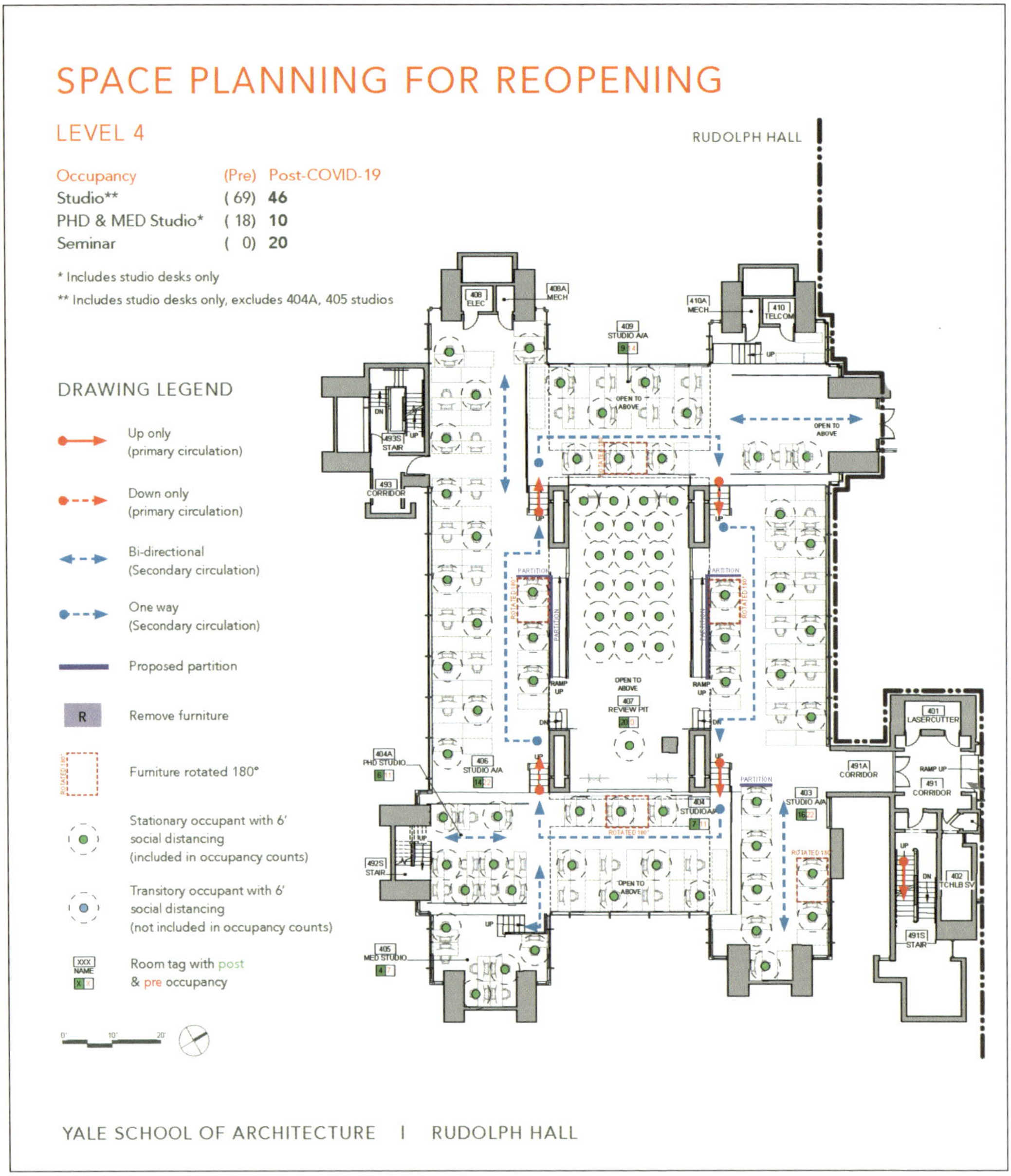

2.3.3:
예일 건축 스튜디오
스페이스 프로그래밍
(APICELLA + BUNTON
ARCHITECTS의 배려로
게재함)

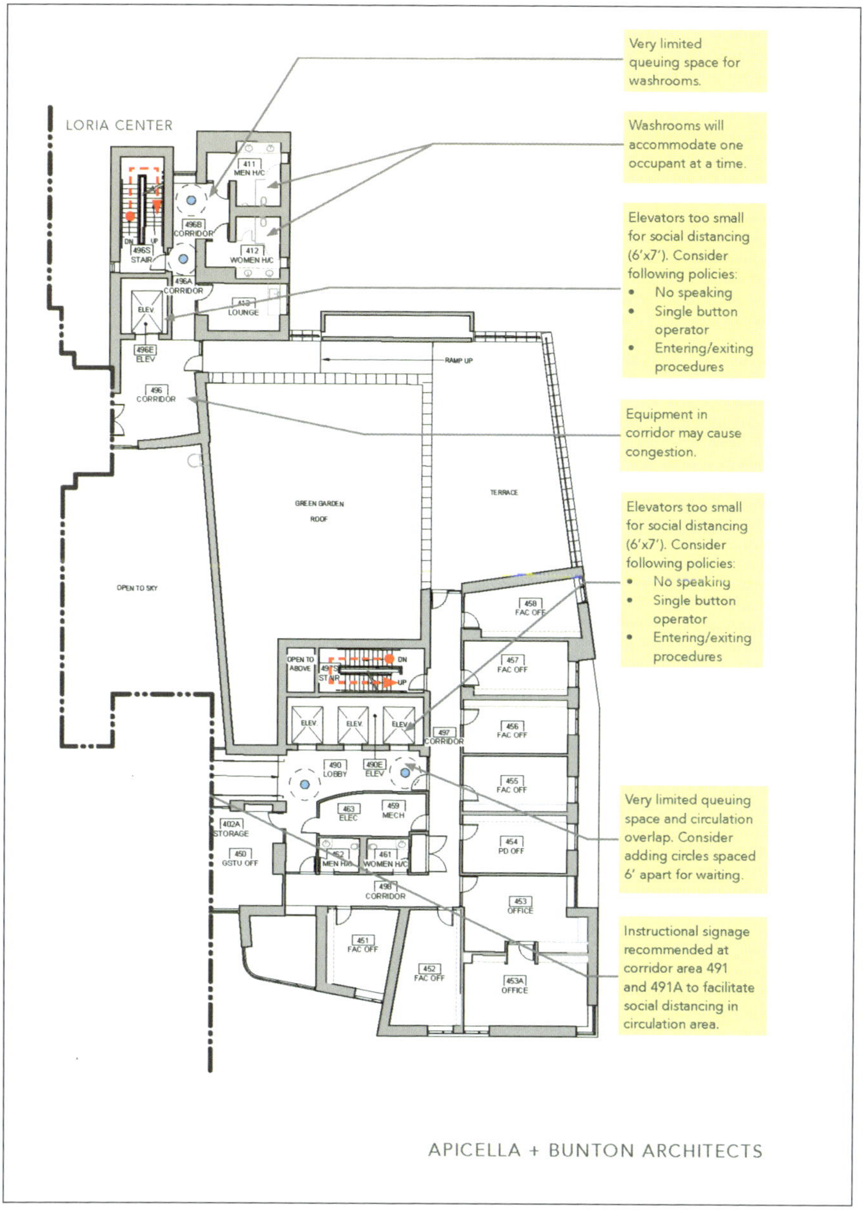
LORIA CENTER
Very limited queuing space for washrooms.
Washrooms will accommodate one occupant at a time.
Elevators too small for social distancing (6'x7'). Consider following policies:
• No speaking
• Single button operator
• Entering/exiting procedures
Equipment in corridor may cause congestion.
Elevators too small for social distancing (6'x7'). Consider following policies:
• No speaking
• Single button operator
• Entering/exiting procedures
Very limited queuing space and circulation overlap. Consider adding circles spaced 6' apart for waiting.
Instructional signage recommended at corridor area 491 and 491A to facilitate social distancing in circulation area.
GREEN GARDEN ROOF
TERRACE
OPEN TO SKY
APICELLA + BUNTON ARCHITECTS

교육, 인증, 그리고 훈련

2.4 EDUCATION, CERTIFICATION AND TRAINING

≫ 기술들은, 스스로, 좀처럼 건축 교육 전체 이야기 혹은 인증을 편리하도록 바꾸지 않는다. 새로운 도구들은 비록 매우 느리더라도 건축 프로세스의 속성을 바꾼다. 그리고 전문직의 지적 인프라들-학교, 전문가 협회, 그리고 면허교부 위원회-은 대응에 더 더디기까지 하다. 지능적인 기계들의 출현과 21세기 디자인의 요구는 이들 기관들에게 건축가들이 훈련받는 방식을 재고再考하도록 요구할 것이다. 건축가들이 인증받는 기준, 그리고 전문직 자체의 지적인 인프라 말이다. ≪

나는 이 점을 주장해 왔는데, 인공지능 시스템이 건축가 작업을 증강시키고 침해할 것 같으면서도, 그 시스템들은 디자이너로서의 우리를 대체할 것 같지는 않다. 역량 그것은 인공 일반 지능artificial general intelligence(AGI)의 발전을 요구할 것이다. 데이터 과학자인 허버트 로이트블랫Herbert Roitblat은 디자인의 '사악한' 문제들을 공략하는 그러한 능력과 인공 일반 지능을 연관시킨다. '진정으로 일반 지능을 얻기 위해서는 컴퓨터들은 자기 자신들의 문제를 정의하고 체계화할 수 있는 능력이 필요할 것이다.'[1]라고 제안하면서 말이다. 그것은 재능 있는 디자이너의 가치를 규정하기에 탁월한 방식이다.

물론, 매일 일어나는 디자인 사업에서 건축가들이 직면하는 많은 문제가 있다. 그것들은 잘 구성되어 있고 떠오르는, 경험주의 기계학습 시스템들에 적합하다. 이것은 점차적으로 사실이 될 것이다. 왜냐하면 기후 변화, 재료의 성능, 혹은 건설의 사회 경제적 역학과 관련한 이슈를 공격하는데 필수적인 건축과 과학적 분야들은 더욱 뒤엉키게 되었기 때문이다. 비록 이러한 이슈들과 함께 건축가들을 도울 수 있는 데이터 의존적인 분석 도구들은 CAD 혹은 BIM과 같은 재현 도구들과는 전혀 다르다. 그것들은 학계와 사무소 양쪽에서 대체로 표현의 도구로 취급되었다. 그 도구들의 부상浮上은 건축의 지적 인프라의 두 양단兩端—학계의 협회와 전문가 협회—은 결과적 함의들에 대한 계획을 세워야 한다는 것을 시사한다.

목적 학습하기 LEARNING OBJECTIVES

우리는 첫째 학계에서 실무를 위해 건축가를 준비하는 사람들 그리고 인증 교과 과정 그리고 궁극적으로 면허교부에 이르게 하는 전문가의 인증을 위해 기준을 설정하는 사람들, 잘 다져진 그리고 경쟁적인 운동장에 대해 언급할 것이다. 건축적 재능의 공급자, 능력의 보증인 그리고 일상의 재능에서의 그 재능의 소비자 간의 쉽지 않은 휴전협정은 기본적인 긴장에 의해 지지되고 있다. 다시 말해 유능한 실무자를 교육한다는 것은 무엇을 의미하는가? 경쟁자들의 입장들을 투박하게 요약하자면, 교육자들은 건축은 문화의 한 형태로 가장 잘 이해될 수 있다고 주장한다. 그리고 그 끝을 달성하는 데 필수적인 디자인 기술들 내에서 학생들을 훈련시키는 것은 어렵고, 시간 소비적이며, 비싸다고 주장한다. 면허교부 보증인들은 공중 보건, 안전, 그리고 복지에 대한 법적 요구의 관점에서 능력을 정의하고 기술적 능력을 첫 번째로 요구한다. 그들은 건축가의 브랜드와 권력을 보호하는 전문가 협회에 의해 강화되며 시장 관련성을 지닌 능력을 향해 나아간다. 한편으로 실무는 그저 배열된 컴퓨터의 뒤쪽 첫 번째 줄에 앉아 그날이 돌아갈 수 있게 해주는 사람들을 원한다.

이러한 서로 경합하는 열망들은 건축가에 대한 요구에 다음과 같은 수단들을 포함하고 있다.

» 교과 과정 그리고 인증 제약조건 (학계 내에서)
» 테스트하기와 경험 그리고 전문교육 계속하기 (면허 당국에 의한)
» 회원권을 위한 자격 그리고 더 지속적인 교육 (전문 협회에 의한)

표준[standards]과 구조[structures]는 약간 다르다. 이러한 합의들은 대체로 영국과 미국에서 동일하다. 그림2.4.1에 집계하였다.

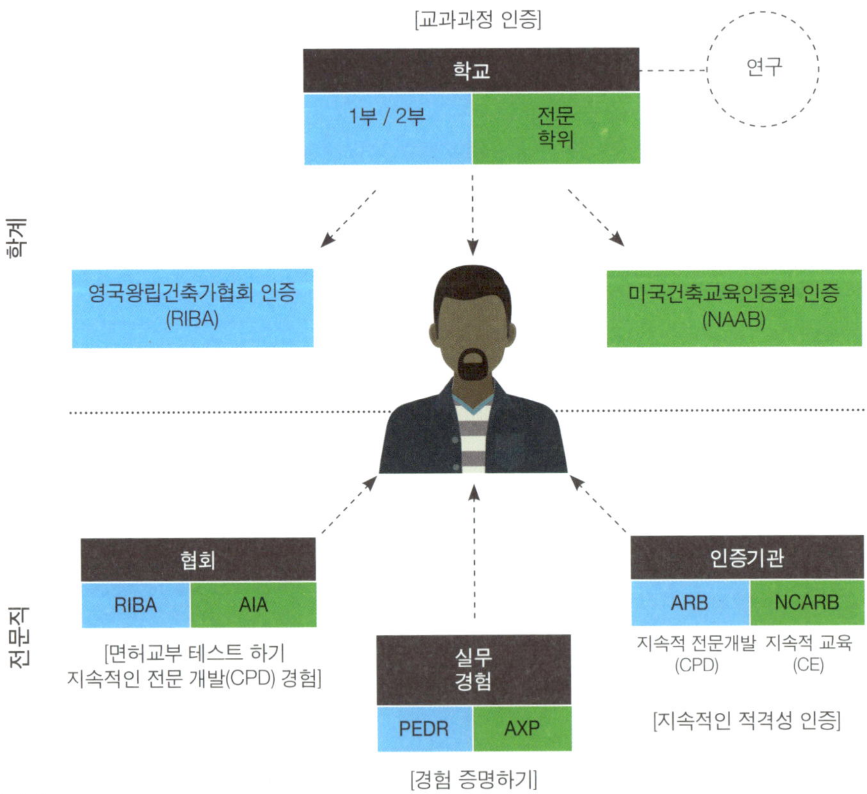

2.4.1:
건축가에 대한 지적 요구

이러한 경쟁하는 거래선들은, 우리의 건축가들을 한가운데 두고, 능력들을 구성하는 것과 그것을 강화하기 위해 사용하는 다른 도구들에 대해 다양한 입장을 취한다. 새로운 기술들의 등장은, 적어도 지금까지, 이러한 입장들을 거의 변화시키지 못했다. 만일 그 등장을 전부 다 합쳐도 말이다. 왜냐하면 그 기술들은 대체로 재현적 목적representational ends(도면들, 모형들)을 위한 기술적 수단들(소프트웨어)이었기 때문이다. 그러나 일단 컴퓨터들이 능력을 증강(혹은 대체)하기 시작하면, 이 위치상에서의 상황은 변화가 필요할 것이다.

도구들의 조건 TERMS OF TOOLS

BIM의 출현은 이러한 비타협적인 태도를 증명한다. 그리고 다가오는 인공지능 시대를 위한 잠재적 교훈을 품고 있다. 그 기술은 2010년경 광범위하게 적용되기 시작하였다. 그때는 소프트웨어가 충분히 무르익고, 기계들은 유능한 때였다. 그리고 영국의 BIM의 의무화UK BIM Mandate와 같은 추진체가 주목받게 되었을 때, 데이터가 풍부한 재현의 새로운 수단을 어떤 방식으로 건축가에게 힘을 부여하고 빌딩 산업을 확대할 수 있는지에 대한 담론이 확산되었다. 초기 학문적 열망은, 그러나, 곧 시들었다. 그리고 몇몇 소프트웨어와 하드웨어서의 막대한 투자에도 불구하고 디자인 교육학은 대체로 변하지 않은 채로 유지되었다.[2] BIM을 대부분 학교에서 마시못해 가르치는 동안, 실무를 위해 학생들을 준비시키는 것은 필요악으로 행해졌다. 그리고 디자인 교육학을 위한 BIM의 적절한 함의에 관한 의미들에 대한 널리 퍼진 연구들은 다소 다뤄지지 않은 영역이다.[3]

디자인 교과 과정에서 BIM에 전적으로 개입하는 것에 대한 무관심은 기술을 오로지 도구 혹은 장비로만 보는 교육자들의 더 큰 편향을 나타내는 것이라고 주장하고 싶다. 비록 그쪽으로 기운 학생들을 위해 특성화된, 대학원 BIM 기술적 학위들이 있다고 하더라도 말이다.[4] BIM이 (디자인을 표현하기 위해 직접적으로 사용되는) '재현적' 도구들의 번잡한 영역에 합류한 이래, 이 소프트웨어는 대체로 형태와 이미지를 만드는 서비스에 배치되어 있다. 이러한 결말은 이해할 만하다. 내가 있는 기관에서, 우리가 말하기 조심스러운 것은 우리는 도구들이 아니라, 원리와 이론을 가르친다는 것이다. 그리고 교과 과정 속에는 도구를 학습하는 것이 학위를 위한 학점으로 귀착될 수 있는 부분들이 없다.[5]

이러한 서먹한 관계는, 그렇지만, 장기적으로는 학생들 또는 전반적으로 전문가 어느 쪽에도 좋은 도움이 되기 어려울 것이다. 그리고 교육자들과 우리 전문직의 다른 선도자들이 현재 지적 노동이 가능한 기계의 출현을 가장 잘 대면하고 있다. 지능적인 기계들이 효율적인 예측과 데이터 관리(CAD, BIM)에서부터 분석, 통찰, 그리고 평가(인공지능/기계학습)로 이동함에 따라, 학계는 두 개의 병렬적인 의무들을 직시해야만 한다.

1. 디자인 통찰의 다른 소스source를 디자인 교육학으로 예시例示하기
2. 데이터 소스를 둘러싼 기초적 연구 제공하기와 새로운 지능적인 장비들이 요구하는 것 사용하기

이 두 가지 목적들은 자기 강화적self-reinforcing이다. 즉 디자인 사업에 적정한 조건의 지능적인 디지털 능력을 배치함으로써, 학계는 시장에서 조건들을 활용하기 위한 방향을 설정할 수 있다.

여기서 스스로 사물들을 설계하는 알고리즘의 발전과 지원역할을 제공하는 알고리즘의 발전 차이를 명시하는 것이 중요하다. 우리는 '동료가 아니라 도구'가 필요하다는 앞서 주장에 동의한다면, 건축/기계학습 결합 현상nexus에서 오늘날 가장 흥미로운 연구 중의 몇몇은 빌딩계획 혹은 실의 배치의 알고리즘적 생성으로부터 우리가 배울 수 있는 것을 살펴본다. 하버드 디자인대학원의 스타니슬라스 차일로우Stanislas Chaillou의 연구와 같은 것 말이다. (그림2.4.2를 보라.)

이 작업은 빌딩 구성 혹은 최적화에 대한 통찰을 산출할 수도 있다는 점에서 중요하다. 그것은 디자이너에게 문제들을 다른 관점에서 볼 수 있도록 해준다. 그러나 그것이 그러한 동일한 문제들을 해결하지는 않는다. 스튜어트 러셀Stuart Russell은 '... 인공지능 연구는 의사결정을 하는 데 더 나은 시스템에 초점을 맞추고 있다. 그러나 그것이 더 나은 의사결정을 하는 것과 동일한 것은 아니라고'[7] 말한다. 게다가 이 연구는 디자인 작품에 대한 체계화되고, 과학적이며, 기술적인 의문과 평가가 점점 더 요구될 세계에서 가장 즉각적으로 사용될 것 같지는 않다.

최종적으로, 최근 대학원생들은 실무에 종종 새로운 기술들과 방법들을 도입한다. 거기에서 기술적 지연은 보수적인 작업 프로세스, 장기간의 프로젝트 스케줄, 수행비용과 낮은 이익률로 작용한다. 만약 건축에 대한 인공지능 전략들이 학계에서 배양될 수 있다면, 아마도 그 전략들은 가장 기술적으로 적응된 새로운 직원에 의해 정규적 실무에 실행될 수 있을 것이다.

전문가의 특권들, 인증과 요구 PROFESSIONAL PREROGATIVES, CERTIFICATIONS AND DEMANDS

학교를 졸업하며, 우리의 미래 건축가는 전문직과 전문직의 독특한 주인들, 즉 등록기관, 전문 협회와 인증원의 영역으로 진입한다. 이 기관들은 능력을 인증하는 역할, 그리고 그것을 위해 전문 건축가가 소유하여야 할 지식과 기술들을 정의하는 두 가지 역할을 한다. 그렇지만 그곳에서 기술은 예전에는 (인증기관에게 그다지 연결되지 않는) 지속적인 손 글씨 쓰기와 도면에 선 긋기 혹은 심지어 CAD 도면에서 콜아웃callouts을 적절하게 조율하기와 같은 평범한 의무들에 대한 건축가의 의무를 경감시켜주었다. 기술의 역할은 지식의 분배와 생성, 양 측면에서 좀 더 조심스러운 주의력으로 그려야 하는 디자인 프로세스를 지원하는 것이다.

2.4.2:
인공지능 기반 평면 생성

미국에서, 미국건축사등록원은 54개의 미국 관할권들의 허가기관들로 구성된 조직이다. 그것은 건축 등록을 위한 인증표준을 설정한다. 건축학교의 인증원에도 영향을 미치는 것뿐만 아니라, 테스트와 경험 표준experience standards을 수립하기 위한 기관들의 프로토콜 중 일부로서, 그 기관들은 '최근의 졸업자와 면허 취득자들이 숙달하는 것은, 학교에 있든 혹은 그렇지 않든 상관없이, 필수적인 실무 건축가와 교육자들이 신용하는 기량이 무엇인지를 알아보기 위해 건축에 대한 실무분석Practice Analysis of Architecture'을 준비한다. 2012년조차도, 최종 분석이 완료된 그해(그림2.4.3을 보라), 만일 오로지 다양한 (도면과 같은) 표현 목적으로 향한다면, 기술적 스킬은 능력이 있는 것으로 보이는 데에 필수적이었다.

우리가 2020년 분석을 기다리는 동안, 2032년 분석은 인공지능 응용프로그램들에 관한 지식과 스킬들이 포함되리라 추정하는 것은 믿을 만하다. 그리고 능력들에 관한 전반적인 요약은 오늘날 건축가들의 특정 기능들, 특히 빌딩 과학building science과 관련된 기능들이 기계에 의해 수행될 것이며, 건축가들에 의해 관리되고 프로젝트 프로세스로 통합될 것이라는 생각을 반영할 것이다.

2.4.3:
미국 건축사 등록원 기술과 관련된 지식/스킬 2012 실무 분석[8]

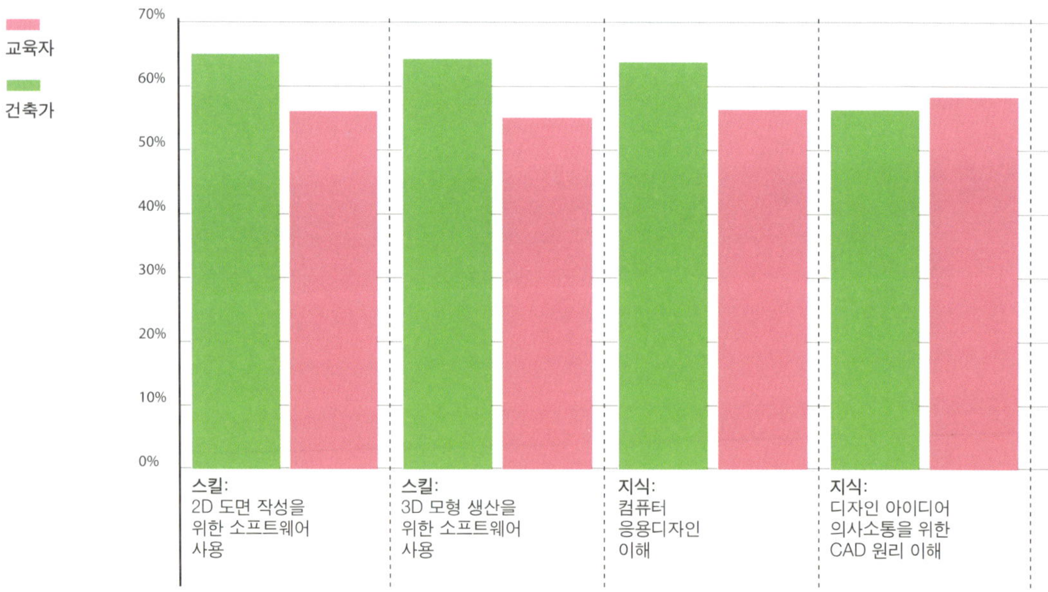

영국 국가 레벨2 BIM 표준UK National Level2 BIM Standard의 교훈은, 그것은 정보 산출outputs과 BIM에 의해 동력을 얻은 디자인 프로세스의 성능 수준 두 가지를 규정한다, 교육적일 수 있다.[9] 그것은 산업 컨소시엄에서 창조되었고 영국-유일한 템플릿(PAS 1192[1]) 에서부터 국제표준(ISO 19650)으로 진화하였다. 영국에서 몇몇 실무자들은 BIM으로 작업하는 것을 피할 수도 있지만, 정부 기금 프로젝트는 수많은 산업 프로젝트들을 위해 BIM을 요구한다. 그리고 그것은 기법과 데이터 전략이, 유능한 실무자에게 기대되는, 전문적 유지관리care의 표준으로 구체적인 예로서 등장하게 되리라는 것은 시간의 문제다.

레벨2 표준Level 2 standard은 더 큰 산업 전략을 기반으로 한다. 그 전략은 건설과 영국 건설 경쟁력을 전 지구적으로 향상시키고, 건설의 기후 영향을 감소시킬 뿐만 아니라, 정부 건물을 더 효율적으로 만들기 위한 국가 경제 정책agenda의 일부로서 영국 내각 사무처 Cabinet Office에 의해 수립되었다.[10] 결과적인 기술 요구사항들은 그러한 목적을 지향하는 프로세스와 생산량을 규정하고 정보 전략의 중요성을 알리기 위해 고안되었다.

> *≫ 빌딩 정보 모델링을 이용한 정보관리는 건조환경에 걸쳐 점점 더 혁신적인 작업방식들을 촉진함으로써 수행과 성능효율 면에서 극적인 개선을 가능하게 할 수 있다. 정보 기반 산업은, 이 접근법은 더 나은 전략적 결정들을 지원하는 데 도움이 되고 있다, 더 나은 리스크 관리를 통해 개선된 예측 가능성을 향상시켰다. 그리고 — 연착륙 방법론(이 지침의 부록 B)과 겹쳐질 때 — 운영적 성과물들의 확실성과 개선된 학습으로 이끌 수 있다.[11] ≪*

전문 인증기관들certifiers — 면허 자격, 테스트, 경험과 지속적인 전문적 개발 — 의 도구들을 위한 특별한 함의들은 떠오르는 실무 표준들과 유지관리의 의무들로부터 유기적으로, 그리고 기술적 목표와 합의된 목적들로부터 표준 사용을 설정한 레벨2 BIM과 같은 산업간 활동들로부터 전략적으로 두 가지 측면에서 도출되어야 한다.

이것은 기계 지능의 사용을 제정하는 데 있어서 인증자의 가장 중요한 역할은 인공지능의 지원을 받는 건축 실무의 특별하고 독특한 요구조건들을 결정하거나 혹은 조정하는 것에서가 아니라 오히려, 가장 중요한 목표와 이러한 새로운 시스템들의 사용을 최우선시할 수 있는, 더 큰 산업 협력자들과의 협력으로부터 기인하여야 한다는 것을 시사한다. 이러한 접근법은 단지 바람직하기만 한 것이 아니라 필수적일 것이다. 그것을 감안하면, 그 사용 덕택에 데이터를 생성하는 BIM 도구들과는 달리, 인공지능/기계학습 시스템들은 훈련과 최적화를 위해서 크고 잘 조율된 데이터 세트들을 요구한다. 그리고 그러한 데이터들은 전체 수행 사슬delivery chain에 걸쳐 이바지할 때 가장 유용하다. 인증기관들이 요구하는 의무들을 훈련시키는 것은 전문가들에 대한 요구조건으로서만 봉사하는 것이 아니라, 마찬가지로 기계학습 시스템들을 위해 봉사하는 것이기도 하다.

영국 왕립 건축가협회 혹은 미국 건축사협회와 같은 전문가협회는 회원가입을 위한 인증에 대한 아이디어가 더 모호하다. 그것 자체로 고려사항들은 우선 회원들이 시장에서 신임을 얻고 있다는 것을 보증하도록 설계되었다. 지속적인 전문가 개발 요구조건Continuing professional development requirements은 오로지 회원인 건축가들에게 폭넓은 범위의 기술적이고 전문적인 관심사들에, 정기적으로 노출되도록 요구한다. (예를 들어 미국에서의 '보건, 안전, 복지'와 같은) 일반적인 범주들과 수 시간의 참석을 명기하고 있다. 앞으로 10년간, 건축 의뢰인들은 자신들의 사업 혹은 정부 운영에서 인공지능을 기반으로 하는 프로세스에 의존함으로써, 그러한 의뢰인들은 자신들의 건축가들에 동일한 것을 요구할 것이다. 그리고 전문교육과 지속적 전문 개발 인증은 고객 기반 요구를 분명히 수행한다.

통찰이 필요한 긴급한 문제들 PRESSING PROBLEMS OF INSIGHT

시장市場은 현재 탄소와 기후 변화 문제로 건설 산업을 압박하고 있다. 그리고 그 과제는 우리에게 건축의 학문적・전문가적 플랫폼들이 기계 지능의 시대에 어떻게 대응할 수 있을지를 분석하기에 좋은 기회를 제공한다. 다음의 시나리오를 상상해 보라.

2032년 법무부는 웨스트민스터에 새로운 본부건물을 위한 제안 요청서를 발행하였다. 그 프로젝트는 ISO 19650의 최근 업데이트, 소위 '지능적 레벨 3 BIMIntelligent Level 3 BIM' 책무를 고수한다. 그리고 책임을 수반하는 환경 디자인 속에는 최상의 실무practices를 반영하고 있다. 거기에 프로젝트는 탄소 중립이 될 것이며, 적어도 500개의 건설 직업들을 생성하고, 노동현장과 자재 영업에서 현대판 노예의 징후가 없다는 것에 대한 인증을 포함한다.

왕립 건축가협회RIBA, 건축사등록협회ARB, 그리고 케임브리지, 리버풀, 맨체스터를 포함하는 컨소시엄과 건축협회가 참여하는 가운데, 영국건설협회는 내재탄소embodied carbon[2]와 노동 공급 사슬에 대한 평가를 위한 인공지능 플랫폼들의 보충을 인증해왔다. 그 시스템들은, 컨소시엄에서의 연구를 토대로, '영국의 실리콘 밸리'라고 불리는 M4 회랑M4 Corridor[3]에 위치한 몇몇 회사들에 의해 구축되었고, 영국의 전 지구 디자인과 건설 산업UK's global design and construction industry의해 제공된 데이터로 2026년에 인프라프로젝트관리청Infrastructure and Projects Authority에 의해 창설되고 조직・관리되고 있는, 국가 건설 데이터 신탁National Building Data Trust으로 훈련되었다.

제안요청서Request for Proposal, RFP에는 제출하는 건축가는 레벨 3 성과를 위해 기계 데이터 분석에서 인증받은 왕립 건축가협회의 소속이어야 하고, 기후, 경제적, 노동 성능 준수를 위해 제시된 계획을 평가하는 인공지능 플랫폼들을 적절히 사용할 수 있어야 한다고 규정하고 있다. 또한 팀은 기후 변화 모델링과 공급 사슬 관리 평가 분야에서 건축사 등록협회ARB에 의해 창설된 최근에 승인된 특수 전문 라이선스 인증SPLC(Speciality Professional Licence Certification)에 등록된 최소 2명의 건축가를 포함하여야 한다. 리즈Leeds와 리버풀Liverpool 소속의 몇몇 대학원생 후보자들은 이러한 특별한 등록을 준비해 왔고

그리고 등록하였다.

전문 라이선스 인증SPLC 프로그램은, 그 지명을 위한 책무들에서 환경적 그리고 노동 평등을 포함하는, 영국 보건안전청Health and Safety Executive에 의해 2029년에 규정된 수석 디자이너Principal Designer에 대한 새로운 정의와 협력하여 창조되었다. 많은 회사가 두 개의 인공지능 플랫폼들 즉 smartTALLY(그림2.4.4)와 buildFRDM(그림2.4.5)을 실험해 오고 있다. 그 플랫폼들은 내재 탄소와 강제 노동에 대한 레벨3 BIM 계획을 평가한다. 그리고 디자인 결정과 전략들에 대한 정보를 수집하고 있으며, 국가 건설 데이터 신탁National Building Date Trust에 이바지하고 있다. 영국 보건 안전청은 더 나아가 300제곱미터 이상의 인간 거주를 위한 프로젝트들은 면허를 득한 건축가인 선정된 수석 디자이너를 배치해야 한다고 명기하고 있다. 국가의 건설/디자인 관리자들을—그들 중 누구도 데이터 구동 디자인 방법들에서 인증받지 않았다—경악하게 하며 하면서 말이다.

확실히 이러한 장밋빛 시나리오가 전제하고 있는 것은 우리의 전문직은 전대미문의 방식으로 세 가지 결말을 완성하며 스스로를 조직하고 있다는 것이다.

1. 핵심석인 사회적 도전들에 관한 전략적 집중
2. 그 집중을 실행하는 서비스에서 기술의 지능적인 배치
3. 학계, 전문직 그리고 이러한 결말을 지향하는 협력에 사용되는 기술적 자원들의 통합

이러한 상황에서, 인공지능 기술은 단지 유용한 도구가 아니라 표준, 관계, 프로세스의 변화에서 더 중요하게는 촉매제이다. 그리고 21세기 디자인과 빌딩에 적합한 기술 속에 교육, 인증, 그리고 후속 전문가 훈련을 통합시키기 위한 기회이다.

2.4.4:
TALLY 탄소 BIM 평가도구
레빗의 디지털 개념 디자인으로부터 산출한 빌딩자재들 속의 내재탄소를 평가한다.

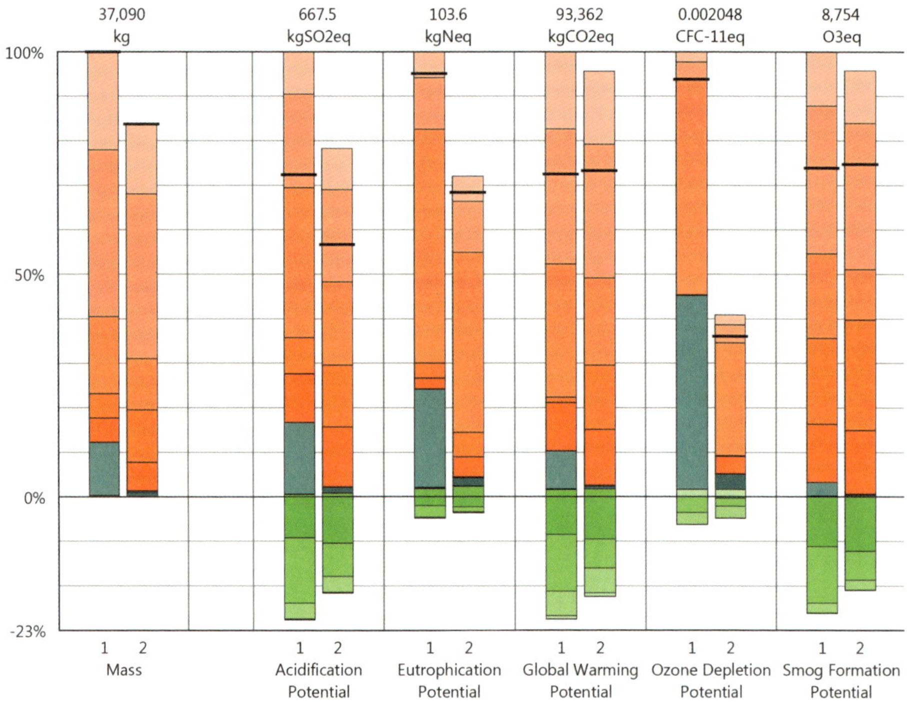

옵션 1: 골이진 지붕널 피복금속 (CORRUGATED SHINGLE CLADDING)

옵션 2: 반투명 패널 피복금속(선정) (TRANSLUCENT PANEL CLADDING)

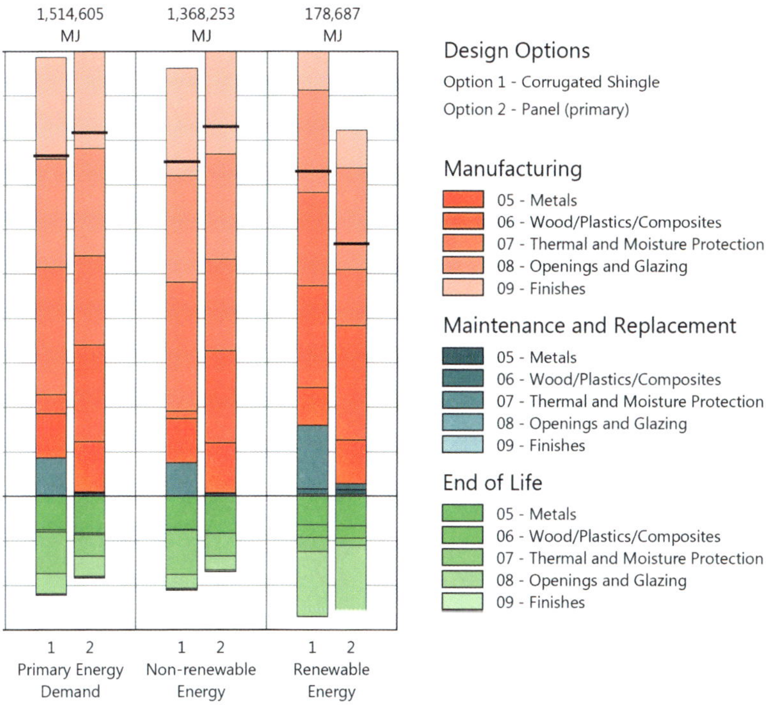

생애주기 단계별 결과들, CSI 분류표준[4]에 의한 항목 분류

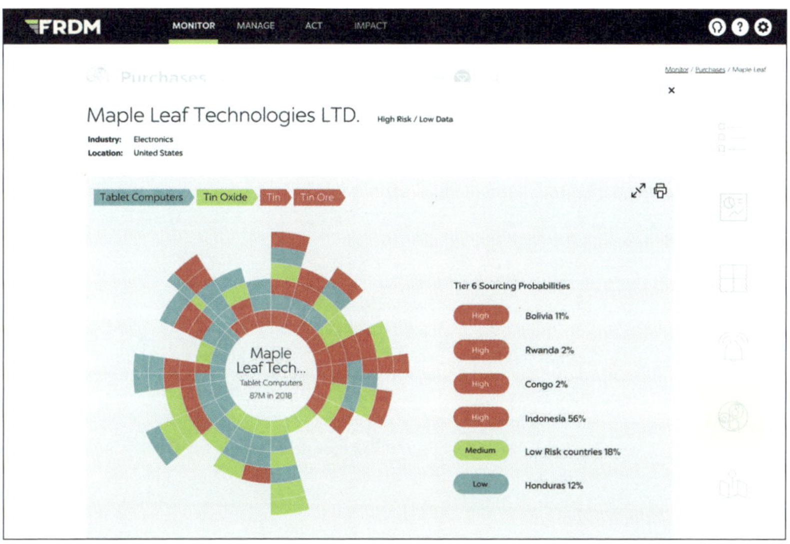

2.4.5:
FRDM, 제조업 공급 사슬에서 강제 노동을 색출하기 위한 인공지능 기반 도구

03
RESULTS

≫ 오늘날 컴퓨터들의 가속화하고 있는 저장 및 프로세싱 능력들이 기계 지능을 활성화시키고 있다. 그 결과 그러한 능력들은 디자인에 기하급수적으로 더욱 정밀하고 통찰력 있는 프로토콜의 잠재력을 가져다주었다. 컴퓨터들(그리고, 누군가 희망하는, 컴퓨터들의 인간 소유자들)은 건물의 미래 단계를 추측하는 것뿐만 아니라 건물의 거동을 예측하는 데에도 훨씬 더 능숙해질 것이다. ≪

디자인의 목적

3.1 THE OBJECTIVES OF DESIGN

≫ 건설 산업에서 인공지능 도구들과 '빅데이터'로 인한 필연적 부가물은 내일의 건축가들에게 프로젝트의 '디자인 의도'를 정의하는 자신들의 의무에 대한 고전적 정의를 재검토하도록 이의를 제기할 것이라는 점이다. 이 단계에서 건축가들은 -건설과 최종적으로 빌딩 운영을 위한- 자신들의 아이디어 중 많은 것들을 타자에 의해 해소되고 개선되도록 남겨둔다. 인공지능 도구들은 디자인의 정밀성을 증강하기 위해 데이터로 구동되는 증거의 사용을 가속화할 것으로 보인다. 건축가에게 프로젝트 수행의 많은 차원에 걸쳐 프로젝트 성능에 대해 더 많이 이해할 수 있도록 해주고, 그 결과들을 예측하면서 말이다. 전문직은 이러한 기회들을 전문직의 정체성에 대한 이점으로 볼 것인지 혹은 위협으로 볼 것인지에 대해 결정할 수 있다. ≪

알베르티Leon Battista Alberti가 건축가의 건물 디자인을 '건물들은 마음속에 그려져야 하고, 선과 각으로 이루어져야 하며, 학구적인 정신과 상상력으로 완성되어야 한다.'[1]고 정의하였을 때, 그는 그러한 책무들을 미래 상태에 대한 추상적 전망에 집중하였다. 그것은, 카르포Mario Carpo에 따르자면, 건축가의 '충분한 조언과 명료한 도면' 덕분에 아이디어에서부터 구체적 결과로 해석되었다.[2] 카르포는 알베르티의 말을 전하며, 덧붙여 설명하고 있다.

> ≫ 디자이너들은 첫째 도면들이 필요하다. 그리고 건물에 대한 아이디어를 탐색, 육성, 발전시키기 위해 모형들이 필요하다. ... (그러한) 모형들은 또한 전문가들과 상담하고 그들의 조언을 구하는 데 사용되어야 한다. 다시 말해 수정, 교정, 그리고 새로운 버전들은 축적되고, 시간이 흐름에 따라 디자인은 변한다. 즉 전체 프로젝트는 검토되어야 하고, 그리고 재검토되어야 한다. ... 최종적인, 그리고 결정적인 버전은 각 부분이 그처럼 철저하게 조사될 때 얻어진다. 더 많은 추가, 삭제, 혹은 변경은 더 나쁘게 될 수 있다.[3] ≪

카르포의 해석에서 우리는 세 개의 중요한 건축적 단계들을 발견한다.

1. 아이디어를 기억하기 위해, 모형과 도면의 형식으로, 추상화를 이용하는 것.
2. 디자인을 완성하는 데 있어서 외부 전문가의 협력, 그렇게 함으로써 건설에 적합할 수 있다.
3. 프로젝트를 개선하기 위해, 더 나은 방향으로 조정될 가능성이 없을 때까지, 지속적으로 상호작용하면서 디자인하기[4]

오늘날의 건축가들은, 다양한 디지털 장비들로 보강된, 동일한 접근방식을 많이 사용한다. 그러나 그러한 도구들이 디자인 에이전트agents가 된다면 어떤 일이 일어날까?

인공지능 구동 디자이너 THE AI-ENABLED DESIGNER

건축가는, 어떤 이는 오늘날 BIM의 논리적 계승자들이 될 것으로 희망하는 플랫폼들을 모델링하는데 있어서 해결방안resolution, 정밀성, 그리고 유동성에 상당한 진전이 이루어짐에 따라, 말하자면, 2030년까지 마음대로 사용할 수 있는 인공지능 구동 도구들이 보충된다고 가정해 보자. 한편 미래의 어느 때, 내가 빌딩을 구성하는 복잡한 상호작용들을 추론적으로 판단할 수 있는 '인식적cognitive' 인공지능 플랫폼으로 묘사하였던 것에 개념적 혁신이 이루어질 수 있다고 한다면, 2030년까지 우리는 오늘날의 언어와 게임 플레이 소프트웨어와 같은, 예를 들자면 GPT-3 혹은 알파고AlphaGo,[5] '부정할 수 없이 한결같이 성공적인'[6] 플랫폼들의 유용한 건축적 버전들의 순간에 있다고 가정해 보자. 그러한 시스템들은 모델링/재현 플랫폼들 그리고 그 플랫폼들의 데이터와 밀접하게 관련이 있을 것이다. 그리고 그 시스템들은 공학 시스템들 즉 라이다LIDAR 혹은 지리 정보 시스템GIS으로부터 확보한 맥락에 대한 실제 데이터 모음, 계약자들로부터 얻은 프로세스와 결과들을 설명하는 건설관리 소스들, 그리고 센서로 작동되는 빌딩 관리와 제어 시스템들에 의해 통제되는 기존 프로젝트들로부터 획득한 빌딩 운영 데이터들로 훈련을 받을 것이다. 이들 시스템은, 건축가가 몇 가지 통찰 혹은 분석을 요구할 때 나타나는, 건축가의 프로세스의 배후에서 작동하는 반半 자동적인 클라우드 기반 에이전트[1]일 것 같다.

무엇이 새로운 일단의 인공지능으로 힘이 강화된 도구들을 구성할 것인지를 예측하는 것은 불가능하다. 표3.1.1은 자율적 인공지능 기반 도구들의 잠재적 미래에 대한 밑그림을 그리기 위해 고안된 몇 가지 이론적인speculative 제안들을 요약하고 있다. 특히 이 목록에 없는 도구들은, 아마도 마지막 항목을 제외하고, 프로젝트를 위한 (어떤 특정 규모에서) 전체 디자인 해법들을 생성하는 업무가 주어진 시스템들일 것이다. 이 책의 핵심 주제는 그러한 시스템들이 머지않은 미래에는 유용하지—조금이라도—않으리라는 것이다. 그 시스템들은 유용한 통찰을 제공할 것 같지도 않고 건축가들에게는 불필요한 존재적 위협을 보여준다. 세계는 이미 많은 완전하지 않거나 혹은 거의 유용하지도 않은 건물들로 채워져 있다. 즉 심지어 단순한 건물들까지 가능한 디자인 생성자generator의 창조는 의도하지도 않았고 전문직에게는 유쾌하지 않은 결말인 것 같다. 그리고 그토록 많은 다른 기회들과 더불어, 에너지를 다른 곳에 집중하는 것이 가장 좋다. 즉 디자인과 건물의 성능과 결과를 향상시키는 디자인 프로세스를 증강하는 것 말이다.[7]

디자인의 세 가지 새로운 차원들 THREE NEW DIMENSIONS OF DESIGN

이러한 인공지능 사례들은 디자인 프로세스에 관한 알베르티의 구성요소들—재현,representation 반복,iteration 전문적 지식expertise—이 디자이너의 핵심 역할을 증강하는 (그렇지만 대체하지는 않는) 지능적인 시스템으로 변형되리라는 것을 시사한다. 첫째, 현재 우리의 데이터 풍요의 세계에서 이미 보아온 바와 같이, 인공지능 시스템들의 예측적이고 분석적인 힘과 결합된 디지털 형식으로 된 정보의 확장된 능력은 디자인 의사결정을 훨씬 더 명확하게 지원하는 데 있어서 증거의 역할을 할 것이다. 한편으로, 앞서 주장한 바와 같이, 디자인 의사결정들의 신뢰성은 (짐작하건대) 주로 건전한 판단과 경험이 많은 건축가의 직관으로부터 나오지만,[8] 그러한 판단들은, 적어도 어느 정도는, 증거와 그 판단들을 뒷받침하기 위한 분석으로 구체화 될 필요가 있을 것이다. 건조환경은 전통적으로 모호하고 이질적인 데이터 세트들의 모음을 배출해왔다. 그러나 그 모음 내에서 패턴들을 추측하고 이해하는 인공지능 시스템의 능력은 건축가들에게 그러한 증거들을 생성하고 지렛대로 삼을 기회를 제공한다. 그리고 오늘날 많은 의뢰인은 자신들의 사업을 운영하기 위해 인공지능 데이터 시스템에 의존하기 때문에, 건축가들에게 디자인을 형성하는 의사결정들을 입증하는 것에서 동일한 방식으로 하기를 기대할 것이다.

인공지능 기반 도구	능력	훈련 데이터
조닝 및 계획 분석자	프로젝트의 특징 계획과 조닝 제약조건들의에 대한 적합성 평가	계획 법규, 다양한 사례들의 기록, 유사 관할권 내의 기존 건물들
빌딩 법규 검토자	건물/생애 안전 성능에 적합한 떠오르는 계획 체크	표준 법규와 지역의 수행, 다른 사례들로부터 얻은 적합한 배치 사례들
공간 코디네이터	충돌들이 문제가 될 만한 때를 이해하면서 빌딩 요소들에 대한 3차원적 조정	현재 디자인 계획 및 다른 프로젝트의 계획에서 충돌 플래넘과 다른 공간 내에서 적절하면서도 문제가 될 만한 간섭들
탄소 영향 계산자	디자인으로 생성 및 구현된 탄소 계산	에너지 및 탄소 계산 표준 및 다른 프로젝트의 기록 공급사슬 및 자재 데이터베이스
수단과 방법 평가자	디자인 기간 동안 실행가능성을 테스트하기 위한 주어진 빌딩 요소들을 구축하는데 필수적이 건설간응성 / 순소와 절차 조사	건설 절차 건설자 및 제품 시스템 제조업자들의 정보건설 시뮬레이션 자동시별시스템(AIS)
제품 추천 및 명세서 생성자	특성 조사 가능한 자재들 및 제품 추천 필수적인 명세서 조정	과거의 프로젝트 기록들 자재 및 명세서 데이터베이스 제품 조립 정보 공급 사슬 가용성 데이터
비용 감시자	적정 수준의 해결방안[9]에서 건설 및 운영 비용 전망	공급자들과 과거 프로젝트들의 건설비용 데이터 데이터 기존 프로젝트들의 빌딩운영 데이터
공급 사슬 가용성 조사	제품 추천자와 함께 작업 가용성, 비용 강조 노동 문제를 포함한 제품 선정의 공급 사슬 제약조건 평가	제조와 공급 유통 선적 및 적하 목록들 인증 데이터 지역적 상황 내의 노동 표준 입력들 과거 프로젝트의 모형들
개략적인 문제 해결자	디자이너의 매개변수 세트를 토대로 한 주어진 디자인 문제에 대한 생성 성능과 목적에 적합한 수단 제공	디자인 모형들 혹은 기존 건물들 내의 유사 환경 사례들

3.1.1:
미래의
인공지능 기반
도구들

알베르티는 건축가는 건설자가 물리적으로 재현하도록 철저하게 준비된 디자인을 생산하여야 한다고 주장한다. 디자인 프로세스의 마지막 순간을, 카르포는 다음과 같이 해석하고 있다.

> ≫ *이것은 모든 수정과 최종 청사진(최근까지 우리가 말하려고 해왔던 것과 같이, 문자 그대로 그리고 비유적으로)을 건실자에게 건넬 때이다. 그때부터, 더 이상 변화가 일어나지 않을 수도 있다. 디자이너들에게 더 이상 자신의 마음을 바꾸는 것이 허용되지 않는다. 그리고 건설자들에게 디자인 문제에 대한 의견을 가지는 것을 기대할 수 없다. 그들은 디자인되고 기록되어 있는 그대로 건물을 지어야 한다.*[10] ≪

모든 사물 디자인과 건설의 핵심 저장소이자 모든 것을 결정하는 의사결정자인, 브루넬레스키Filippo Brunelleschi와 같은 유형의 마스터 빌더Master Builder는 완전한, 불변의, 그리고 명료하게 묘사된 아이디어들의 생성자인 건축가에게는 수긍한다.

그렇다면 좋을 텐데, 계몽의 열망과 현대 건설의 현실 간에는 심각한 불일치가 존재한다. 그곳에서 디자인 문서들design documents은 빈번한 다툼의 원천이다. 그리고 건축가는 더 나은 통제의 미명하에 계약업체의 보조 상담자로 물러난다. 반면에 건설자는 디자인에 대한 의견이 없지만, 디자인을 통제한다. 그러나 인공지능의 출현은 건축가에게 이러한 차이에 종지부를 찍고 디자인과 건설 간의 관계는, 더 큰 통제가 아니라면, 충실도를 높이면서 디자인 아이디어를 실현하는 흥미로운 기회를 제공한다.

만일 특정 업무들에 집중하는 인공지능 시스템들로부터 이익을 얻게 된다면, 마찬가지로 건설 분야에 있는 우리의 동료들은 그 분야에서 로봇공학과 디지털적으로 구동되는 메커니즘들의 산업화된 방법들을 통해 건설 측면들을 자동화하는 인공지능 구동 시스템들의 도움으로 유사한 진전을 이루게 될 것으로 보인다. 놀랄만한 체스를 두는 인공지능은, 예를 들어, 커튼월을 설치하는 로봇을 제어하는 다른 목적을 갖게 될 것 같다. 그렇게 함으로써 건축가들이 종종 결여하고 있다고 비난받는 건설building에 관한 절차적 지식procedural knowledge[2]들은 디지털적으로 구체적 예로 나타날 수 있고 그 디자인의 효용성에 대한 평가/성능의 척도로서 지식에 접근할 수 있게 될 것이다.[11] 인공지능과 '마음과 상상력'을 공유하며, 건축가들은, 그것이 어떤 방식으로 건설되는지에 대한, 실질적으로 새로운 접근 가능한 이해를 통해 디자인을 완벽하게 할 수 있다.

최종적으로, 인공지능 시스템들의 예측력과 결합하여 증거를 적절히 활용하는 것은 성능을 현대적인 디자인 프로세스와 그 결과물들deliverables을 크게 객관적으로 만들 것이다. 오늘날 건축가들은 '내재적implicit' 성능으로 특징지을 수 있는 방식으로 작동한다. 즉 우리의 작업 프로세스는, 일단 완성되면 특정 목적이 달성되기를 희망하는, 오브제(건물)가 되는 물리적 가공품들(도면들)을 생산하기 위해 조직되고 조정된다. 그리고 그러한 목적들은 거의 명시적으로 측정할 수 있는 목적 혹은 성과들로 정의되지 않는다. 디자인 프로세스들 속에서 내재적인 것은 그러한 목적들이 이루어질 것이라는 가망可望들이다. 비용들은 적정하며, 문서들은 스케줄에 맞추어 완료되고, 자재들은 적절히 지정되고, 법규들에 적합하리라는 것 말이다. 동시에 결과적 건물들은 자원들을 소비하고 탄소를 배출하며 정기적인 유지와 직원 배치를 필요로 하며, 사람과 자재들의 순환을 조직한다. 그리고 가장 중요하게는 건물 소유주들의 목적을 위한 플랫폼을 창조한다. 즉 학생들은 배우고, 환자들은 치료하며, 상품들을 판매하는 것 말이다. 결과적 건물들은 환경, 경제적 건전성,economic health 건물들이 위치한 지역locale의 사회적 구조fabric에 기여한다(혹은 손상시킨다). 인공지능 시스템들은 건조환경으로부터 파생된 데이터들을 학습하기 때문에, 그리고 예측적 인공지능 시스템들 내의 이러한 특성모형characteristics model의 범위에서, 건축가들은 결과적 시뮬레이션 덕택에, 선험적인 것a priori을 증명하며, 개선된 목적을 지향하는 프로젝트들을 '명시적으로' 디자인하는 능력을 획득한다, 그러한 성과들은 디자인 그 자체의 결과이다. 그리고 가장 빠른 기회들은 (표3.1.1에서 제시한 바와 같은) 좀 더 제한적인 기술적 속성일 수도 있지만, 한편으로, 더 정교화된 시스템들은 더 크고 더 복잡한 맥락들을 모형으로 만들고 평가할 것이다.

이러한 예측력은 아마도 디자인 프로세스에 대한 인공지능의 가장 중요한 의미일 것이다. 인공지능 기술들은, 그리고 그 기술을 훈련하는데 필수적인 빌딩 산업 데이터는, 2030년까지 대규모 공급이 이루어질 것으로 보인다. 사업에서의 인공지능 실행implementation에 대한 최근의 분석에 따르면, 예측은, '당신이 종종 "데이터"라고 불러왔던 정보를 취하여, 당신이 갖지 못한 정보를 생성하기 위해 그것을 사용하는 것'[12] 이다. '당신이 갖지 못한 정보'가 오늘날 건설 산업의 슬로건일지도 모른다.

알베르티의 디자인 프로토콜 타파하기 BREAKING FROM ALBERTI'S DESIGN PROTOCOLS

전문지식의 재현,represention 반복,iteration 그리고 예시화instantiation라는 알베르티의 디자인 프로토콜은 최초 몇 번의 기술적 물결에 의해, BIM을 포함하여, 극적으로 변화하지 않았다. 재현(표현)은 여전히 도면의 창조가 핵심이다. 그리고 결과적 정보의 많은 부분이 이제는 디지털적인 반면, 그것이 -외부의 전문가 컨설턴트들에 의해 알게 된 반복 수정에 의해- 생성되는 수단은 정확히 1450년에 (알베르티가) 주장했던 것과 동일하게 오늘날에도 존재한다. 디지털 도구라는 제3의 물결은, 지능적인 컴퓨터 연산에 의해 구동된다, 이러한 전통들을 따르겠지만, 극적으로 타파할 것이다.

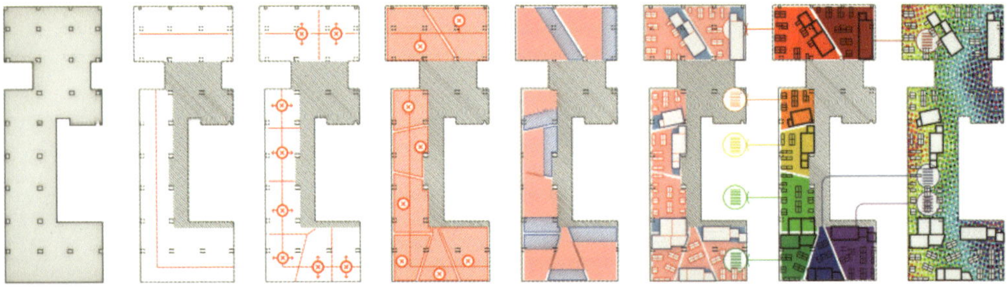

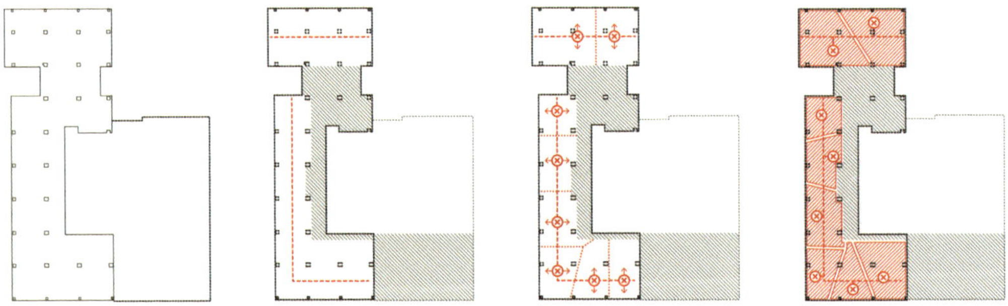

⓪ 초기조건

① 수정된 / 비 생성적 존과 근린을 조직하기 위한 중심 척수의 정의

② 다양한 수의 근린들은 척수를 따라 심겨지고 매개변수화된 움직임의 범위가 주어진다

③ 최적화 알고리즘은 각외 분할하면서 척수를 따라 근린들을 변환한다.

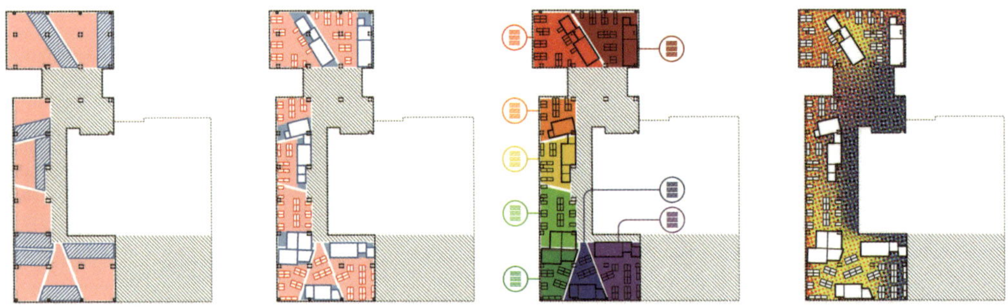

④ 각 근린의 한쪽 모서리가 어메니티 클러스터를 위해 선택된다.

⑤ 자동회된 '시험 조정' 은 공간 매트릭스와 책상 배치로부터 어메니티 룸을 생성한다.

⑥ 팀들은 최상의 조정 알고리즘을 통해 할당된다. 근린 어메니티는 팀 창조에 의해 할당된다.

⑦ 평가 엔진은 각 디자인을 시뮬레이션 하고 점수를 메긴다. 그리고 유전 알고리즘으로 결과를 되돌려 보낸다.

3.1.2:
오피스 레이아웃 생성을
위한 인공지능의 지원을
받은 전략

인공지능으로 구동된 재현representation은 한때 크기가 주어진 물리적 가공품(축소모형)으로 언급되었던 '모형'의 정의를 기하 도형적 배열의 수학적 시뮬레이션(CAD) 혹은 3차원에서 빌딩 구성요소들의 매개 변수적인, 메타 데이터가 주입된 시뮬레이션(BIM)으로 확대할 것이다. 디자인의 인공지능 평가는 예측적 모형이 될 것이다. 그 모형은 디자인 의사결정을 구체화하고 그 결정들은 좀 더 전통적인 수단으로 표현된다. 그러나 동시에 건축가의 서비스 수단들의 범위를 확대할 것이다. 그러한 인공지능 모형들은 타당성과 다른 인공지능들을 더 많이 훈련시킬 수 있는 더 큰 데이터 저장소들에 이바지하도록 요구받을 것이다.

건축가인 나는 예전에 원형 계단에 대한 디자인을 비교했던 현재 사용하고 있는 반복 과정을 통해 작업하였다. 그것을 똑바로 내려다보면, 당신은 원 안에서 돌고 있는 것으로 보이지만, 각 원과 함께 당신이 천천히 목표를 향해 올라가는 것이다. 오늘날의 디자인 환경에서, 그러한 프로세스 단계를 오르는 것은 디지털 모형들의 타고난 신축성과 접근 가능성에 의해 가속화된다. 그리고 부상하고 있는 생성적 디자인generative design이라고 불리는 전략에 의해 강화된다. 생성적 디자인에서 컴퓨터화된 스크립트들은 계획의 구체적인 특성을 다양화함으로써 대안들을 생성한다. —시저 펠리César Pelli가 언젠가 CAD의 오용誤用으로 묘사하였던 것처럼, 불필요한 대안들이 시스템적으로 생성되지 않도록—적절한 제약조건이 주어진 인공지능으로 구동되는 생성적 디자인은 그 자체의 제약조건들을 설정할 것이다. 그것은 훈련 세트로서 앞서 허가받은 계획들의 논리로부터 정보를 제공받을 것이다. 그리고 동시에 그 자체의 결과에 대한 평가를 제공할 것이다. 디자인 탐색은 여전히, '사악한' 문제들을 해결하는 인간의 의사결정에 의한 선택을 요구할 것이다. 그러나 그 프로세스는 훨씬 더 지능적이고 시스템적일 것이다.

재현, 반복, 그리고 예시화를 연결하는 생성적 전략들은 미래의 인공지능 지원을 받는 디자인 프로세스들에 가장 중요한 의미일 것이다. 오늘날의 모델링과 분석 도구들은 간헐적으로만 디자인 과제의 한정적인 매개변수들을 최적화할 수 있을 뿐이다. 예를 들어, 노출을 제한하기 위해 차양遮陽의 크기를 조정하고 그것으로서 냉방 시스템의 규모를 줄이는 것처럼 말이다. 그러나 이것은 건물 표피building enclosure의 완벽한 설계를 위한 전략이 되기는 거의 어렵다. 시간이 흐름에 따라 인공지능 시스템들은 다양한 변수들을 관리할 수 있게 될 것이다. 건축가와 엔지니어들에 의해 창조된 다자인 재현들representations을 평가하는 동안, 디자인 목적에 부합하는 대안적 해법들을 추천하는 동시에 전문지식을 예시화하면서 말이다. 디자이너들이 해법들을 선택할 때, 이들 시스템은 결합된 전략 중 어느 것이 최상인지, 그리고 그것으로서 자신들의 성능—그리고 건축가 마스터들의 성능—을 향상시키는지를 학습하게 될 것이다.

자신의 프로젝트에서 기계/전기실(MER) 디자인을 조율하는 건축가의 경우를 생각해보라. 기계/전기실은, 복잡한 장비들과 연결부로 채우는 엔지니어에게는 결코 만족할 만큼 충분히 크지 않다, 프로젝트의 균형을 맞추며 3차원으로 통합되어야 한다.

건축가는 그 모든 시스템이 적합하다는 것을 확인해야 한다. 장비를 위한 충분한 공간이 있고, 건축, 구조, 조명, 그리고 화재 진압 중 그 어떤 것도 시스템의 위치와 경로를 방해하지 않는다는 것을 말이다. 많은 유사 실들과 그 실들을 채우는 구성요소들로 훈련된 지능적인 인공지능은 단지 충돌에 대한 전기・기계실의 레이아웃을 체크하는 것(오늘날 BIM의 일반적인 특징)이 아니라, 잠재적인 운용 문제들을 밝히고, 잠재적 배치configuration, 심지어 시스템을 배열하고 설치하는 방법까지 추천한다. 이러한 문제들에 대한 신속한 시뮬레이션과 평가는 프로세스의 속도를 높이고, 가능성이 더 높은 성공적인 해결방안을 만들어 낼 것이다. 시간이 흐름에 따라 향상되는 이유는 인공지능 시스템들은 최상의 것을 '학습'하기 때문이다. 우리의 건축가는 파사드facade의 비율을 해결하는 데 가용한 추가 시간을 활용할 수 있다.

1980년대 초기 인공지능의 시도들은 컴퓨터 코드 내에 인간의 지식과 통찰을 기억으로 간직할 수 있는 '전문가 시스템들expert systems'을 창조하려는 의도가 있었다. 그 업무까지 도달했던 것은 이론 혹은 기술 그 어느 것도 아니었다. 대조적으로 인공지능으로 구동되는 우리의 디자인 미래에는, 오늘날 인간 컨설턴트에 의해 거의 배타적으로 제공하는 전문지식의 소스들은 컴퓨터가 제공할 수 있는 분석적 통찰로 인해 크게 확장될 것이다. 본질적으로 좀 더 전략적인 개념적 결정들은 시스템 접근법, 광범위한 선택들을 평가할 수 있는, 인간전문가들이 가장 잘 분배해 주는 반면, 특정 출력들은 규칙을 잘 이해한 결과로서 나온 특정한 입력을 통해 특정 업무들을 위해 제공될 수 있다. 위의 사례들 속에서, 생활 안전법규 준수의 상세사항들에 대한 평가는 (그리고, 평가에 의한, 화재 스프링클러 혹은 등급이 매겨진 복도들의 배열) 전문지식을 지닌 컨설턴트들에 의해 제공받을 수도 있다. 우리의 미래 디자이너들은 거의 같은 결과물을 산출하기 위해 자신의 디자인에, 더 신속하고, 실시간으로 더 많은 반복과 실시간으로 계획의 해법을 제공하는, 인공지능 오버레이overlay[3]을 적용할 것이다. 건축가의 결정들은 지원 인공지능에 의해 목록이 작성되고 연속적인 작업을 안내할 것이다.

새로운 목적, 새로운 출력 NEW OBJECTIVES, NEW OUTPUTS

인공지능으로 인한 디자인 프로세스의 목적에서의 잠재적 미래의 변화 핵심에는 데이터의 의미와 그것의 사용이 있다. 오늘날의 건축가들은 데이터를 창조하고, 그것을 도면 혹은 시방서와 같은 다양한 형태로 변환하고, 그리고 그것을 자신들의 디자인 의사결정들의 증거로써 적절히 사용하기 위해서 디지털 도구들을 사용한다. 기계들이 그러한 의사결정들을 지원하기 위한 데이터를 소비, 창조, 그리고 분배할 수 있을 때, 그 기계들이 창조하는 모형들은 디자인 그 자체의 설명자descriptor로까지 확장된다. 그리고 모형들은 설명자와 얽혀 있다. 그 결과적 능력들은 디자인의 결과물들을 더 상세하고, 투명하며, 예측할 수 있게 만들 수 있다. 본 장의 나머지 부분은 그에 따라 더 나아가 건축가들에게 권한을 부여하는 방식으로 이러한 능력들을 가능하도록 하기 위한 전략들을 탐색할 것이다.

3.1.3:
현대적 병원을 위해 BIM 에서 모델링 된 기계설비 인프라

데이터 창조, 소비, 조율하기

3.2 CREATING, CONSUMING AND CURATING DATA

≫ 빌딩 산업의 디지털화는 데이터를 더 이동 가능하고, 전송 가능하며 그리고, 어느 정도까지, 대체할 수 있게 한다. 인공지능 시스템들은 대규모로 그러한 데이터가 필요하다. 첫째는 훈련을 위해 그리고 그다음에는 수행을 위해서 말이다. 주어진 프로젝트는 그것을 공유하거나 혹은 공유하지 않거나 다양한 동기를 가진 본질적으로 다른 역할자player에 의한 다양한 포맷, 규모 그리고 해법의 수준에서 데이터를 생성한다. ≪

1994년에, 오토데스크에서의 나의 이전 고용주들은 증가하고 있는 우려를 해결하기 위한 노력으로 건축, 엔지니어링, 건설, 운영 산업에 걸친 약 열 몇 개의 회사들을 조직하였다. 회사의 어디에나 존재하는 CAD 플랫폼인 오토캐드는 독점 파일 형식proprietary file format인 DWG로 건설 산업의 데이터 표준이 되어가고 있었다. 동시에 오토데스크는 오토캐드 플랫폼의 첫머리에 기능을 추가하기 위해 써드 파티third part 개발자의 전 지구적 생태계를 구축하고 있다. 그리고 다른 소프트웨어 회사들은 자신들의 자체 시스템들 내에서 오토캐드 도면들DWGs을 소비하기를 기대하고 있었다. 오토데스크는 당연하게도 열정적으로 파일 형식 그 자체를 지켜내었다. 왜냐하면, 시스템들의 지적 자산의 상당 부분은 각 파일로 제한되었기 때문이다.

건축가들, 기계장비 제조업체들, 공학자들 그리고 적어도 하나의 부동산 개발업자들을 포함하는 12개 회사들은 자신들의 컨소시엄을 '상호운용성을 위한 국제연합International Alliance for Interoperability'이라 명명하였다. 그리고 1995년까지 모든 구성원에게 개방하였다.[1] 그들의 사명은 번역 혹은 DWG의 기능성을 복제할 필요 없이 응용프로그램 간에 데이터를 원활하게 이동하는 능력을 달성하는 것이었다. 2005년에 BuildingSMART로 명칭을 바꾼reblending 글로벌 컨소시엄은 Industry Foundation Classes(IFCs)라고 불리는 데이터 표준을 작성하고 배포하였다. 그것은 공통분모common denominator를 만들기 위한 노력으로서, 데이터를 생성하거나 혹은 소비하기 위해 작성해 왔던 소프트웨어들 사이에 관련 데이터를 전송할 수 있도록 하는 것이다. BuildingSMART의 노력은 지난 수년 동안, 표준 데이터 교환과 BIM을 좀 더 개방적으로 만들기 위해 고안된 도서관을 창조하면서, CAD 데이터(DWG)로부터 BIM으로 전환되었다.[2]

빌딩 산업에서 상호운용성 표준에 이르는 것은, 심지어 BuildingSMART의 감탄할 만한 전 지구적 노력이 더해지기까지 한다면, 벅찬 업무이다. 1990년대 후반까지, 2개로 나누어진 현실들로부터 힘을 얻고 있는 디자인과 건설 분야에서 DWG는 데이터 교환의 표준이 되었다. 즉 산업은 디지털 도구들, 주로 오토캐드로 전환하고 있었다. 그러나 더 중요하게는, 건축가들과 엔지니어들을 위한 정보교환의 크기와 방향vector은 여전히, 좀 더 다루기 어려운robust 데이터보다, 주로 도면들이었다, 이것은 IFC를 경유한 정보전송을 상대적으로 단순하게 만들었다. 기하학이라는 공통의 정의를 이용하면서, 그 기하학에 대한 메타 데이터를 가볍게 덧 씌어서 말이다. 오늘날 디지털 도구의 폭발이 일어난다면, 문제는 훨씬 더 복잡하다. 그리고 건축/엔지니어/건설/운영 산업을 위해 수용된 비독점 데이터 표준들은 설정되지 않았다.[3]

더 많은 소프트웨어, 더 많은 데이터, 더 적은 협력 MORE SOFTWARE, MORE DATA, LESS COOPERATION

BIM으로의 이동은 건축/엔지니어/건설/운영 확대의 피할 수 없는 디지털화의 일부였다. 건설이라는 것building things은 정보가 풍부하게 요구되는 사업이다. 그리고 다른 사람 중에서도 건축가는 기계들과 네트워크들이 요구 데이터를 통제할 수 있을 만큼 충분히 강력해질 때까지 기다려야 한다. 클라우드 컴퓨팅, 고속 상호연결성, 그리고 디지털 도구들, 포맷들, 프로세스들, 그리고 심지어 하드웨어에 이르기까지 가능한 모바일 장비들 모든 것들이 진정한 폭발에 박차를 가해왔다.[4] 빌딩 정보를 위한 표준은, 아날로그든, 혹은 그 밖의 다른 것이든, 나라마다 폭넓게 다양하다. 이것은
'건조 자산 산업built asset industry에서 디지털적인 작업방식으로부터 최대한의 이익'을 위한 성공 요인으로 자신들을 새롭게 브랜딩blending하고 있음에도 불구하고 BuildingSMART의 사명을 훨씬 더 힘들게 했다.[5]

그렇지만 건축가들과 그들의 협력자들이 더 큰 디지털 도구들의 모음을 사용하기 시작함에 따라 분명해진 것은 데이터 교환과 관계는 단순히 기술적 표준의 기능이 아니었다는 것이다. 건설 프로세스의 각 구성요소는 그 자체의 계약과 리스크 모형들, 도구들, 데이터 기대치, 재현 계획들representational schema, 내용과 사업 기대치들을 가지고 있다. 그리고 자신의 진행 상황pace과 관점에 맞추어 디지털화하고 있다.

2004년에 미국 국립표준 기술연구소US National Institute of Standards and Technology는 자본 프로젝트 산업capital projects industry에서의 소프트웨어 상호운용성에 대한 연간 150억 8천 달러 손실을 밝혀내었다고 주장하는 보고서를 발간하였다. 그 보고서는 상당한 악명을 얻었다. 그리고 분명히 건설building에 사용된 소프트웨어 간의 비-상호운용성이라는 프로세스의 비효율성에 관심을 집중시켰다. 그러나 건설을 성가시게 하는 산업 내의 근원적인 구조적 문제들—프로젝트 수행에서 사업 모형들 내의 불연속성, 공급 사슬의 해체, 상충하는 리스크 관리 전략들과 최적화 인센티브의 부족—을 해결하는 데에는 실패하였다.[6] 그 모든 것들은 데이터로 작업하는 것을 강력하게 방해하는 것들이다.

협력과 통합에서 그러한 동일 과제들은 빌딩 산업에서, 특히 건축가들에 대해, 구조와 데이터의 이용 측면에서 좀 더 폭넓게 볼 수 있다. 건설에 대해 지나치게 많은 책임 혹은 리스크를 만들지 않도록 주의하는 동시에, 제한된 수수료를 관리해가며 정보를 생산하고 있지만, 디자인 데이터는 어쨌든 출시되는 그 시기에 가깝게 보관된다. 다른 '학문적' 전문직들learned professions은 자기 분야에 대한 지식, 즉 판례법, 처방과 결과에 대한 의학적 연구, 혹은 약학적 효과에 대한 데이터베이스를 주의 깊게 생성하고, 조정하며, 소비한다. 자신의 의뢰인을 위해 법적 선례를 연구하는 변호사는 법제의 역사에서 모든 관련 법적 결정에 대한 완벽한, 상호참조 데이트베이스cross-referenced database를 탐색할 수 있다(그림1.3.3을 보라). 건축가들은 그러한 중앙 데이터에 접근한 적이 없었다. 상호운용성을 향해 이동한 것은 어떤 장난감을 공유하려는 것이 아니라 함께 멋지게 놀기 위한 구실이었다.

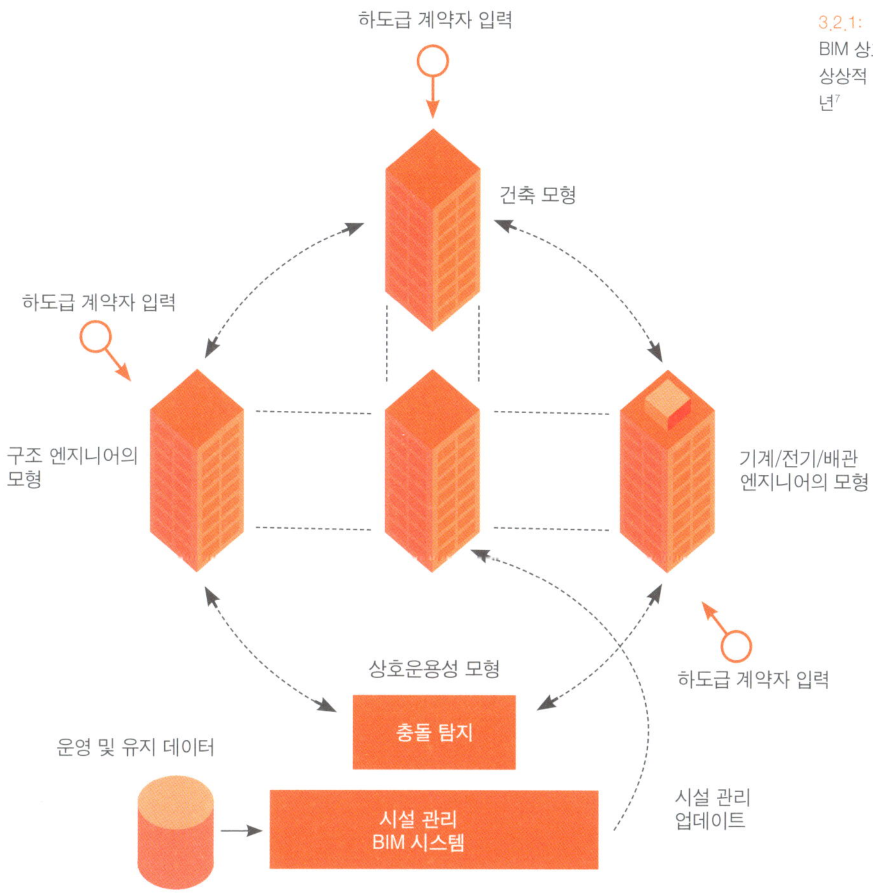

3.2.1:
BIM 상호운용성의 상상적 미래, 2013년[7]

3.2.2:
빌딩 산업을 위한 잠재적 데이터 신용의 구성요소

상호운용 가능한 데이터의 전제조건 PRECONDITIONS OF INTEROPERABLE DATA

기계학습 기반 인공지능 시스템의 출현이 요구하는 것은 우리의 산업은 단지 장난감을 공유하는 것이 아니라 그 장난감을 가지고 놀 수 있는 새로운 모래 상자를 만드는 것이다. 이것이 건설 사업에 종사하는 건축가들과 다른 역할자들을 위한 인공지능의 힘이 지닌 완벽한 이점을 향해 움직이고 얻기 위한 최우선적이고 가장 중요한 전제조건이다. 인공지능의 잠재력을 지렛대로 활용하는 능력은 이익을 얻을 수 있는 산업 파트너들과 긴밀하게 작업하고, 책임을 질 수 있는 방식으로 그렇게 하려고 데이터를 공유할 수 있는 전문작업에 있다.

문제는, 물론, 데이터를 공유하기 위한 근원적인 동기가 없거나(혹은 그것에 관하여 결핍되어 있지만) 다른 외부적 요인들이 존재한다. 우리는 몇 가지 구조적 리스크와 보상 문제들을 3.5장에서 다룰 것이다. 그러나 이 논의의 목적을 위해 그 쟁점들은 그림 3.2.2에서 다이어그램으로 작성하였다. 다이어그램은 다른 상황에서는 관계가 없는 네 가지 가설적 건축 프로젝트들을 나타내고 있다. 한편으로 당신의 사무실 내에서 생성된 프로젝트 데이트가 프로젝트의 범위 내에서 좀 더 자유롭게 돌아다닐 수 있도록 허용하는 몇 가지 동기들이 있지만, 그러한 제한적 이용을 넘어 프로젝트 데이터를 구성하거나 혹은 공유하기 위한 구조 또는 혜택은 없다.

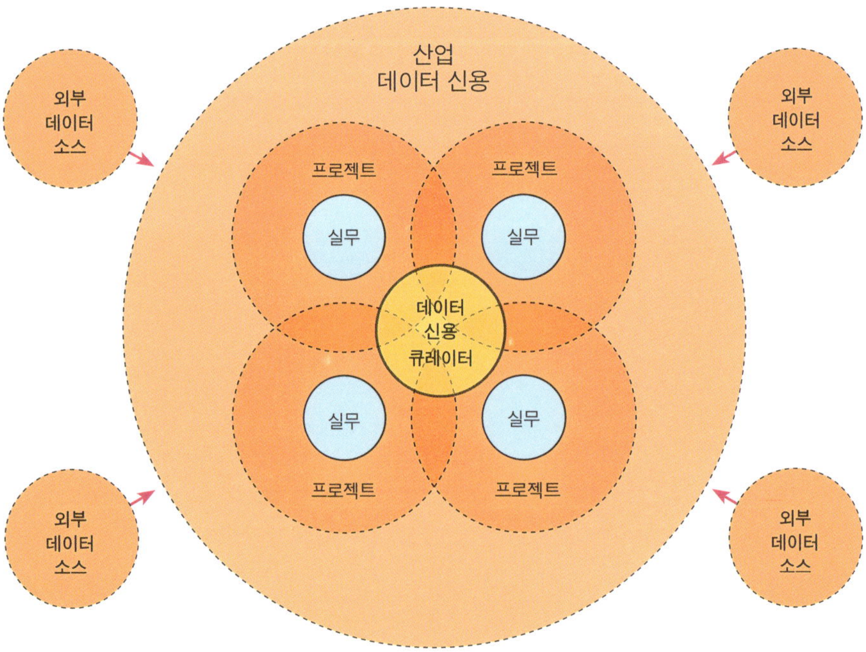

다이어그램의 중앙에는 이러한 쟁점들을 해결하기 위한 제안이 있다. 그것은 인공지능이 건축 혹은 건설과 관련된 분야들에 적용되거나 혹은 사용되는 실질적인 기회를 가지는 것으로 해결되어야 한다. 즉 교차 산업 데이터 신탁cross-industry data trust 은 글로벌 건설 산업 정보 소스들의 관리자가 될 것이다. 데이터 신탁의 개념은 환경 내에서 정보 일관성, 프라이버시, 그리고 신용상의 책임의 문제들을 다루기 위해 지난 수년간 진화되어 왔다. 그곳에서 개인들은 자신들의 개인적 데이터에 기여하며 그런 다음 써드 파티tird parties에 의해 상업적 목적으로 사용된다. 데이터 신탁은 그러한 대규모 데이터 모음을 수집하고, 관리하며, 익명화하고, 그리고 접근성을 제공하는 독립적인 써드 파티이다.

≫ 데이터 공유에 대한 전형적인 이용 사례들은 금융 서비스 내에서 사기를 탐지하는 것이다. 공급 사슬들에 걸쳐 더 큰 속도와 가시성을 얻으며, 제품 개발과 고객 경험을 향상시키며, 새로운 디지털 보건 솔루션과 통찰을 개발하기 위해 유전학, 보험 데이터, 그리고 환자 데이터를 결합시키면서 말이다. 실제로 그 연구는 모든 산업에 걸쳐 회사 중 66%는 기꺼이 데이터를 공유하고자 한다는 것을 보여준다. 그럼에도 불구하고 민감한 회사 데이터, 특히 개인적인 고객들의 데이터를 공유하는 것은 엄격한 법적 단속을 받기 쉬우며, 상당한 재정 및 평판적인 리스크를 떠안기 쉽다.[8] ≪

그 문제에 대해 건축가들 혹은 계약자들의 66%가 오늘날 데이터를 기꺼이 공유할 것 같지 않다. 속성을 위해 적절하게 무감각화 된anaesthetised 프로젝트 데이터의 글로벌 중앙 저장소에 대한 접근의 이점은 지나치기에는 너무 클 것이다. 솔직히 인공지능을 시작하기에 유용한 참조 도구로서 그리고 필수적인 정보 인프라로서의 양 측면에서 말이다. 그리고 물론 표준을 공유하는 유럽의 데이터로 인해 드러난 과제들은 반드시 극복해야 한다.

그러한 데이터 신탁은, 필연적으로, 교차 학문적cross-disciplinary일 필요가 있으며, 디자이너들, 건설자들, 하도급자들, 제품 제조업자들과 공급자들, 그리고 빌딩을 운영하는 소유주들로부터의 정보를 포함할 것이다. 즉 전체 공급 사슬은 자산을 구축한다. 건축가들에게 있어서, '건축만으로 구성된architecture only' 데이터 세트에는 한계효용marginal utility[1]이 있다. 왜냐하면, 그것은 빈약하고 일관성 없이 조정되는 것 같기 때문이다. 그리고 만일 기술 판매자로서 수년간의 나의 경험을 하나의 예로 들자면, 대부분의 건축가는 매우 회의적이다. -그리고 특히 빌딩 공급 사슬 내에서 그들의 동료들-엔지니어들, 계약자들, 하도급자들-과 비교하여 새로운, 붕괴를 초래하는 기술들disruptive technologies에 비용을 지불하는 것을 꺼린다. 건축사업은 소규모이며, 상대적으로 수익성이 낮으며, 일반적으로 붕괴를 초래하는 기술에 투자하기를 꺼린다. 인공지능의 필연적 토대를 수립하는 데에 고전적인 닭과 달걀의 딜레마를 만들어 내면서 말이다.

따라서 교차 산업 협력은 데이터 조립assembly과 인공지능 플랫폼 양 측면에 대해서 필수적이다. 레빗Revit에 당초에 1억3천3백만 달러를 투자하기로 한 오토 데스크의 결정과 그런 다음 그 플랫폼을 건축가들을 위해 최초로 개발한 것을 제외하고는, 건축가 그 자체를 위한 새로운 소프트웨어 혹은 플랫폼에서의 기술에 대한 주요 투자는 빈약한 역사였다. 따라서 한편으로 개별적인 기여자로서의 건축가들을 대체할 인공지능에 투자하기에는 아마도 너무 비용이 많이 들 것이라는 생각에는 단기적인 위안이 있을 수 있지만, 전체 산업에 적합한 데이터 소스와 인공지능 플랫폼들에는 명백하게 이점이 있다. 그리고 투자는 더 넓은 소비자 시장을 해결하기 위한 판매자에 의해 이루어질 것 같다.

신뢰할 수 있는 데이터의 구축과 이용 BUILDING AND USING TRUSTABLE DATA

그렇다면 산업 영감, 정부지원, 그리고 학문적 연구의 조합은 글로벌 건설 산업 데이터 신탁global building industry data trust을, 우리의 가상의 인공지능의 해年인 2020년에, 출범시켰고, 그곳에서 회사들은 데이터를 기부하고 돈을 받는다. 그리고 그 대신 그 데이터와 그것을

3.2.3:
프로젝트 데이터 흐름과 데이터 신용

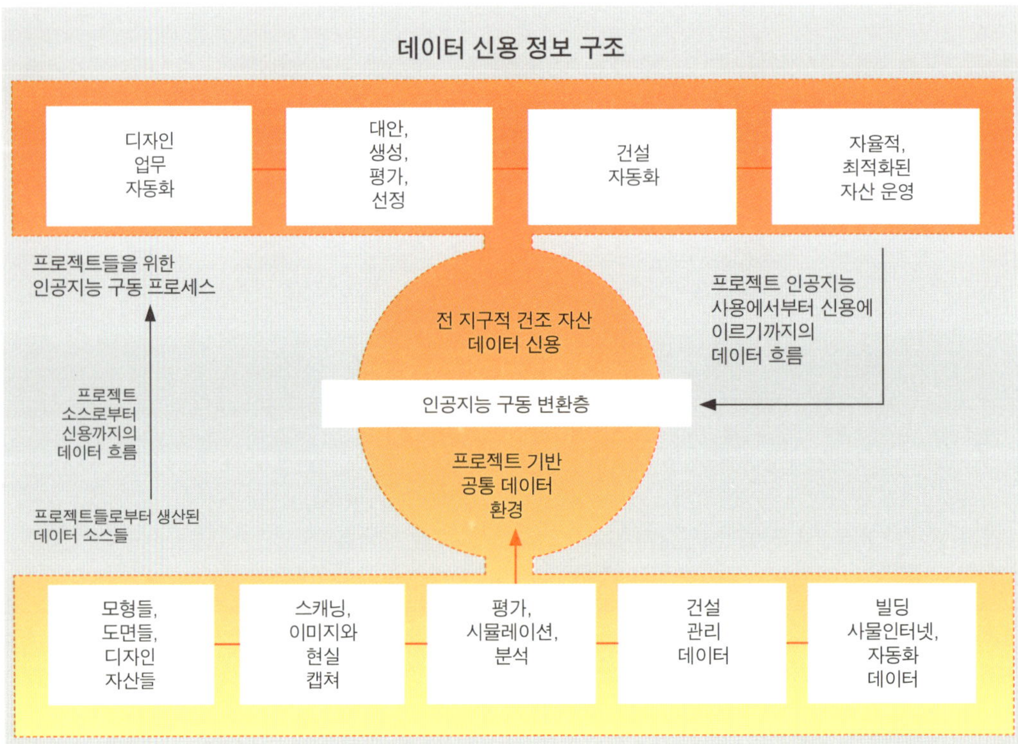

사용하도록 훈련받은 인공지능들에 접근할 수 있다고 가정해보자. 더 나아가 그 신탁에 충분히 유용한 데이터가 있어서, 보편적인 도입을 즐기기 시작하고 전 세계적으로 디자인되거나 혹은 건립된 각각의 중요한 프로젝트와 더불어 성장한다고 가정해보자. 디자이너들, 건설자들, 그들의 공급 사슬과 건물 소유자들 모두는 자신들의 작업 결과로 데이터에 이바지한다.

이러한 새로운 관계는 그림1.4.2를 상세하게 설명한 그림3.2.3에 기술되었다.

건축디자인의 모델링, 분석, 그리고 여타의 가공물 등을 포함하여, 프로젝트팀에서 창조된 데이터 소스들은 데이터 신탁에 기여할 것이다. 그 사용이 널리 확산되었다고 가정한다면, 우리는 어느 정도 소프트웨어의 표준화를 예상할 수도 있다. 그러나 나는 산업에 확산된 디지털화가 초래할 도구들의 지속적인 폭발은 이러한 표준화를 어렵게 만들 것으로 생각한다. 인공지능 그 자체는 오히려 공동 목표common cause에 이바지하기 전에 건축가들과 다른 관계자들로부터 생성된 프로젝트 데이터들을 표준화하고 일치시키기 위한 수단을 제공할 수도 있을 것 같다.

그러한 데이터 세트에 걸쳐 BIM 모형의, 가령, 창문의 재현을 인식하고, 구매 주문과 (만일 미래에 그러한 것이 존재한다면) 시공도를 작성하도록 훈련받은 인공지능은 패턴을 매칭하는 것-기계학습 시스템들이 잘하는 것-에 관한 문제이다. 누군가는 다이어그램에서 보이는 인공지능 기반 '변환 층transaction layer'을 상상한다. 그것은 프로젝트 데이터를 수집하고, 해석하며, 그리고 지속적인 관계들과 포맷들로 표준화할 것이고 BIM과 차세대 인공지능 플랫폼을 위한 다른 진화하고 있는 모형 유형학과 결합하여 지도학습supervised learning을 위한 훌륭한 기회가 될 것이다. 그리고 만일 그러한 능력이 진화할 수 있다면, 인공지능 기반 변환 층은 또한, 적절한 지점에서 그 데이터가 데이터 신탁 그 자체로 흘러 들어가기에 앞서 프로젝트에 통합된 재현(표현)representation을 만들어 내면서, 개별적인 건축가들이 사용하는 프로젝트 기반 공통 데이터common data 환경을 개선할 것이다.

따라서 건축가는, 이러한 구성체계에서, 세 가지 방식으로 정보에 접근하고 소비할 것이다.

1. 디자인 발전의 결과로서 개별 프로젝트의 수준에서
2. 참조와 (예를 들어, 앞서 기술한 비용추정 및 분석 도구들과 같은) 인공지능의 지원을 받는 도구들을 적절히 사용하기 위해 데이터 신탁data trust에서,
3. 현장 지원프로그램site utilities의 가용성에 대한 데이터이든지 혹은 정보이든지 간에 프로젝트 맥락의 경제 모형들과 같은 디자인의 발전에 대한 정보를 제공할 수 있는 외부 데이터 소스outside data sources에서

디자인 신뢰성 DESIGN CREDIBILITY

구조 엔지니어들이 정기적routine 계산을 위한 소프트웨어에 의존하기 시작했을 때, 그러한 결과들의 신뢰성은 기술 판매자의 규정 혹은 전망에 그다지 많이 의존하지 않는다. 그러나 오히려 엔지니어 자신은 그러한 시스템들의 산출들과 자신들이 시스템들의 사용 결과로서 발생할 수도 있는 어떤 오류들에 대한 책임이 있다는 데에 더 의존하였다. BIM이 지금은, 관리・유지care의 의무가 있는 건축가가 프로젝트에서 사용할 것으로 예상되는 도구가 된 것처럼, 인공지능으로 생산된 결과들은 건축가의 전문가적 판단의 일부 혹은 조각이 될 것이다.

그러나 적어도 오늘날의 인공지능 시스템에서, 신경망을 구성하는 데이터 구조들의 복잡성은 인간이 실제로 이해하기에는 너무 크다. 그리고 그 시스템들은 그 출력들을 생산한 특정한 컴퓨터연산computation에 의해서가 아니라 막대한 데이터 세트들로 훈련받았고 출력들의 유효성으로 측정되었다. 인공지능 구현의 도전에 대해 저술한 케이트 크로포드Cate Crawford는 이 도전에 대해 잘 설명하고 있다. 즉 '인공지능의 경우에는, 공개할 특별한 블랙박스도, 노출할 비밀도 없지만, 힘이 뒤엉킨interlaced 시스템들이 존재한다. 그렇다면 투명성을 완성한다는 것은 불가능한 목적이다.'[9]

불투명성으로 인해, 내가 보는 관점에서는, 그 결과에 대한 일종의 써드 파티third parties 검증이 없다면 건축가들 혹은 다른 관계자들이 이러한 시스템들에 의존하는 것은 불가능할 것이다. 건설 산업이, 중요한 기여자로서의 건축가들과 더불어, 인공지능을 구동하기 위해 글로벌 데이터 신탁global data trust을 구축하기로 결정해야 한다면, 그 신탁의 구성요소는 그 시스템들을 야생으로 내보내기 전에 이 시스템들의 결과들을 광범위하게 테스트하고 증명할 독립체들entities을 포함할 것이다. BuildingSMART의 미래 리더들은 자신들의 손에 훨씬 더 큰 사업을 쥐게 될 것이다.

전문가의 효용성과 인증과 근접한 관심사들을 넘어, 의사결정을 위해 인공지능의 사회적・도덕적 차원들을 이해하고 평가하기 위해 현재 많은 작업들이 진행 중이다. 이 작업에는 두 가지 중요한 차원들이 있다. 첫째, 인공지능 시스템들은 '실세계real world' 입력의 결과인 데이터로 훈련받는다. GPT-3 혹은 안면 인식시스템들과 같은 현재의 자연어 시스템들은 인터넷에서 데이터, 텍스트 혹은 사진 스크랩을 통해 시스템들의 네트워크를 구축한다. 그리고 그 자체로서 데이터는, 생득적으로, 기여자들의 구조적 편견을 가진다. 이러한 아이디어를 연구하는 프린스턴 대학교의 컴퓨터 과학자들은 그것을 '진정한 편견veridical bias'[10]이라고 부른다. 그리고 그것은 세계의 데이터 구조들 내에 존재하는 특유한 것일 뿐만 아니라 사회적 편견 그 자체를 이해하기 위한 잠재적 대시보드dashboard라는 것을 사사한다.[11]

이제야 이해되기 시작한 인공지능의 두 번째 차원은 환경에 대한 인공지능의 의미들이다. 구글google에서 해고당한 컴퓨터 과학자인 팀니트 게브루Timnit Gebru는 인공지능 시스템들을 구축하는 것에 대한 본질적인 환경적 의미는 그 시스템으로부터 이익을 얻지 못하는 소외된 공동체들의 손실detriment을 과소평가하고 증가시키고 있다고 지금 저명한 신문을 통해 주장하고 있다. GPT-3와 같은 자연어 인공지능들을 소환하며, 그것은 구글이 점점 더 많이 의존하고 있는 '확률적 앵무새들stochastic parrots'[2] 이다, 게브루와 공동저자들이 권고하는 있는 것은, 인공지능 시스템들은 대기 중 탄소에 막대하게 이바지하는 것을 확인하도록 설계되고, 강도 높은 훈련 덕분에 시스템들이 이바지하는 가용한 훈련 데이터의 내재적 편견이 제거되도록 엄격하게 조정되는 것이다. 그렇게 되면, 예를 들어, 제시된 데이터 신탁 내의 콘텐츠 중의 상당수가 처음에 웨스턴 프로젝트Western projects로부터 소스를 얻을 것으로 보인다. 이러한 데이터는 명백한 신자유주의 역학관계에서 벗어날 수 있도록 주의 깊게 돌보는 것이 결정적으로 중요할 것이다.[12] 크로포드Cate Crawford는 더 나아가 인공지능의 거대한 컴퓨터 인프라를 구축하기 위해 필수적인 추출 · 채광의 환경에 끼치는 피해는 비용과 개발에 반영되어야 하는 외부효과externality라고 주장한다.[13]

데이터의 미래 THE FUTURE OF DATA

인공지능 시스템의 출현과 더불어, 건설 산업building industry은 모순된 포맷들로부터 유래한 비효율성을 가까운 시일 내에 문제를 해결하는 것을 넘어 데이터를 공유하도록 강력하게 동기 부여되어야 한다. 디지털 디자인, 건설, 그리고 빌딩 운영 데이터를 생성, 소비, 그리고 적절하게 조율하는 것은 이러한 시스템들을 적절하게 훈련하게 해줄 것이다. 그리고 그런 다음 디자인에 대한 컴퓨터 연산의 진정한 힘을 발휘할 것이다. 그렇게 하는 것은 건축가와 그리고 그들의 산업 협력자들에게는 거대한 기회이다. 그리고 수많은 함정이 함께 다가온다. 그렇지만, 아마도 차세대 기술들의 혜택은 마침내는 그러한 데이터 소스 창조가 요구하는 도덕적 · 환경적 책임뿐만 아니라, 협력과 통합의 더 큰 문제들을 처리하고 해결하도록 그들을 동기부여 할 것이다.

자동화 된 업무들

3.3 TASKS, AUTOMATED

≫ 인공지능은 인간 상대자와 함께 나란히 작동하면서 건축가에게 유용한 자동화된 프로세스의 범위를 확장하고 우리의 작업의 다른 측면들이 완전히 자율적이 되도록 하는 기회들을 창조할 것이다. 그러한 변화는 건축가의 기술적 의무들 내에서 그리고 좀 더 구체적으로 디자인과 건설 간의 관계에서 최초로 발생할 것으로 보인다. 그곳에서는 인공지능으로 구동되는 자율적 분석은 디자인의 효율성과 신뢰성을 향상시키고 다른 인공지능 능력을 개척할 수 있다. ≪

3.3.1:
DOXEL의 건설 현장 점검 로봇, 스캐닝의 첫 번째 새 버전ITERATION[1]/인공지능 기반 현장 검증[1]

2018년, BuildTech[2] 스타트업인, Doxel은 첫 번째 제품인 인공지능 구동 로봇을 발표하였다. 그 로봇은 거친 지형을 가로질러 갈 수 있고 심지어 계단을 오를 수 있는 아주 작은 탱크처럼 주변을 돌아다니면서, 스캐닝과 컴퓨터 비전computer vision을 이용하여 건설현장을 점검한다. 그것은 그 결과와 현장 내의 선설 프로세스를 결정하는 BIM 기반 디자인 정보를 비교한다. '건설 생산성을 위한 인공지능-소프트웨어는 품질을 점검하고 과정을 추적한다. 그래서 당신은 몇 분 이내에, 몇 개월 이내가 아니라, 대처할 수 있다.'[3]는 마지막 대사와 함께, 이 시스템은 완성도, 장소에서의 작업의 정밀성, 그리고 설정된 가치를 자동으로 평가하는 의도를 가지고 있다.

한편, 인간의 아날로그 세계에서, 건축가들을 위한 표준 서비스 계약standard services contracts은 건설행정construction administration을 위한 건축가의 책임을 규정하고 있다. (강조는 저자에 의한 것임)

> *≫ 계약 세부항목 F항에 명시한 바와 같이, **작업이 건축디자인과 관련되어 있을 때, 일반적 과정과 작업의 품질을 검토하기 위한** 가상 현장 점검을 시행한다, 그리고 현장 점검 보고서를 의뢰인에게 제출한다. (영국 왕립 건축가 협회 표준 전문 서비스 계약 2020)[4]*
>
> *완료된 작업의 일부 진행과 품질과 일반적으로 친숙해지기 위해 그리고 전반적으로 그 작업이, 완전히 완료되었을 때, **계약 문서와 일치하리라는 것을 나타내는 방식으로 조사된 작업이 수행되고 있는지를 결정하기 위해** ... 건축가는 현장을 방문할 것이다. 그렇지만, 건축가는 작업의 품질 혹은 양을 체크하기 위한 소모적 혹은 지속적인 현장 점검을 요구받지 않을 것이다. (미국건축사협회 B101-2017)[5] ≪*

한편으로 여기 미국에서는 우리가 명백하게 좀 더 과장되게 계약을 정의하는 것-수년간의 건설 부실의 작용과 그 결과적 고소-을 좋아하지만, 중복은 명료하게 보인다. Doxel의 딥 러닝으로 구동되는 시스템은 건설 과정에 대한 인간의 점검 필요성을 극적으로 증강하든지 혹은 완전히 제거하도록 설계되어 있다. 그것은 디자인-건설 프로세스 연속체에서 인공지능의 잠재력에 대한 완벽한 사례이다. 즉 Doxel 로봇은, 매우 특정한 것('저 기둥은 올바른 위치에 설치되었어?')을 찾으면서, 컴퓨터 비선과 다른 프로젝트와 관련 BIM을 이용하여 기계 학습한다. 그리고 분석적 결과를 인간이 건설현장을 하루에 두 번씩 걸어 다니는 것-미국건축사협회의 건설현장 관찰construction observation에 대한 정의에서 특별히 제외된 의무-보다 좀 더 신속하고, 저렴하게, 그리고 정확하게 창출한다.

잘못된 걱정들 MISPLACED ANXIETIES

Doxel의 가치제안-건설현장을 더 빠르고 더 정확하게 이해하고 관리하기-은 건설 산업 내의 인공지능이 따를 것 같은 몇 가지 경향들과 부합한다. 인공지능 시스템에서의 초기 투자는:

- 주로 건설 공간(더 많은 돈이 지출되는 곳 그리고 돈을 많이 벌게 되는 곳)에 이루어진다.
- 기술적 입력과 출력으로 잘 정의된 문제들에 집중한다.
- 디지털 디자인 데이터를 발생시키는 것과 건설 실행의 교차점에서 효과적으로 작용한다. (BIM으로 시작하고, 컴퓨터 비전을 추가하고, 그런 다음 과정을 측정한다)

3.3.2: 건설현장 완성도에 대한 DOXEL분석[6]

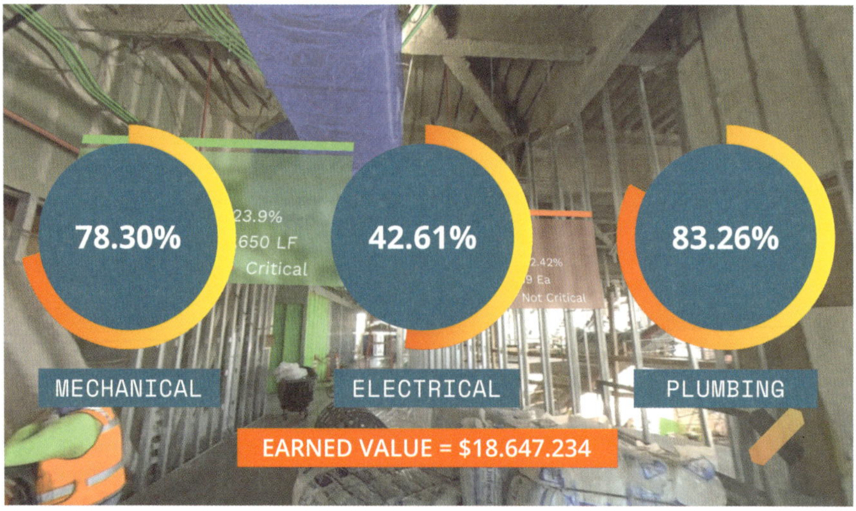

이 시스템의 기술적 강조는, 그리고 많은 사람이 따르는, BIM으로의 최후의 기술적 전환이 이루어진 초기에 건축가 패트릭 맥리미Patrick MacLeamy가 예측하였다. 그는 그림3.3.3에서 보이는 것과 같은 현재는 '맥리미 곡선MacLeamy Curve'으로 알려진 것을 창조하였다.

최초에 건축가를 위한 BIM의 효율에 대해 주장한, 맥리니는 건축가 작업의 가장 큰 가치는 디자인 프로세스의 초기에 있었기 때문에-중요한 결정들은 과정을 방해하지 않고 결과에 긍정적으로 영향을 미치는 최상의 기회를 가졌다- 대부분 우리의 작업 프로세스와 가치는 설계에서 건설까지의 스케줄에서 좀 더 이른 단계로 옮겨야 한다고 가정하였다. 더 나아가 그는 BIM은, 훨씬 가치가 적은 서비스 영역의 부분 내에서 작업하면서, 기술적 문서와 계약자들이 필요한 여타의 정보 생산의 상당 부분을 자동화하리라 예측하였다.

예전에는 인간에게 요구했던 기술적 업무를 자율적으로 수행하는 Doxel의 인공지능 시스템과 같은 인공지능 시스템은 이러한 동일한 주장을 논리적으로 확장한 것이다. 그렇지만, 건설 과정 평가는, 우리의 조그만 탱크가 완전히 이해할 수 없을 것 같다는 점에서, 명백히 추기적인 디지털적으로 가능하게 된 도움으로부터 이익을 얻지만, 한편으로, 건설현장은 기술적으로, 지리학적으로, 그리고, 어느 정도까지는, 정치적으로 복잡하다. 그래서 우리의 인간 건축가는, 건설기간 동안 의뢰인을 대신해서 그의 이익을 보호하기 위해 지속적으로 행동하면서, (1.5장에서 주장했던 것처럼, 시공

3.3.3:
맥리미 곡선

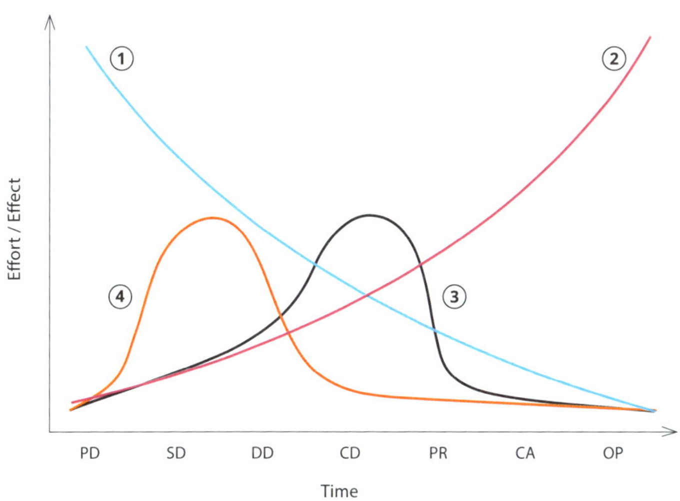

PD: Pre-design (기획 설계)
SD: Schematic design (계획 설계)
DD: Design development (기본 설계)
CD: Construction documentation (실시 설계)
PR: Procurement (조달)
CA: Construction administration (건설행정)
OP: Operation (운영)

① Ability to impact cost & functional capabilities (영향비용 및 기능 역량에 대한 능력)
② Cost of design changes (설계변경 비용)
③ Traditional design process (전통적인 설계 프로세스)
④ Preferred design process (우선 설계 프로세스)

도면을 작성하는 동안 인간이 필요한 생산 업무들이 감소할 것 같음에도 불구하고) 이곳에서조차 역할을 지속해 나갈 것이다. 어떤 경우에서는, 디자인과 건설의 기술적 측면들이—실시도면의 생산과 코디네이션, 법규준수와 같은 기술적 평가 혹은 코디네이션, 그리고 건설 과정에서 정보의 흐름을 관리하고 평가하는 것을 포함하는—인공지능이 주도하는 업무 자동화를 위한 가장 가능성이 큰 후보군이기 때문에. 나는 자율적 인공지능에 의해 디자이너들처럼 대체될 것이라는 것에 대한 건축가의 우려는 기껏해야 잘못된 것이라고 나는 확신한다. 그리고 이러한 주장은 맥리미Patrick MacLeamy가 2003년에 예측한 것이었다.

관계 다시 생각하기 RECONSIDERING RELATIONSHIPS

1.6장에서, 나는 네 가지 성분으로 이루어진 관계의 관점에서 건축가를 정의하였다.

1. 공중보건, 안전, 그리고 복지의 보호자로서
2. 전문지식을 소유한 외뢰인의 대행자로서
3. 건설자에게 디자인 의도를 안내하고 전달하는 안내자로서
4. 디자인 팀의 균형을 위한 관리자/리더/통합자로서

이러한 역할들의 각각은 맥락을 이해하고, 관계를 관리하고, 절충점을 찾고 판단하는 선천적인 인간의 능력을 요구한다. 즉 이 역할들은 정확히 인공지능들이 지닌 능력의 정반대 업무들이다. 그리고 특히 인공지능의 신경망은 잘 조율된 대규모 데이터 세트에서의 훈련을 필요로 한다. 이러한 정의 내에서 확대하자면, 다원적 의미를 지닌 건축가의 책무들은 그러므로 컴퓨터에 의해 모조리 대체될 것 같지는 않다. 따라서 그 주장은 업무 대체에 대해서는 서스킨드와 일치한다. 즉 제한적 업무, 아마도, 그러나 자율적으로 컴퓨터화된 대행자들에 의한 완전한 대체는 분명히 아니다. 그리고 그곳에서 업무들은 인공지능이 관련되어 있다, 그 업무들은 기술적 속성을 가질 것이다.

건축가들이 프로젝트 수행 모형들 내에 확고하게 뿌리내리고 있는 이들 네 가지 원형적인 관계에 대해 보자면, 그러한 기술적 업무 자동화는 건축가와 계약자들/빌딩 공급 사슬 간의 관계와 책무를 대부분 크게 변경시킬 것이다. 그 관계는 대개 종종 경쟁적인 정밀도와 완성도를 지닌 정보교환으로 특징 지워지어지는 그 분야에서는 가장 업무적인 것이다. 인공지능 시스템은 그러한 교환을 좀 더 효율적으로 만들기 위해 노력하면서, 이러한 상호작용과 관계의 질을 특징짓고, 분류하며, 결국에는 균형을 잡을 것이다. 건설 프로세스가 인공지능의 지원을 받은 장비들과 시스템으로 인해 더욱 자동화됨에 따라, 그러한 시스템에 대한 입력으로 적합한 구체적인 디자인 정보에 대한 요구는 증가할 것이다. 효율성이라는 이름으로 건축디자인을 건설 생산construction production을 더욱 결속시키면서 말이다. 기후 변화, 독성의 감소 혹은 심지어 강제 노동을 줄이기 위한 노력의 시대에 더 많은 지능적인 공급 사슬 결정과 관리를 위한 수요가 증가함에 따라, 건축가의 자재들에 대한 설계명세서는 공급 그 자체에 대한 이해와 훨씬 더

밀접하게 결속될 것이다. 계약자들은 따라서 그런 지능적인 결정을 위해 건축가에게 의존하게 될 것이다.[7] 이것은 1990년대 blob-maker[2]와 함께 떠올랐던 디자인에 대한 기술의 관계가 반전inversion된 것이다. 그때 건축가의 디지털 형태-제작 도구들이 점점 더 정교한 형태들을 가능하게 만들었고, 실현은 엔지니어와 건설자들에게 맡겨졌다.

건축가의 계약을 설계 이후에 계약자로 대체하는 영국의 성향은, 한편 미국 건축가들에게는 혼란스러운 동시에 공포스럽지만, 디자인과 건설은 계약, 절차, 그리고 기술에서 운영적으로 좀 더 단단히 결속될 수 있다는 결론과 일치한다. 건설 프로세스들이 인공지능을 기반으로 하는 자동화에 더 많이 의존함에 따라, 디자인 정보와 의사결정 간의 논리적 관계에 대한 요구가 자연스럽게 디자인-건설 간 접점 interface으로 관심이 몰릴 것이다.

절차적 생산과 가능성 PROCEDURAL PRODUCTION AND ITS POSSIBILITIES

그래서, 맥리미의 논문을 포함한 이러한 추론 과정의 확장은, 건축가의 작업에 대한 업무분석과 결합되어 있다.(완전한 버전을 위해 그림1.5.3을 보라. 그리고 생산 작업에 대해서는 그림3.3.4를 보라), 인공지능을 기반으로 한 증강 혹은 업무 자동화를 위한 유력한 기회들은 디자인 생산단계에 많이 있다. 그때는 프로젝트가 디자인 의도에서 계약자를 위해 마련된 정보로 변환될 때이다.

시공 도면을 생산하는 것 중에 선정된 업무들을 자동화하는 것은 디자인에서의 BIM의 의미 있는 시간에 대한 가장 좋은 사례이다. 오늘날 시공 도면들은 CAD 이전의 도면들보다 좀 더 정밀하고, 더 잘 조율되어 있으며, 더 정확하고 계약자들에게 유용하다. 그리고 BIM은, 재현적 도식representational schema 그리고 훈련 토대training ground 라는 두 가지 측면에서처럼, 인공지능이 이러한 트랜드를 지속하기에 좋은 플랫폼이다.

시공 도면 작성 단계의 업무 중의 많은 것들은 사실상 절차적인 것이다. 그 업무들을 수행하기 위해 인공지능들을 훈련시키는 것은 상대적으로 직접적이다. 디자이너와 건설자 간의 이첩hand-off이 지닌 다른 목적은 여전히 건축가의 판단과 조율을 요구할 것이다. 그 건축가는 대규모 데이터 세트, 패턴 매칭pattern matching, 그리고 복잡한 계산과 예측형 알고리즘들이 대부분 사용되는 영역에서 기계 지능의 지원을 받을 것이다.

목적을 달성하기 위해, 건설비용 전망의 문제와 특히 디자이너와 건설자 간에 흔히 벌어지는 목표비용target costs의 적합성에 대한 열띤 협상을 생각해보라. 데이터, 판단, 그리고 컴퓨터사용으로 어우러진 이 복잡한 춤dance의 차원들을 그림3.3.5에서 개략적으로 그리고 있다.

3.3.4:
건축가 작업의 기술적인 것 / 생산단계에 대한 업무분석

BIM이 수량산출과 계산 업무들을 자동화함으로써 비용추정 측면을 가속화할 것으로 예상되었던 것처럼[8], 비용견적서를 생성하도록 통합하는 다양한 분석 업무들은, 만일 인공지능을 다음의 방법으로 이용할 수 있다면 전문가의 판단과 결합된 주의 깊은 분석을 토대로, 더 큰 통찰과 상세한 비용에 대한 전망을 내 놓을 수 있다.

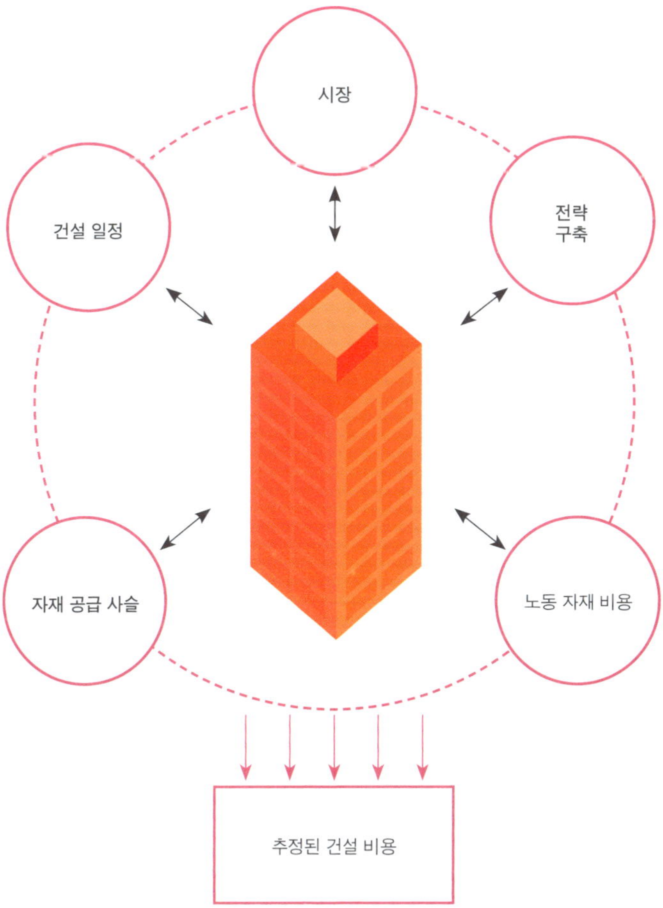

3.3.5:
건설비용의 분석 요소들

양적 조사[Quantity surveying]: 디자인 문서들은 디자인 의도를 정의한다. 그리고 건설자들은 정밀한 시스템 특성, 특기하지 않은 자재들, 그리고 그것들에 대한 가격을 매기기 위해 건설 요소들을 중간중간을 보충하여야 한다. 상세한 이전 산출물들에까지 실시설계도면들[construction documents]을 매핑한 데이터 세트로 훈련함으로써, 인공지능은 작업도면들을 토대로 이러한 매핑[mapping]을 할 수 있고, 좀 더 정확하고 이력을 통해 알 수 있는 자재 계산서를 발행할 수 있을 것이다. 결과적 데이터 모음들은 시스템의 더 많은 훈련의 토대가 될 것이다..

시장 상황[Market conditions]: 거시경제 상황들은 건설 가격 결정[construction pricing]에 극도의 변동성을 보인다. 전 지구적 상황이든 아니면 지역적 상황이든 프로젝트를 위한 자본 계획이 대응할 수 있는 것보다 더 빠르게 노동 혹은 자재비용의 유용성을 변화시킨다. 이러한 변동성은 그림3.3.6에서 볼 수 있는 바와 같이 미국에서 제조업자의 자재구매가격과 건설자의 창고에 비축된 자재 비용 간의 차이로 증명된다. 글을 쓰고 있는 이 순간에도, 자재 가격은 2021년 1월 이래로 40%(목재)만큼 폭등하였다. 왜냐하면, 미국경제는 감염병의 세계적 유행으로부터 회복하였기 때문이다. 즉 2008년 세계금융위기로부터 회복한 것과 유사한 패턴을 보인다. 인공지능을 기반으로 한 분석과 예측은, 이전의 경제 모형들과 가격 프로필[pricing profiles]을 토대로 한다, 가격책정, 입찰, 그리고 비용 모형들에 영향을 미치는 시장 상황에 대한 잠재적 의미를 밝힐 수 있다.

노동과 자재비용[Cost of labour and materials]: 노동과 자재 두 가지 비용들은 통상적으로 역사적 정보에서 추정하였다. 그러나 건설자들에 의해 생성된 프로젝트들의 실질적인 가격책정은 숙련된 노동자들과 다른 경쟁 압박의 가용성과 같은 더 큰 시장의 힘[market forces]뿐만 아니라 특히 건설자들의 역량을 기초로 하는 특수한 경쟁우위 혹은 불이익에서의 역사적 데이터들의 조합이다. 인공지능이 주어진 건설자 혹은 판매업자는, 그러한 비용에 대한 좀 더 신뢰할 만한 그리고 정확한 전망을 위해서 그리고 프로젝트 기간 동안 지속적으로 비용을 모델링하고 디자이너의 디지털 모형들에 대한 예상 비용들을 매핑하기 위해, 과거 프로젝트들의 조합을 통해 인공지능을 훈련시킬 수 있다.

공급 사슬 상황[Supply chain conditions]: 건물 자재의 가용성, 가격, 성능, 그리고 적합성은, 자재 주문[original sourcing]에서부터 제작과 납품까지, 수행 공급 사슬[delivery supply chain] 내의 많은 상황에 영향을 받기 쉽다. 내재 탄소와 운송비용 양 측면에서의 탄소 영향, 독성도[toxicity], 그리고 노동 평등(현대판 노예) 이 모든 것들이 주어진 자재가 프로젝트에 적절하게 공급될 수 있는 가능성에 영향을 미친다. 인공지능 시스템은, 이러한 문제들을 건조자산[built assets]의 비용 전망[cost projections]을 위한 요인으로 포함하기 위해, 산업 자재 유통 모형들, 선적 명세서, 하부 시스템을 위한 자재 청구서, 심지어 노동 평가에 대해서도 훈련받을 수 있다.

건설 일정 Construction schedule: 대부분 건설자는 건설작업들을 계획하고 관리하기 위해 프로젝트를 위한 건설 일정 모형을 만들기 때문에, 그러한 일정들은 인공지능 시스템을 위한 훈련 세트가 될 수 있다. 그 시스템들은 건설 유형building typologies, 건설 위치, 하도급업체와 제작자의 특수 조합, 그리고, 건설 비용 간의 패턴과 관계를 수립할 것이다. 건설자들에게 제공된 통찰은 특별한 디자인이 건설하기에 어렵거나 혹은 더 큰 비용이 소요되었는지에 대한 여부를 이해하도록 디자인 팀에게, 사전에, 제공될 수 있다. 그러한 정보는 개념 단계에서 특히 유용할 수 있을 것이다. 그러나 마찬가지로 기술적 생산단계에서 유효한 성능 평가를 가능하게 할 것이다.

건조 전략 Build strategy: 계약자들이 건설의 순서와 방법들을 모형화하기 위해 점점 더 정교한 시스템들을 사용하면서, 이러한 '5D' 데이터 세트들은 거시적 규모에서 구축 논리 도서관libraries of construction logic을 시작한다. 충분한 대규모 훈련 세트들과 더불어 그것들은 인공지능으로 생성된 건설계획을 위한 토대가 될 수 있다. 만일 결과적 전망적 모델러modellers가, 그것은 다양한 건설 접근법과 건설유형과 친숙하게 될 것이다, 인공지능으로 구동되는 시뮬레이터를 거쳐 '건설 가능성 평가자'로 기능할 수 있고, 건축가들에게 유용해진다면, 의도와 집행 간 알베르티의 차이는 더 나아가 마침표를 찍게 될 것이다.

앞서 말한 사례들은, 디자인과 건설 간의 결정적이지만 하부 시스템을 최대한으로 이용하는 의존성의 관점을 통해 추측해보자면, 인공지능 시스템들이 첫 번째로 나타날 것이고, 디자인을 기술적 성능으로 변환하는 과정에서, 그리고 특히 건설과 관련해서는 가장 유용하고 효과적일 것이라는 생각을 강화하기 위한 것이다. 건설 사업은 비생산적이고 예측할 수 없다는 쉬운 결론을 감안하면, 그러한 향상을 건축가, 건설자 그리고 그들의 의뢰인들도 마찬가지로 환영하고 수용할 것이다.[9]

자동화 구축 CONSTRUCTING AUTOMATION

1.4장에서 우리가 조사하였던 도색 로봇들the painting robot은 디자이너들에게 중요한 변화의 신호를 보내고 있다. 그 사실 중 적잖은 부분은 그들의 프로젝트들은 더욱 정교하게 적용된 색상과 질감으로 장식될 것이라는 가능성이다. 네그로폰테Nicholas Negroponte가 기계에 의한 프로세스의 자동화에 대한 초기 탐색에서 제안한 바와 같이, 디지털 기술을 결합시키는 방향으로 나아가는 첫 단계는 아날로그 프로세스를 복제하기 위해 디지털 기술을 사용하는 것이다. 그리고 분명히 이것은 우리의 도색 로봇이 시작할 곳이다. 그렇지만 네그로폰테는 더 나아가 예전에 이러한 프로세스들을 완전하게 통합하고 이해하였다. 그들의 역량은 그들의 창시자가 예측할 수 있었던 것을 훨씬 뛰어넘어 확장될 것이라고 추측하였다.[10] 우리의 도색 로봇은 반복적으로 표면을 도색하고 다른 프로젝트에서 동일한 작업을 하는 다른 로봇들과 그 성공과 실패의 교훈을 공유함으로써 자신의 기법을 향상시킬 것이다. Doxel과 경쟁업체들이 제작한 건설관리 로봇에서 생성된 데이터는 더 많은 통찰을 지원할 것이다. 언젠가 로봇 도색기robotic painter는 건설 프로젝트의 다른 측면들을 설치하고 조립하는 인공지능으로 증강된 자율적인 동료를 가지게 될 것이다. 그리고 그 로봇들의 절차와 프로토콜은 건설building을 진정으로

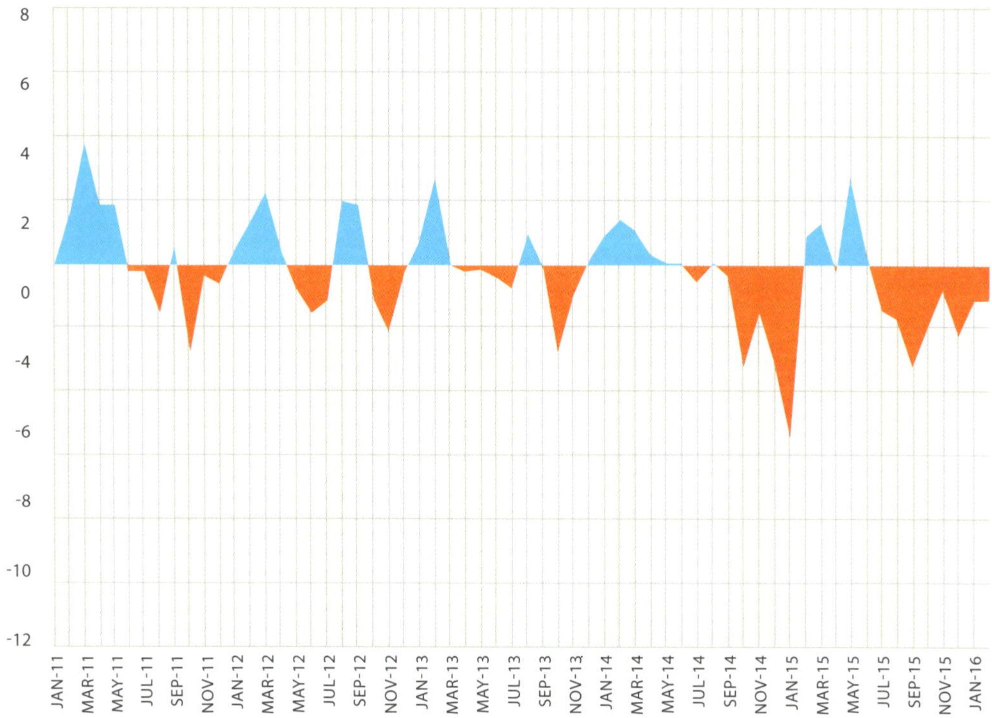

3.3.6:
미국에서의 자재가격 변동성, 2006-21[11]

현대화할 수 있는 건설 통찰construction insight의 접근 가능하면서도 진화하는 자료로 통합될 수 있다.

건축가들에게 이것은 뜻깊은 의미가 있다. 그것은 그들 업무의 자동화를 의미하는 것이 아니다. 건설자들도 마찬가지다. 그것은 알베르티가 6세기 전에 정의하였던, 그리고 그 이후로 우리 산업을 특징짓거나 혹은 괴롭혀 왔던 디자인 의도와 건설 집행 간의 분리를 종결지을 수 있다. 구축 논리construction logic의 예시화는 로봇에게 현장에서 그것을 규정하도록 하는 것을 유용하게 할 수 있다. 그러나 또한 그 로봇 작업의 최종 결과를 설정하고 있는 디자이너에게도 마찬가지다. 오늘날 건축가가 자신의 디자인의 궁극적 상태를 빌딩 정보 모형을 통해 전망하는 곳에서는, 그 디자인은 '저게 어울려?'와 같은 작은 질문에서부터 '저걸 지을 수 있을까?'와 같은 큰 질문에 이르기까지 질문에 답할 수도 있는 건설 시뮬레이터와 연결된 BIM에 의해 정보를 제공받을 수 있다. 그런 의미에서, 인공지능의 업무 자동화 잠재력은 디자인의 잠재력을, 감소시키기보다, 확대한다.

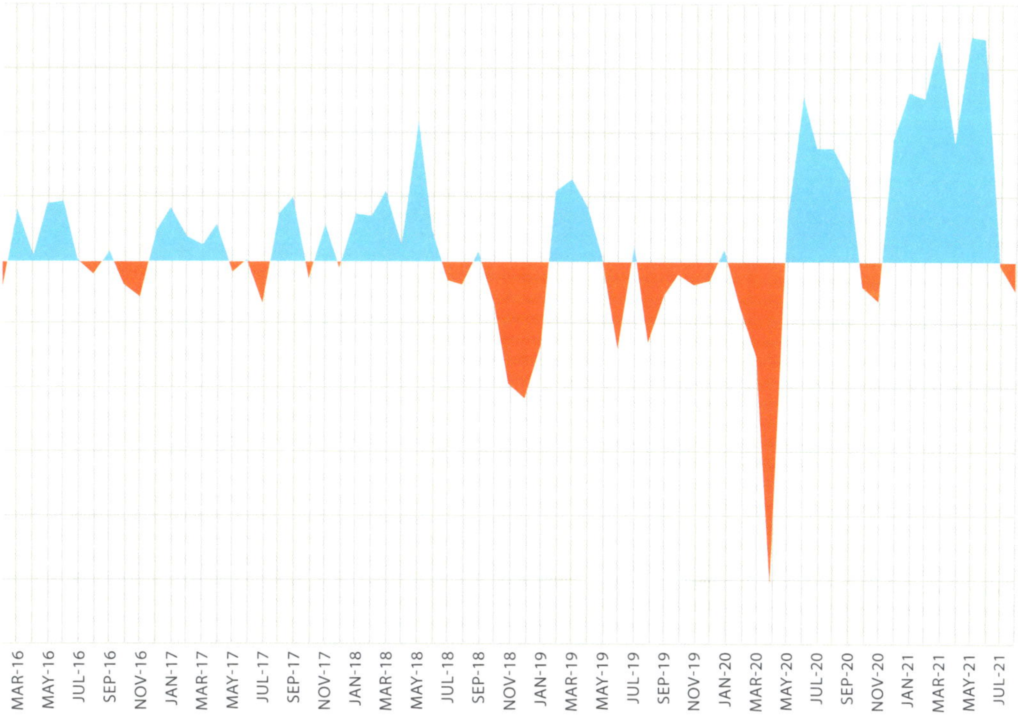

3.3.7:
건설 과정 분석을 위해 BOSTON DYNAMICS ROBOT를 사용하고 있는 FOSTER + PARTNERS.[11]

디자인 노동

3.4 LABOUR OF DESIGN

≫ 건축가와 같은 지식노동자의 노동은, 그들의 많은 전문적 상대들과 마찬가지로, 기계가 건축 업무들을 수행할 수 있을 때 다르게 보일 것이다. 노동과 노동자의 유형들, 그 하부에서 그들이 활동하는 표준, 실무자들과의 상호작용, 그리고 프로젝트들은 발전할 것이다. 디지털 플랫폼들이 장비에서부터 지각적 협력자로 진화함에 따라서 말이다. ≪

나의 첫 정규 직장은 1979년 건축가의 사무소였다. CAD 이전 시대인 그때, 우리의 작업은 커다란 도면 테이블에 붙어있었고 거대한 마일라mylar 시트 위에 플라스틱 리드plastic lead[1]가 준비되어 있었다. 노스캐롤라이나주 샬럿에 위치한 작은 사무실은, 만일 무덤덤하게 말하자면, 규칙적인 건물routine buildings이 되는 실시도면들을 완성하였던 알찬 실무 사무실로 알려져 있었다. 그 건물들은 예산을 낭비되거나 혹은 누락하지 않았다. 나는 테네시Tennessee에 있는 개성 없는 쇼핑몰을 위한 실시설계 도면작성construction documents 준비를 돕는 역할을 하였다. 아직까지 가끔 꿈에 나타난다.

설계실에는 우리 중 20명 혹은 그 정도 있었다.—나는 스튜디오에 전화하는 것을 망설이는데, 왜냐하면 대화를 이어갈 만한 디자인이 거의 없었기 때문이었다.—그들 중 두 명 혹은 세 명은 건축 제도공(여성이 아님)이었다. 이들은 나이가 많았고, 몇몇은 건축학위 소지자였지만, 누구도 면허는 소지하고 있지 않았다, 그들은 아름답게 도면과 글씨를 그렸으며, 하나의 건물로 합치는 방법에 대해 많이 알았고, 결코 의뢰인 앞에 나타나지 않았으며, 그리고 더 많은 교육을 받았지만, 훨씬 적은 경험을 지닌 나 자신과 같이 건축가들을 보좌하는 젊은이들에게는 끊임없는 지식의 원천이었다. 그 시대에는 어떤 규모든 많은 사무실에는 이 같은 사람들이 있었다. 그들의 주요 작업은 모든 다른 건축적 책임들을 다른 사람에게 맡긴 채로 도면을 작성하는 것이었다. 이 회사에서의 15개월 중 후반에 사무소 경영자는 '컴퓨터 지원 제도CAD'라고 불리는 새로운 아이디어를 연구하기 시작했다. 그것은 제도공들이 새로운 기법으로 인해 완전히 해고되는 것을 의미했다.

기술과 디자인 노동 제도판에서 BIM까지

TECHNOLOGY AND DESIGN LABOUR FROM DRAFTING TABLE TO BIM

20년 후, 이러한 종류의 현명하지만 등록되지 않은 제도공들은, CAD로 전환하지 못한 채로, 대개는 직장을 잃었다. 그들의 직업은 젊고, 디지털적으로 유능한 CAD 운용자들로 대체되었다. 그들은 컴퓨터를 두려워하지 않았고 컴퓨터를 이용해 도면을 그리는 기술을 보유하고 있었다. 건축 사무소에 거의 한 사람도 이 시기에 제도공으로 훈련받거나 고용되지 않았다. 즉 훈련 중인 젊은 디자이너들이 이 역할들을 채웠다.

3.4.1:
스키드모어, 오윙스 엔드 메릴SKIDMORE, OWINGS & MERRILL의 사무소, 시카고, 1958

오늘날 비서들이 더 이상 타이핑을 하지 않지만, 더 보편적인 업무를 지원하기 위한 직원인 것과 마찬가지로, 건축 직업은 더 이상 생산업무(제도)로 차별화되지 않았지만, 좀 더 주변적인 역할들과 책임들(디자인, 건설 행정, 시방서)로 차별화되었다.

요즈음 회사들이 모든 종류의 기술에 완전히 의존함에 따라, 네트워크 관리 혹은 심지어 BIM 데이터 코디네이션을 위한 전문기술자들이 존재한다. 그러나 그러한 역할들은 제한적이며, 확실히 청구 가능한 작업에 이바지하지 않는다. 그리고 비록 어제의 'CAD 원숭이들'이 오늘의 'BIM 원숭이들'이라 할지라도, BIM 작업은 일상적인 제도[routine drafting]가 아니다. 왜냐하면 BIM 도구를 사용하는 것은 하나의 건물로 한데 모이는 방법과 그것을 적절하게 표현하는 방법에 대한 강력한 이해를 요구하기 때문이다. 그러나 오늘날에서조차, 더 큰 규모의 회사들은 데이터 관리에, 혹은 어떤 경우에는, 소프트웨어 개발에 전문기술자를 고용하지만, 실무에서는 대체로 기술직 전문가를 찾아볼 수 없다.

기계학습 도구의 출현은 이러한 경향을 진보시킬 것이다. 그것은 다른 유형의 건축노동자에 대한 수요를 발생시킬 것이다. 내가 인공일반지능은—특히 적정 건축가가 지닌 다재다능한 역할의 단계로 진입할 수 있는 인공일반지능은—미래에 요원하다고 주장했던 바와 같이(2.4장을 보라), 건축에서의 인공지능 시스템은 특정 업무들에 있을 것이고 자연적으로 기술적일 것이다. 그리고 더 폭넓은 디자인 사업을 지원할 것이다. 그러한 시스템들은 입력, 출력, 데이터 수요, 그리고 인공지능시스템과 더 폭넓은 디자인 정보 인프라와의 관계에 대해 전문적으로 이해하여야 할 것이다. 이것은 다방면의 지식을 가진 사람으로서 훈련받는 건축가들이 이해할 것 같지도 혹은 솔직히 많이 관여할 것 같지도 않은 기량들이다. 다시 말해 그러한 시스템들의 결과물[outputs]은 큰 관심거리가 될 것이다. 그러한 출력을 생산하는 프로세스는 그다지 많지 않기 때문이다. 알렉사[Alexa]의 2030년 버전에게 간단히 '내 프로젝트에 탄소가 얼마만큼 내재되어 있지?'라고 물어보는 것은 좋겠지만, 그 대답에 이르는 과정은 훨씬 더 복잡할 것 같다.

기술, 공급과 수요 TECHNOLOGY, SUPPLY AND DEMAND

나는 인공지능 시스템들은 기술적 도면 생산, 데이터와 문서관리, 그리고 정보 제어의 좀 더 일상적 측면들[routine aspects]을 자동화할 것 같다는 정도까지 주장해 왔다. 고해상도의 렌더링을 생성하는 오늘날의 3D 모델링 플랫폼들이 대개 전문적 (아날로그 그리고) 디지털 렌더러[renderer]들을 존폐 위기로 내몰았다. 사무실에서 그러한 직업들은 상실될 것이다..

그렇지만, 새로운 직업들이 있을 것이다. 건축은 생산에서 특히 디자인으로 되돌려주기 위해 건설에서부터 획득한 지식과 통찰을 전환할 인공지능 기반 프로세스와 관계에서, 이러한 시스템들을 관리할 수 있는 전문가들을 필요로 할 것이다. 복잡한 기술적 분석과 빌딩 성능 평가는 디자인 생성의 필수적 요소가 될 것이다. 실무를 위한 딜레마는 그러한 작업과 재능의 가용한 공급을 감당할 전문기술자에 대한 수요를 매핑[mapping]하는 것이 될 것이다. 만일 인공지능 기반 시스템이 개념설계 단계에서 당신 건물의 탄소발자국 혹은 강제-노동-자유 공급 사슬 조달을 최적화하는 데 도움이 된다면, 그 작업은 기껏해야 간혹 일어나는 일이고 아마도 다른 인공지능 시스템들과의 상호작용은 중간중간에 일어날 것이다. 3.2장에서 제안한 데이터 신탁data trust은 어디에나 존재하는 데이터를 제공할 것이지만 그것을 잘 활용하는 것은 어려울 것이다.

유럽과 중동에서 건축과 공학 전문가들에 대한 최근의 설문 조사에서, 회사들의 70%가 빅 데이터, 데이터 과학, 그리고 기계학습이 떠오르고 있는 중요한 기술들이라고 보고하였다.[1] 훨씬 적은 수의 회사들이 그것에 대한 무엇인가를 실제로 하고 있다. 인공지능으로부터 실제적인 작업을 실현하고자 하는 그 회사들은 -내가 생각하기에, 제한적인 성공을 거두며, 데이터 과학자와 기계학습 전문가들에 대한 전 지구적인 수요와 경쟁하고 있다. 그들 중 상당수가 영국 실무에서의 동료 건축가들의 봉급보다 나은 초기 급여를 받고 있다.[2] 한편 인공지능 전문가는 차기 10년 동안 성장하겠지만 공급과 수요를 일치시키는 것은 어려울 것이다.

다니엘 서스킨드가 *노동 없는 세계, 기술, 자동화, 그리고 우리는 어떻게 대응해야 하는가*A World Without Work: Technology, Automation and How We Should Respond*(직업의 미래: 기술이 인간 전문가의 업무를 어떻게 변화시킬 것인가*The Future of the Professions: How Technology Will Transform the Work Of Human Experts 의 후속작)에서 주장한 바와 같이, 기계 지능은, 시간이 흐름에 따라, 직업을 완성하기보다 업무에 대한 책임을 대신한다. 그렇지만, 건축에서 전체 업무 제거는 직업을 제거할 것이다, 만일 시공도면 작성 혹은 건설 행정 데이터 관리와 같은 생산 관련 활동들은, 적어도 미국에서, 건축가의 서비스에 대한 기준 요금의 35% 정도를 구성한다는 단순한 이유를 보자면 말이다.[3] 이러한 작업의 자동화는, 적어도 현재의 사업 모형들 하에서는, 노동자가 더 적다는 것을 의미한다. 소위 서스킨드가 기술한 '표준 모형cannonical model'은—그곳에서는 혁신으로 인해 파괴된 직업들은 새로운 기술들을 창조하도록 요구받는 직업으로 대체된다.—소위 '아우터-레비-머네인 가설Autor-Levy-Murnane(ALM) Hypothesis'[2]이라는 새로운 주제에 자리를 내주었다. 이 가설은 노동의 일상 업무들은 컴퓨터에 의해 제거될 것이라고 선언하고 있다. 그러한 업무들이 복제를 위한 기계학습 시스템을 가르치기에 가장 용이하기 때문이다. 나의 경력 초기의 제도공 동료들처럼, 숙련된 노동자들은 결국 대체된다.[4] 희소 직업들이 다시 나타나지 않는 결과를 초래하면서 말이다.

그게 아니라면 적어도 사라지기보다 희소 직업들이 재등장할 것이다. 건축가에 대한 현재의 수요를 고려하자면 말이다. 그렇지만 또 다른 시나리오가 있다. 그곳에서는 인공지능 기술이 전문직에 대한 수요가—CAD 초기 시절의 상대 역할을 하던 사람들과 같은 심지어 다른 직무를 수행하던 이들까지도—훨씬 높아질 정도까지 건축가들에게 힘을 부여한다. 영국에서의 BIM의 역사는 이 같은 경우가 그림3.4.2에서 증명한 바와 같은 사례가 될 수도 있다는 것을 보여준다.

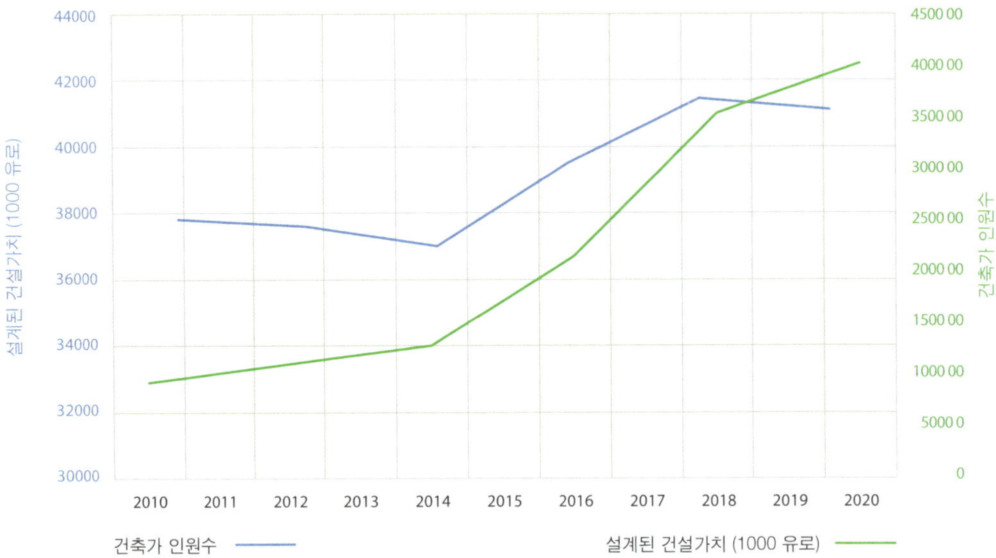

3.4.2:
영국 건축가에 대한 수요와 설계된 관련 건설 가치[6]

BIM이 선보인 고유한 효율성과 레벨2 요구조건Level2 requirements이 추진한 BIM의 적용에도 불구하고, 이론상으로 그것은 건축 직위들을 서서히 감소시켜야 한다. 그리고 심지어 2020년에 설계된 건설 가치designed construction value의 하락에도 불구하고, 영국에서의 건축 직무의 수는 십 년 동안 꾸준히 증가하였다. 아마도 더 나은 작업은 더 많은 고용을 낳을 것이다.

재능, 공급과 수요 TALENT, SUPPLY AND DEMAND

인공지능 시대의 실무는 따라서 전문지식 노동의 가치, 기계 생산과 데이터의 중개 거래를 수반할 것이다. 전문직은 다양한 규모의 사업에 걸쳐 이러한 재능에 접근할 수 있는 방법을 찾을 필요가 있을 것이다. 왜냐하면 특히 전 세계에 걸쳐 대부분 회사는 상대적으로 소규모이고 평균적으로 직원 수가 10명 이하이기 때문이다.[6] 더 큰 회사들은, 좀 더 인간적 · 재정적 자원으로, 인공지능의 역량을 얻을 수도 있지만, 실질적 변화가 가능하도록 하기 위해서는 더 폭넓은 전문직이 인공지능 자산에 접속할 수 있어야 한다.

3.2장에서 설명한 산업 데이터 신탁에 대한 지능적인 설계는 그러한 재능을 위한 중앙시장과 그 시장에 접속할 수 있도록 해주는 인프라를 수반할 수 있다. 수요와 역량을 일치시키는, 소위 긱 이코노미gic economy[3]라는 기술들은 그러한 시스템을 위한 템플릿이다. 오늘날의 승차 공유 및 아파트 공유 서비스처럼, 이러한 시스템들은 그들 스스로 사용되지 않는 자원들을 그것들이 필요할 수도 있는 사람들과 제휴하기 위해 인공지능을 사용한다. 디자인 실무에서 인공지능 제정enactment이 업무 지향적이 된다면, 어쩌면 데이터 신탁은 전 지구적 디자인 산업에 제시하는 가치제안value proposition의 한 부분으로서 그러한 플랫폼을 관리할 수도 있을 것이다.

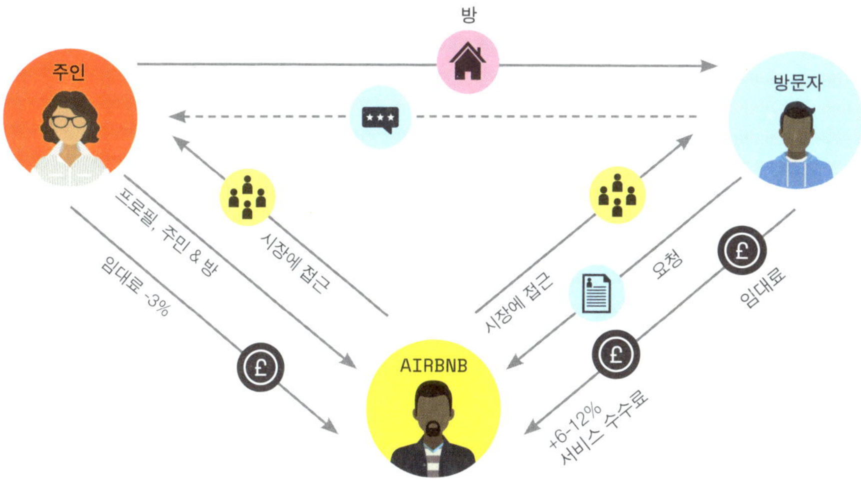

3.4.3:
에어비앤비의
비즈니스 모형,
숙박수용인원과
여행자 수요 매칭

코로나-19 팬데믹 기간 동안 건축가들에 의한 1년 이상 디지털적인 역량을 갖춘 지식 노동이 증명한 것은 디자인 작업은 원거리에서 작업하는 직원과 더불어 효율성에서 상대적으로 손실이 적고 전 세계로 분배될 수 있다는 것이다. 인공지능 전문지식은, 이러한 재능이 공평하고 효율적으로 사용될 것이라는 가능성을 더 높이면서 유사하게 적절히 사용될 수 있다.

윤리적 노동과 인공지능 ETHICAL LABOUR AND AI

건축 전문직은 노동 평등에 대해서는 훌륭한 평판을 즐기지 못한다. 그리고 기계 지능의 출현은 그러한 초라한 기록을 확대하기 위한 전략으로 여겨져서는 안 된다. 다른 학구적 전문가들과 비교하여 상대적으로 급여는 낮다.[7] 경제만큼이나 불확실한 안정된 직장과 심지어 가장 유명한 사무소들은 노동학대labour abuse에 관한 자연스러운 평판을 받고 있다.[8] 미국에서 대부분의 건축노동자들은 고용주들에게 시간을 제한하고 초과시간에 대해 최소한의 지불하도록 하는 노동법에서 면제되어 있다. 그들에게 '전문 노동자professional workers'로서 특성을 부여하면서 말이다. 판에 박힌 CAD 작업을 하는 것은 그다지 많지 않다. 즉 인공지능을 랭글링wrangling[4]하는 것이다. 그것은 전적으로 사실이다.

어떤 파괴적 기술disruptive technology처럼, 인공지능은 건축가의 지식 노동에 기회를 제공하면서도 위협하기도 한다. 나의 예일대학교 동료인 페기 디머Peggy Deamer가 주장해 온 바와 같이, 많은 건축노동자들은, 특히 면허가 없거나 혹은 경험이 부족한 노동자들, 불안정 노동자들precarious workers이 될 수 있다. 그들의 노동 생활들은 장시간, 저임금, 경쟁, 그리고 일반적으로 인적자원의 부실한 관리로 인해 불안정하다. 많은 건축가는 학교의 디자인 스튜디오에서 배운다. (그곳에서는 시간이 무한정한 자원으로 간주된다.)[9] 인공지능은, 과거의 자동화 기술 중 많은 기술과 마찬가지로, 무자비한 효율성에 대한 관심 속에서 배치될 수 있다. 노동자의 복지에 대한 고려는 거의 없이,

오늘날 아마존의 창고에서 일하도록 누군가에게 요구하면서 말이다.[10] 기계를 기반으로 하는 고용 시스템에 의해 생성되는 기회들을 자격을 갖춘 지원자들에게 제공하지 않으면서, 노동자와 직업을 매치하는 시스템들은 (고용 노동자의 이력서와 같은) 데이터 세트의 편향성biases을 보여주는 예라는 것을 증명해 왔다. 현대의 컴퓨터사용을 이끌어가는 채굴산업에 종사하는 노동자들은 종종 착취당하며 산업체에서 제공하는 컴퓨터로부터는 어떠한 혜택도 발견한 것 같지 않다.

구글에 대한 자신의 불행한 기록에서, 팀니트 게브루Timnit Gebru는 인공지능의 개발은 반드시 그것의 폭넓은 의미들에 대한 이해와 병행하여 이루어져야 한다는 사례를 제시하고 있다.

> *≫ 인조인간의 행태synthetic human behavior에 관한 작업은 윤리적 인공지능 개발에서 명백하게 정의된 것이다. 그곳에서 하류부문downstream[5] 효과를 이해할 필요가 있다. 사회와 다른 사회집단에게 미치는 예측 가능한 해로움을 차단하기 위해 그 영향력에 대한 모형을 만들어야 한다. 덧붙여 마찬가지로 필요한 것은 이익, 피해, 그리고 인간을 흉내 내는 것이 지닌 리스크에 관한 학문이다. 그리고 영향을 받는 공동체들과의 협력 디자인을 허용하는 충분히 구체적인 이용 사례에 근거한 대상 업무들target tasks에 대한 사려 깊은 설계가 필요하다. ≪*

하류부문 효과를 모델링하는 것은 인공지능으로 구동되는 디자인의 미래가 보일 것 같은 것이다. 건축의 경우에, ―우리의 의뢰인들과 노동자들, 그리고 전문직을 포함한― 영향을 받는 공동체들은, 제공자와 학계와 협력하여 작업하면서, 조언에 최대한 귀를 기울이며 오늘날 인공지능과 공평한 방법을 구상하기plotting 시작할 것이다.

(1.5장에서 논의한 바와 같이) ALM 가설ALM hypothesis이 시사하는 바는 고도로 숙련된 노동자들-인공지능을 창조하고, 개발하며, 그리고 관리하는 노동자들과 같은-은 예전에 기계들이 수행하는 지식 노동 수요에 남게 될 것이라는 점이다. 개인적 서비스 혹은 저녁 식사에 종사하는 직업들 같은, 매우 낮은 수준의 기술을 지니고 지역적인 직업들 또한 마찬가지로 남게 될 것이다. 서스킨드의 '딜버트 가문의 학살massacre of the Dilberts'[6] 에서, 그 사이에 있는 많은 직업은 사라질 것이다. 이러한 시나리오에서 대부분의 건축 직업들은 아마도 안전할 것이다. 그러나 우리가 설계하는 건물들을 위한 사회는 엄청난 영향을 받을 것 같다. 사회적 평등의 다른 이슈들과 마찬가지로, 전문직이 미래의 건조 환경을 책임감 있게 디자인하는 것을 본격적으로 착수하여야 하는 이러한 문제를 목록에 추가하는 것이 최선이다.

가치제안과 비즈니스 모형

3.5 VALUE PROPOSITIONS AND BUSINESS MODELS

≫ 건축에서의 기술적 변화는 프로세스를 변화시켜 왔지만, 건축가의 서비스 가치는 변하지 않았다. 수 세기 전에 발생한 실무의 비즈니스 모형들은 현장에서 견고하게 유지되어 왔다. 지능적인 기계 자동화로 만들어진 새로운 도구들과 역량들이라는 차세대 물결은 분명해 졌다. 전문직은 이러한 순환을 끊을 최상의 기회를 얻었다. 더 넓은 건설 산업에 대한 가치 관계를 재검토하고 수정하면서 말이다. ≪

*건축가 모으기: 전문 실무의 역사와 이론*Assembling the Architect: The History and Theory of Professional Practice 이라는 미국 건축실무의 최고의 역사에서, 조지 바넷 존스톤George Barnett Johnston은 톰 썸택Tom Thumtack, 건축가의 허구적인 변형된 자아인 프레드릭 스콰이어Frederick Squires의 눈을 통해 20세기 미국 건축가의 정신psyche을 탐색하고 있다. 그는 *아키텍토닉: 건축가 톰 썸택의 이야기*Architec-tonics: The Tales of Tom Thumtack, Architect라고 불리는 실무에 관한 삽화가 실린 책을 저술하였다. 존스톤이 인용하고 있는 것처럼, 톰은 수수료에 대한 우려를 상술하고 있다.

> *≫ 우리는 비용의 일정 비율을 지급받는다. 그러나 유능한 건축가는 그 비용을 낮게 유지하는 건축가이다. 따라서, 자신의 보상을 줄이는 데 최선을 다함으로써, ... 의뢰인은 낮은 비용을 유지하기를 원한다. 그리고 자신의 건축가는 이 비용 내에서 자신을 도와야만 한다. 그러나 특수한 작업의 비용이 적어질수록 보상은 적어지며, 건축가가 그것으로 자신의 평판을 얻는 수행이 아름다워지기도 힘들 것 같다.[1] ≪*

톰은 시스템 내에 두 개의 극심한 모순을 지닌 건축가에 대한 보상시스템의 외양적 부조리를 설명하고 있었다. 첫째, 건축가의 수수료가 건설비용에 대한 비율을 기초로 하고 있다. 건축가가 프로젝트를 가격성능price performance에 맞추기 위해 더 열심히 할수록, 건축가는 더 적은 수수료를 받는다. 둘째, 오늘날 꽤 일반적인 그 경우에 수수료가 일시불로 전환된다고 했을 때, 의뢰인은 수수료의 재정적 리스크를 건축가에게 전가시켜왔다. 이제 반대로 건축가는 그 의뢰인에 봉사하기 위한 일을, 더 많이 하기보다, 더 적게 하도록 종용받게 되고, 그로 인해 얼마간의 수수료의 나머지를 이익으로 보존한다.

건축가에게 건설비용의 일부 비율을 수수료로 지불해야 한다는 생각은 수 세기 전 유럽에서 기원한 것 같다. 존스톤은 이러한 궤적을 탐색하면서, 유럽에서 훈련을 받고, 미국으로 건너온 영국 이민자인, 소위 '최초의 미국 건축가'인 벤자민 라트로브Benjamin Latrobe를 인용하고 있다.

> *≫ 그들의 작업에 대해 청구하는 것은 프랑스, 독일, 그리고 영국 내에 자리 잡은 건축가의 관습에 있다. (영국에서는, 법정의 많은 판결로 확정되었다.) 1.건축가의 디자인을 집행하는 과정에 발생된 전체 비용의 5%의 수수료, 2.가구가 설치되면, 그 난이도, 수량, 혹은 아름다움의 정도에 따라, 적정한 도면에 상응하는 금액, 3.작업 장소가 건축가의 일반적인 거주지와 멀리 떨어져 있을 경우- 모든 여행 경비 및 시간 손실에 대해서는 1일당 소정의 금액.[2] ≪*

프로젝트의 복잡성에 따라 조정되고, 여행에 대한 변상비용들이 덧붙여진, 오늘날 건설비용의 비율에 따른 수수료의 기원이 여기가 분명하다. 그리고 오늘날 대서양 양 연안 국가에 남아 있다.[3]

상품 저항 COMMODITY RESISTANCE

심지어 건축만큼 진정으로 현대화하기를 꺼리는 또 다른 현대 사업을 상상하는 것은 어렵다. 건축의 사업 모형들은 본질적으로 18세기의 선례에서부터 변하지 않았다. 하지만 건축은, 건설 산업의 많은 분야처럼, 최저 최초 비용이라는 근본적인 가치 전략과 관련이 있다. 그곳에서 건축 서비스는 강철, 석고보드 혹은 카펫 깔기와 다르지 않은 방식으로 값이 매겨지고 구매된다. 즉 수행되었을 때의 가치, 특히 프로젝트 생애주기에 대해서는 관심을 훨씬 적게 기울이면서 가격 경쟁에서는 최대한의 압박을 받는 방식으로 말이다.

실무에 대한 인공지능의 두 가지 직접적인 의미 중 어느 것도, 특히 건축가들에게는 낙관적이지 않다. 겉으로 보기에 다루기 힘든 우리의 모형을 생각하면 말이다. 더 많은 생산성은 초기 적용자들에게는 단기 이익을 제공할 수도 있다. 그러나 결국 시장에서 모든 경쟁자에게 유용하게 되었을 때는 그러한 경쟁 이익은 일시적이다. 그리고 빠르게 쇠퇴한다.[4] 인공지능이 건축가의 사무소에서 작업을 대체하여야 한다면, 상품화된 수수료는 비율로 포함되거나 혹은 더 악화될 것이다.[5] 이러한 필연적인 경제 논리를 고려하자면, 새로운 가치제안과 비즈니스 모형들을 찾는 것은 이러한 새로운 기술로부터 생겨난 단순히 멋진 혜택이 아니라 오히려 전문직 그 자체를 위한 존재적 필요성일 것이다. 만일 CAD 혹은 BIM 그 어느 것도 그러한 변화를 고취하지 못한다면, 인공지능은 그럴 수 있을까?

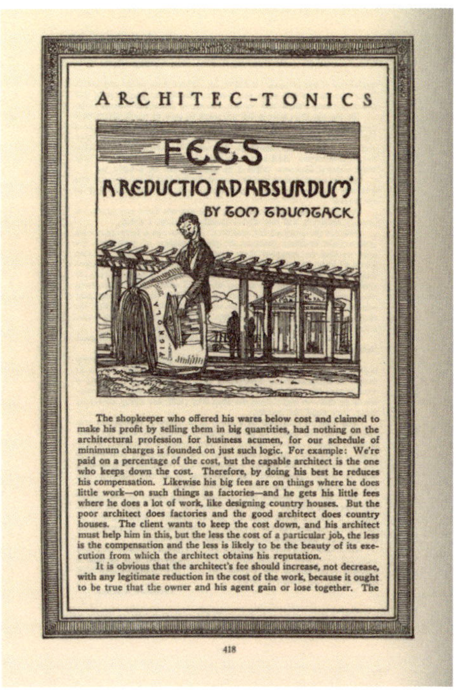
ARCHITEC-TONICS

FEES
A REDUCTIO AD ABSURDUM
BY TOM THUMTACK

The shopkeeper who offered his wares below cost and claimed to make his profit by selling them in big quantities, had nothing on the architectural profession for business acumen, for our schedule of minimum charges is founded on just such logic. For example: We're paid on a percentage of the cost, but the capable architect is the one who keeps down the cost. Therefore, by doing his best he reduces his compensation. Likewise his big fees are on things where he does little work—on such things as factories—and he gets his little fees where he does a lot of work, like designing country houses. But the poor architect does factories and the good architect does country houses. The client wants to keep the cost down, and his architect must help him in this, but the less the cost of a particular job, the less is the compensation and the less is likely to be the beauty of its execution from which the architect obtains his reputation.

It is obvious that the architect's fee should increase, not decrease, with any legitimate reduction in the cost of the work, because it ought to be true that the owner and his agent gain or lose together. The

418

3.5.1:
건축과 빌딩에서 켄트 록웰KENT ROCKWELL의 '수수료: 부조리로의 환원FEES: A REDUCTIO AD ABSURDUM', 46, 1914[6]

그러한 기술들이 프로세스를, 그리고, 어떤 방식으로, 건축 서비스의 결과들을 개선하였다는 데에는 의문의 여지가 없다. CAD는 도면작성을 좀 더 정확하고 효과적으로 만들었다. 건축가들에게 프로젝트를 기술적으로 형태적으로 좀 더 복잡하게 묘사할 수 있도록 하면서 말이다. BIM은 수행 팀delivery team의 모든 구성원에게 훨씬 높은 수준의 해상도과 투명성에서 디자인 정보를 생성하고, 조직하고, 통합하며, 그리고 교환하는 것을 허용해 왔다. 그것은 또한, 최소한의 방식으로, 디자인과 건설 사이의 정보의 차이를 메우기 시작하고 있다. 즉 3D 데이터의 가치를 이해했던 건설자들은 자신들의 작업을 지원하기 위해 그것을 요청하기 시작했다. 다른 디지털 기술들은 정보교환과 프로젝트의 의뢰인이 마주하는 이미지들client-facing-images을 개선해 왔다. (렌더링 혹은 심지어 가상현실 모형들을 생각해보라.) 하지만 이러한 개선에도 불구하고, 건축의 컴퓨터 연산을 컴퓨팅하는computing architectural computation 수 세기 동안의 오랜 방법은 대체로 온전하게 유지되고 있다. 그것은 이러한 향상된 서비스들이 비즈니스 용어 혹은 이익으로 전환되지 않았다는 것을 시사한다. 3.3장에서 기술한 맥리미 곡선MacLeamy Curve은, 생산과 수행 단계들의 비교가 뒤따르는 그곳에서 상대적으로 적은 노력의 수준에도 불구하고, 디자인 작업의 진정한 가치는 수행 프로세스의 초기에 있다는 것을 보여준다. 아마도 인공지능은 가치 전환을 시작할 것이다.

새로운 서비스, 조직적 전략들, 그리고 심지어 새로운 제품들에 대한 혁신적인 비즈니스 전략들을 검토하려는 의지는, 전문가로서의 우리의 수행능력 그리고 비즈니스 결과 양 측면에서, 인공지능의 위협을 향상을 위한 기회로 전환시킬 수 있다. 만일 이 문제에 대해서는 디자인 스튜디오가 제격인, 우리가 동일한 종류의 창조적 사고를 적용한다면 말이다.

새로운 가치 탐색하기 EXPLORING NEW VALUE

지난 수년 동안 우리는 예일대학교에 '디자인 실무의 새로운 가치제안 탐색하기 Exploring New Value Propositions of Design Practice'라고 불리는 과정을 제안해 왔다. 그 과정은, 더 나은 직업들은 더 나은 직업을 설계하면서 완성될 수 있다는 가설을 가지고, 학생들에게 건축의 비즈니스 모형에 대해 따져 묻기를 요구한다. 학기마다, 팀들로 구성된 학생들은 실무를 위한 가장 도발적인 새로운 모형이 될 것이라고 자신들이 믿고 있는 모형을 창조한다. 어떤 지점에서 건축 서비스의 가치가 비즈니스 모형으로 가장 잘 전환될 수 있는가?에 대한 질문에 대응하면서 말이다. 그 프로젝트들은 단지 두 가지 조건들을 따라야 한다. 즉 제안서는 유능한 건축가가 제공할 수 있는 것을 기초로 하여야 하고, 보상 전략은 상품화된 가격책정의 흔적, 그러니까 돈을 벌기 위해 허용된 고정적이지 않은 혹은 시간제 수수료를 완전히 폐기해야 한다.

정의에 의하면, 이 두 번째 제약조건은 전통적인 실무를 기초로 추정하는 옵션을 제거한다. 그것은 학생들을, 전문가적 경험과 주로 그들의 교수들이 운영하는 비즈니스에 의해 그들에게는 익숙한, 편안한 곳에서부터 멀리 밀어내려는 의도를 지닌 교육학적 착상conceit이다. 그렇지만, 그것은 전통적인 실무 모형들을 새로운 기술적으로 영감을 받은 가치, 즉 본 장章의 뒷부분에서 검토할 아이디어로 변모시키기 위한 접근방식이 없다는 것을 의미하는 것은 아니다.

이 수업을 가르친 몇 년 후, 몇 가지 지속적인 전략적 주제들이 학생들의 연구로부터 떠올랐다. 그 범위는 서비스 기회들, 조직organisation과 제품에 걸쳐 있다.[7] 이 아이디어들은, 그림3.5.2에서 도표로 설명하고 있는 바와 같이, 건축가, 의뢰인, 건설자들 간의 연결 관계connection와 관련하여 아이디어들이 맵핑될 수 있다는 사실과 들어맞았다.

» *수직화 전략VERTICALISATON STRATEGIES*, 이 전략에서 건축가들은 자신의 역할을 적어도 하나의 다른 전통적인 수행 역할을 덧붙이는 것을 당연한 것으로 여긴다.
» *지원 전략SUPPORTING STRATEGIES*, 이 전략에서 건축가들은 특별한 실력, 재능(그리고 종종 기술)을 (다른 건축가들을 포함한) 공급 사슬 일부에 서비스를 제공하기 위해 사용한다.
» *신장伸長 전략SPANNING STRATEGIES*, 이 전략에서 비즈니스가 수행 모형의 두 부문 간 중요한 연결 관계를 창조함으로써 가치를 이끌어낸다.

인공지능이 건축가들에 대한 수요를 감소시켜야 한다면, 이러한 접근법들은 다른 기회들을 위한 개략적인 로드맵이다. 그렇지만, 그것들은 지능적인 기계들을 통한 자율적인 컴퓨터사용의 파괴적인 힘이 건물을 만드는 전체 프로세스에서 건축가를 위한 새로운 지렛대와 힘을 창조할 수도 있다는 것을 암시한다. 예를 들자면 아래와 같다.

*제작과 조립의 절차적 지식을 토대로, 프리패브리케이션prefabrication과 산업화된 건설을 겨냥한 확고한 인공지능 구동 디자인 계획*은 건축가들을 건설의 수단과 방법에 충분히 근접할 수 있도록 이끌고 있다. 그렇게 함으로써 건축가들은 하도급 계약sub-contracting 혹은 심지어 건설관리의 의무까지도 수행할 수 있다. 건설과 디자인 전략을 견고하게 결속시키며 BIM을 지렛대로 삼으려는 시도들이 있어 왔다. 현재 선례가 되고 있는, SHoP Architects가 뉴욕에서의 자신의 포터하우스 프로젝트Porter House project에서 외부 울타리 제작자들에게 디지털 제작 데이터를 직접 초기에 제공한 것과 유사한 방식으로 말이다.

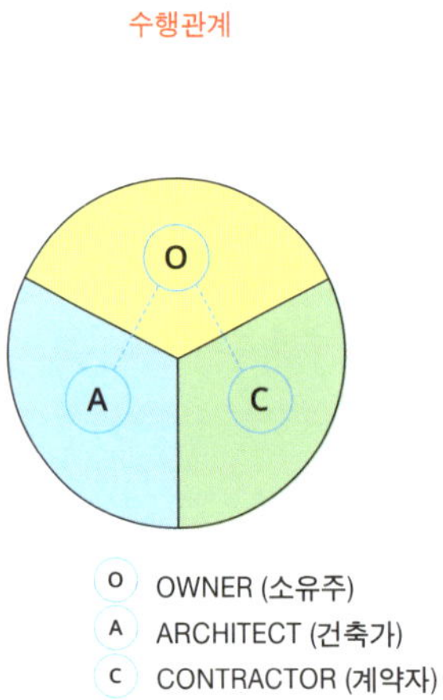

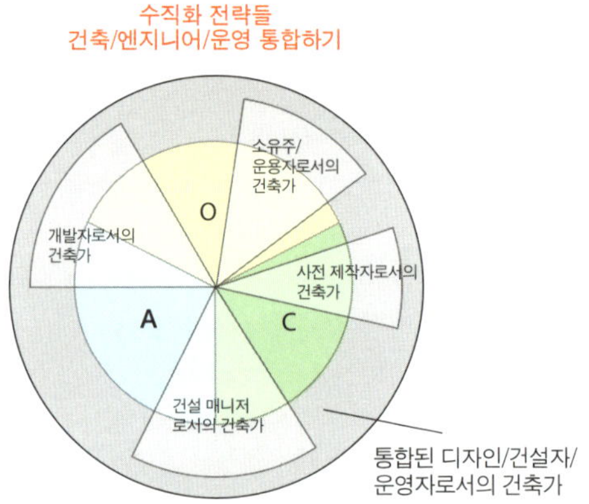

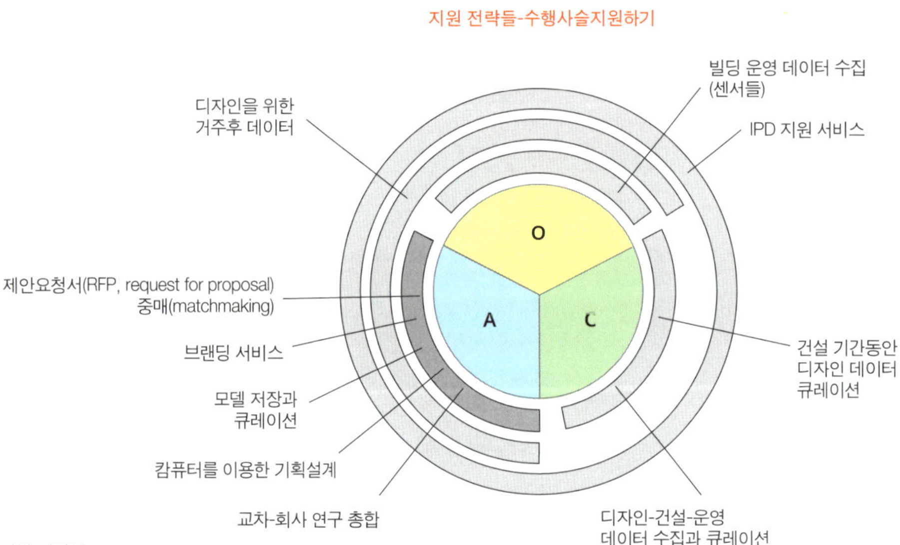

3.5.2
수행 관계와 대안적 건축 실무의 전략들 (예일대학교 과정 2230B/ 디자인 실무의 새로운 가치제안 탐색하기) 그리고 이러한 유형으로 분류된 학생들에 의해 제안된 많은 비즈니스 사례

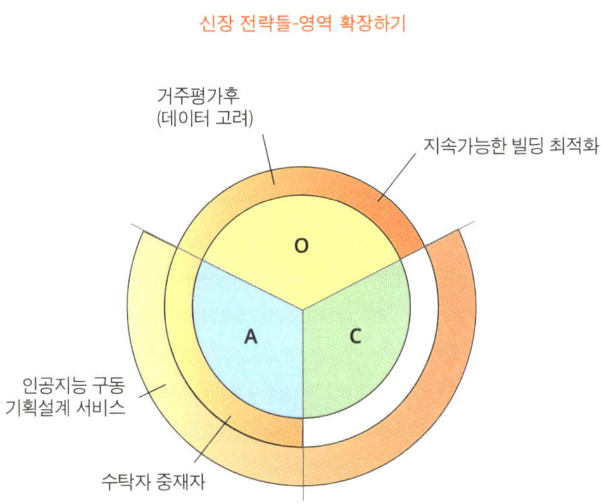

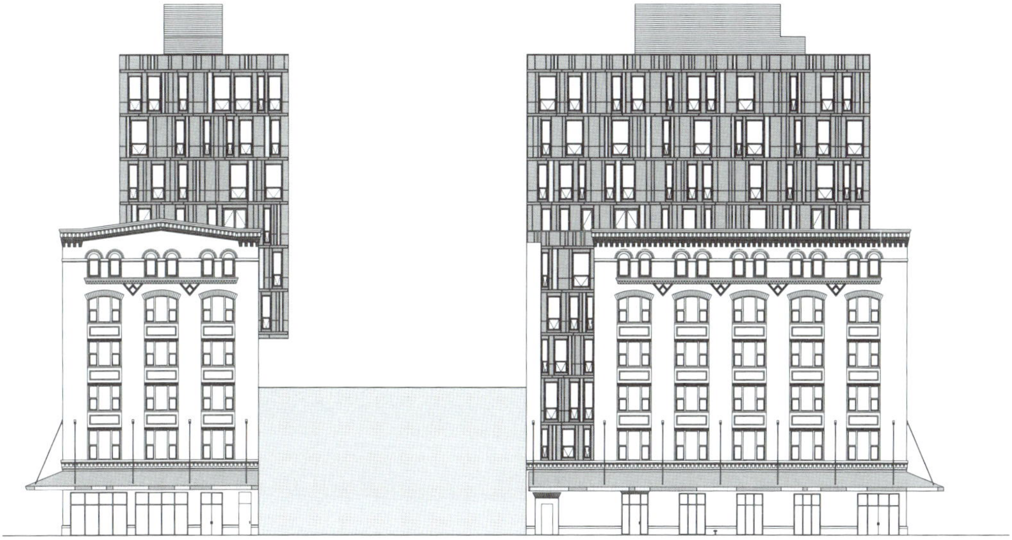

3.5.3:
SHOP ARCHITECTS,
포터 하우스 증축,
입면

특정한 기술적 디자인 목표를 지원하는 인공지능 기반 의사결정 시스템에 상당한 투자를 하는 회사는 투자를 회수하고 유사한 과제를 지닌 다른 회사 혹은 다른 디자인들에 대한 검증 서비스로 의뢰인에게 결과적 전문지식을 제공하는 함으로써 이익을 얻는다. 주어진 분야에 심오한 전문지식을 소유한 건축가는, 말하자면 의료시설 디자인health design, 그러한 빌딩 유형에서 해결책을 평가하거나 혹은 생성하기 위한 인공지능 기반 분석 시스템들을 개발하는 데 상당한 투자를 해왔을 것이다. 예를 들어, 의료 실무는 병상 배치의 운영에 관한 깊은 지식을, 글로벌 데이터 신탁global data trust으로 (좋은 사례 혹은 나쁜 사례들을 가지고) 훈련받아온, 인공지능으로 전환해 왔을 것이다. 그 시스템들이 지닌 경쟁적 이점은 분석적 결과들을 병원에 대한 더 큰 맥락의 전체 해결책으로 적절히 이용하는 데에 있다. 인공지능 플랫폼은—그것은 병상 배치를 운영하는 것에 매우 '정통knowledgeable'하다.—(어쩌면 경쟁은 문제가 아닌 또 다른 지리적 위치에서) 작업을 하는 다른 회사들에게 혹은 기존 시설들을 평가하기 위한 현재의 병원 의뢰인들에 대한 서비스로서 유용할 수 있다. 이것은 새로운 기회 창출을 위한 합리적인 비즈니스 개발 전략과 마찬가지로 그 자체로 수익성이 좋은 비즈니스가 될 수 있다. 2.4장에서 언급한 바와 같이, 오늘날 현재의 선례가 되는 것은 필라델피아 건축가들이 설립한 키어런 팀버레이크Kieran Timberlake[1]이다. 그 회사는 Tally© 탄소 평가 도구를 통한 에너지 평가에서 전문지식을 공유하고 있다.

대학교 혹은 소매업 운영자와 같은—기관 의뢰인과 장기적 관계를 맺고 있는 건축가는 그들을 위해 많은 건물을 디자인해 왔다. 빌딩 제어 운영 시스템에서 추출된 데이터 스트림data stream[2]으로 디자인 모형 데이터를 매핑하면서, 건축가는 이 고객의 빌딩 기초에 관한 대규모 데이터베이스를 수집해왔다. 그것은 신탁으로부터 얻은 데이터와 결합되었고, 회사가, 현재의 자산운용을 조정하는 것뿐만 아니라 미래의 디자인들에

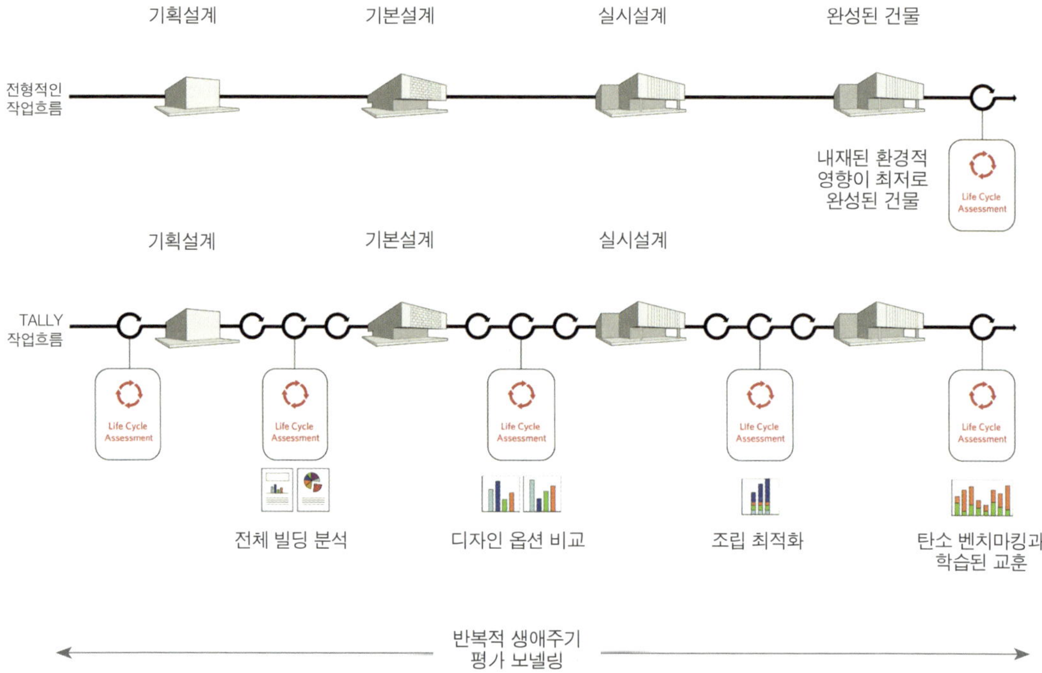

3.5.4:
TALLY© 탄소 평가 도구

적용할 수 있는, 인공지능 기반 최적화 도구를 창조할 수 있게 해주었다. 결과적으로 계약은, 포트폴리오portfolio 내의 모든 빌딩에 대한 5년의 거주 후 평가 블록의 단위로 연장하면서, 건축가에게 프로젝트에서 추출된 데이터 스트림을 관리・평가하며, 운영 최적화를 평가하고, 의뢰인에게 추천하도록 요구한다. 연간 서비스 계약 수수료에 더해, 건축가는 이러한 서비스의 결과로 얻은 에너지, 유지, 직원 배치에서의 운영 절감 비용 중 적은 비율을 지급받는다. 오늘날 건축가 EskewDumezRipple[3]은 미래 프로젝트를 개선하기 위한 전략을 발견하고, 마찬가지로 새로운 프로젝트에 대한 신뢰성을 구축하면서, 의뢰인에게 거주 후 서비스를 제공하기 위해 수수료 중 2%를 보류한다.[8]

기본적 서비스 변형하기 TRANSFORMING BASIC SERVICES

이러한 짤막한 이야기들은, 인공지능의 새로운 역량의 지지를 받고 있는, 건축가들을 위한 대안적 가치제안이 미래에 어떻게 보일 것일 것인가에 대한 사고를 자극하려는 것이다. 그렇지만, 더 중요한 것은 적어도, 우리가 지능적인 기계들을 가진 직업을 공유할 때, 우리의 가치의 핵심—건조 환경을 직접적으로 디자인하기—에 있는 건축가의 기본적 서비스들이 어떻게 개입할 수 있는지에 대한 고려사항들이다. 건축가들이 생산성 향상과 이러한 시스템들이 필연적으로 가져오는 지식 노동 대체의 압력으로부터 스스로 벗어날 수 있고, 나아가 본질적으로 전기의 발명 이전부터 동일한 비즈니스 모형으로 작동해온 전문직이, 한 세대 내에, 근본적으로 새로운 비즈니스 전략으로 전환할 수 있다고 믿는 것은 순진한 것이다. 우리는 우리가 가지고 있는 것에 갇혀있다. 그러나 그것을 바로잡을 수 있을까?

우리의 작업을 상품화로 인도하려는 지속적인 경쟁 압력을 포함하는 이러한 현실을 직면하여, 현행의 서비스 수수료 접근법을, 완전히 대체하기보다, 개혁할 수 있는 두 개의 접근법이 존재한다. 그것은 신뢰와 결과들이다. 프로젝트 프로세스는 예상하지 못한 그리고 불행한 결과를 초래할 것이라는 우려, 즉 프로젝트 불확실성은 건축가, 의뢰인, 그리고 건설자에게도 마찬가지로 중요한 문제다.

2014년 미국에서의 연구는 이러한 우려를 정량화하였다. 이러한 구성요소들로 감지할 수 있는 바와 같이 프로젝트 불확실성의 주요 원인을 밝히고 있다. 과제의 목록에 대해서는 보편적인 합의가 있는 반면, 상대적 중요성에 대해서는, 그림3.5.5의 데이터를 통해 알 수 있는 바와 같이, 심각한 불일치를 보이고 있다.

3.5.5:
프로젝트 내의 불확실성 요인들, 미국의 수행 참여자들을 대상으로 한 설문조사에 따름.[9]

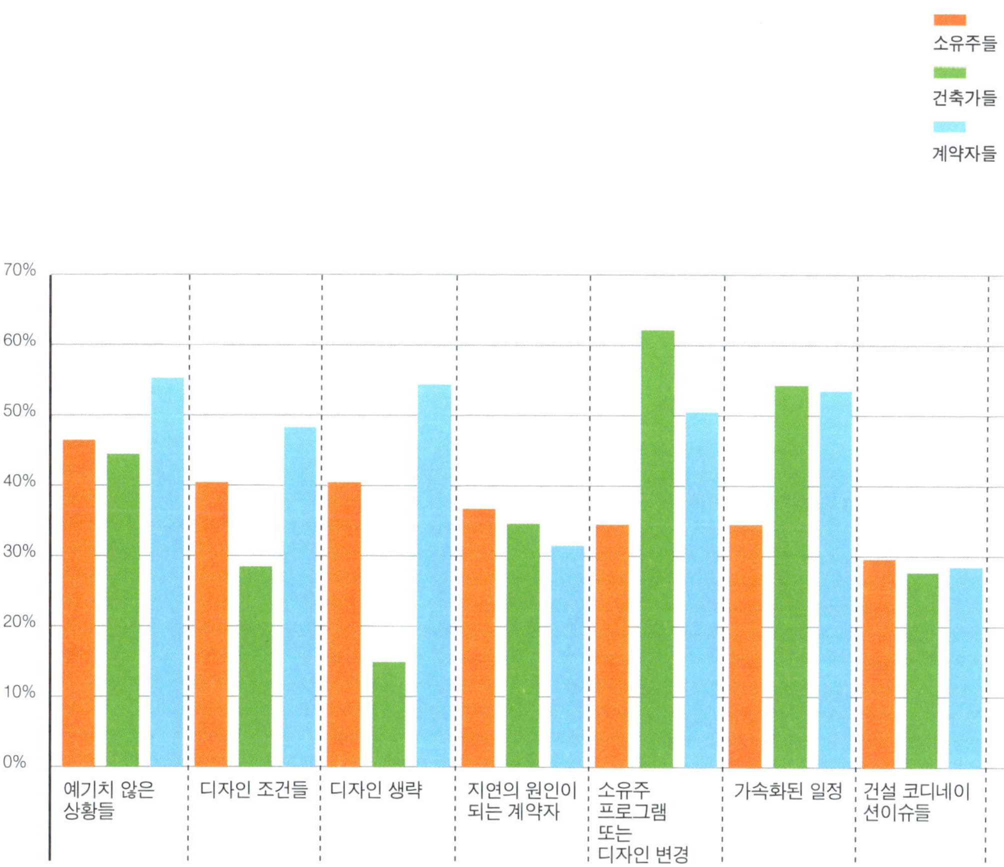

이 목록에서, 요인 중 두 가지 요인은 건축가에게 직접적인 책임이 있다(디자인 오류, 생략들). 그리고 몇몇은 어떤 방식으로든 건축가의 개입 중요성이 더 많이 포함되어 있다(소유주 변경, 가속화된 일정과 건설 코디네이션). 결과적으로 프로젝트들은 어떤 방식에서는 그림3.5.6에서 보는 바와 같이 수행에 실패한다.

그림3.5.5에서의 우려는 그림3.5.6에서의 결과로 나타나는 실패를 예고하고 있다.

건설에서 부상하고 있는 인공지능 전략들은 우려가 어느 정도인지에 대한 실마리를 우리에게 제공한다. 오토데스크에서의 나의 이전 동료들은 -생산에서든 혹은 특수한 계약자들에서든- 직업 현장에서의 잠재적 문제들을 미리 밝히기 위해 기계학습을 건설 행정 데이터에 적용하는 시스템을 개발하고 있다. 그림3.5.7에서 데시보드를 볼 수 있다.

또 다른 도발적인 스타트업인, SmartVid.io.는 그림3.5.8에서 보는 바와 같이 건설현장에서의 활동을 스캔하고 잠재적 안전 침해를 밝히기 위해 기계학습과 컴퓨터 비전computer vision의 결합을 이용한 도구를 만들고 있다.

주목할 것은 이러한 회사 중 어느 회사도 인간 건설 코디네이터, 리스크 관리자, 혹은 안전 통솔자의 일을 대체하기 위해 인공지능을 이용하지 않는다는 것이다. 그보다 오히려 그들의 역량을 증강하고 그들의 업무수행능력을 크게 향상시켜준다. 왜 건축디자인 프로세스에 적용된 그러한 접근방식이 디자인 프로세스에서 의뢰인과 계약자의 불확실성의 핵심에 곧바로 다가갈 수 없느냐에 대해서는 이유가 없다. 적절하게 조정된 실시설계도면들, 비용 예측, 내구성/가격/교환에 대한 자재의 생애주기 모델링, 그리고 심지어 건설을 위해 필요한 계약을 구성하는 문서에서 누락된 정보가 있는지를 체크해 보라.

3.5.6: 프로젝트가 기대치에 부합할 경우와 그렇지 않을 경우[10]

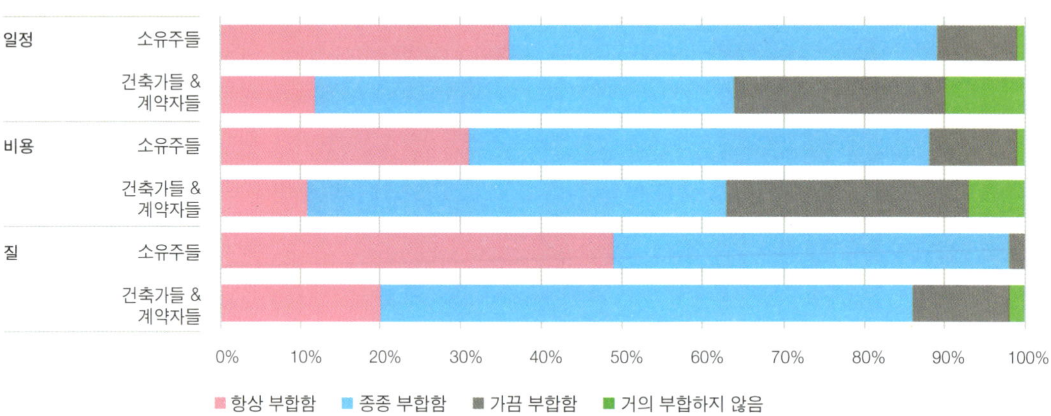

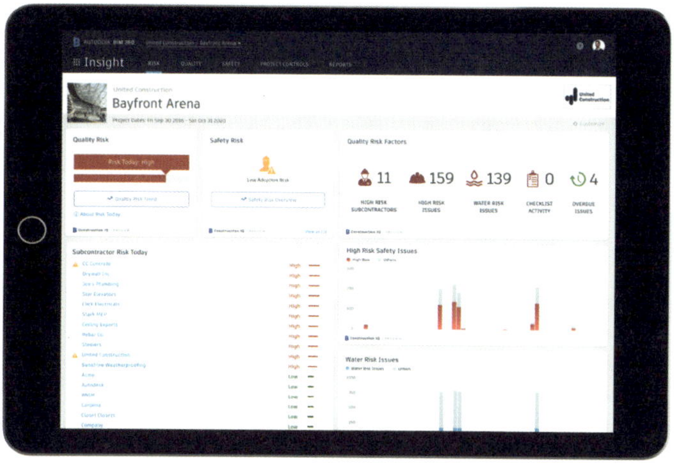

3.5.7:
BIM 360 IQ
문제 계기판

심지어 알고리즘들이 대안적 디자인 해법들을 생성하는 생성적 디자인조차도 결과적 계획들이 인공지능에 의해 구동되는 지능적인 평가 시스템들에 의해 걸러지기 전까지는 진정으로 유용할 것 같지 않다. 그러한 시스템들은 결과로서 생성된 계획들의 성능을, 수학적으로, 측정할 수 있다. 그러나 그러한 결정들을 선택하고, 개선하며, 실행하는 것은 시스템들이 미치는 능력을 훨씬 넘어 유지될 것이다. 그리고 인간 건축가는 무엇이 최상인가에 대한 최종 결정을 하게 될 것이다.

수리력, 신뢰도 값 NUMERACY, CREDIBILITY VALUE

EskewDumasRipple에서 지속가능성과 성능 관리자인 스미스Z. Smith는 성공을 위한 하나의 열쇠는 건축가가 자신이 '수리력數理力, numeracy'[4]이라고 부르는 것에 도달하는 것이라고 믿고 있다. 즉 '무지illiteracy'는 언어에 대한 것이다. '수리력 없음innumaracy'은 수에 관한 것이다. 우리는 수를 좋아하지 않는다. 그것은 사람들이 건축에 입문할 때 갖게 되는 것이 아니다. 그러나 당신은 그것을 해야만 한다. 만일 좋은 건물을 만들고자 한다면 말이다.'[11] 건축가들은 주로 프로젝트의 성공을 '좋은' 그리고 '나쁜' 디자인에 대한 막연한 감각으로 측정한다. 그리고 그에 따라 경쟁력을 판단한다. 세계에서 가장 큰 회사 중 글로벌 기업의 대표적인 최고 기술자들이 나에게 한번은 초기의 BIM에 관한 대화를 하는 도중에 말했던 것처럼, '우리는 기술로 서로 경쟁하지 않는다. 우리는 디자인으로 상대를 무너뜨린다.'

좋은 디자인에 대한 정의는, 적어도 부분적으로는, —환경적 · 사회적 영향을 언급하는 쪽이 아니라—수적이고, 성능을 토대로 한 비용, 품질, 그리고 일정에 대한 측면으로 바뀌어야 한다. 그리고 인공지능 시스템의 적절한 설계와 실행은 이러한 변화의 열쇠다. 수리력과 재능이 있는 디자이너들 그리고 그들이 창출할 수 있는 결과들은 건축가에 대한 신뢰성 증가와 건설 공급 사슬building supply chain에서 우리의 가치를 확고하게 정착하게 하는 두 가지 혜택이 있을 것이다. 그리고 아마도 성능 목표를 설정하는 데에—그리고 그것에 대한 보수를 받는 데에—인공지능의 지원을 받는 수리력을 구축하는 것은 가치와 비즈니스 모형들을 나란히 놓는 것이다. 그것은 라트로브Benjamin Latrobe가 거의 3세기 전에 탄식해마지 않았던 것이다.

3.5.8:
안전분석을 위한
SMARTVID

IMPALEMENT

FALL
ARREST
FALL
ARREST

결론

CONCLUSION

≫ 철학자 아서 I. 밀러Arthur I. Miller는 창의성을 '이미 존재하는 지식과 ... 문제 해결로 성취된 것으로부터 새로운 지식을 생산하는 것'[1]으로 정의하고 있다. 그 단 하나의 문장에서, 그는 인공지능 기술들이 성숙해질 때, 건축가들을 위한 과제의 본질을 포착해 내고 있다. ≪

우리의 전문직은, 핵심은, 창의적인 사업이라는 것이다. 즉 독특하고, 적절하며, 아름다운 방식으로 문제들을 정의하고 해결하는 우리의 능력에 의해 가치가 부여된다. 인공지능의 사용은 우리의 의뢰인과 대중에게 대한 의무를 전반적으로, 전멸시키는 것이 아니라, 확장해야 한다.

한편으로 인공지능이 디자인과 건설 전문직의 변두리에 닿기까지는 시간이 걸릴 테지만. 결국 패턴 분석, 자율적 프로세싱, 그리고 인공지능/기계학습의 데이터 평가 능력들이 건축지형에 나타날 것이다. 우리는, *선험적으로*a priori, 기술은 건축가에게 존재적 위협을 나타낸다거나 아니면 우리의 문제 해결 기량skill을 발휘하고 그들의 궁극적 운명을 결정하고 이용하는 전략을 고안할 수 있다고 선언할 수 있다. 그리고 그렇게 하는 가운데, 우리는 의뢰인에 대한 건축가의 영향력과 신뢰성을 증가시키고, 우리의 건설 협력자들과의 붕괴되었던 관계를 개선하며, 심지어 우리의 가치제안과 개선되지 않은 수수료 구조의 사슬을 끊어낼 수 있을지도 모른다.

건축에서 인공지능 시스템의 개발과 이용을 안내하기 위한 전략은 건조 환경의 질을 향상시키고, 인간 건축가의 관련성을 강화시키기 위한 두 가지 목적에 봉사해야 한다. 인간 건축가는 디자인을 통해 그러한 개선을 이루어 내는데 가장 적합하다 점차적으로 유능해진 자동화 방식들의 발전을 피할 수 없다고 한다면, 나는 전문직이 그 미래를 안내하기 위한 다섯 가지 전략들을 수용할 것을 제안한다.

1. **미래의 실무를 틀 지울 기술들에 대한 정의와 창조를 명료하게 안내하라.** 차세대 기술이 건축실무의 미래를 잘 정의한다고 하면, 전문직은, 자신들의 동기부여가 궁극적으로 이익과 주주를 우선시할, 소프트웨어 제공자들의 사업 변덕에 굴복하지 않는 방식으로 그 요구와 방향을 선언하기 위한 수단을 수립해야 한다.[2] 건축가들은 중요한 이용자 집단으로서 연합된 방식보다 고객으로서 개인적 목소리를 내어왔다. 그들은, 규제자와 협력하며, 가장 중요한 데이터와 인공지능/기계학습 역량을 우선시하는 산업 기술 전략을 선언하고 그런 다음 산업에 역량을 제공하도록 요구하기 위해 의뢰인들, 디자이너들, 그리고 건설자들을 조직해야 한다. 일반적인 틀과는 대조적으로, 소프트웨어 제공자들은 실질적으로 그러한 접근법을 선호한다. 그것은 그들에게 광범위하면서도 대개 불완전한 요구조건 연구를 위한 시간과 노력을 절감하게 한다. 영국에서의 국가적 BIM 이니셔티브initiative는 이 접근법이 대규모로 할 수 있는 훌륭한 사례이다. 그것은 2010년에 시작되어 현재는 전 지구적 기술적용을 위한 템플릿이다,[3]

2. **디자인의 검토과제를 명료한 성능을 포함하는 데까지 확대하라.** 건물 성능은 점차적으로 컴포넌트 디자인component design[1]의 필수적인 구성요소이다. 20세기의 시작점에 생활안전life safety과 21세기 시작점에는 에너지 성능과 함께 출발하여, 건축가들이 다루어야 할 폭넓은 성능 매개변수들parameters은 지속적으로 확장될 것이다. 데이터로 구동되는 인공지능 시스템은, 예를 들어, 거주occupancy, 경제,

전염병학적 의미, 내재된 탄소 그리고 심지어 내재된 노동에 관한 성능 모형들에서 해법들을 생성하도록 연결하면서, 더 폭넓은 이러한 매개변수 세트들을 디자인 프로세스에 통합하는데 건축가에게 권한을 부여할 수 있다.[4] 이러한 고려사항들은 전통적 의미에서 디자인의 중요성을 대체하지 않는다. 그러나 건설building의 효율성과 건축가의 신뢰성을 확대하면서 디자인의 중요성을 확장한다.

3. **디자인을 위한 플랫폼으로 봉사할 수 있는 데이터 인프라를 창조하라.** 오늘날 디자이너들은, 주로 BIM을 통해, 프로젝트에 관한 수만 개의 디지털 모형들을 창조해왔다. 그 모형들은 인공지능으로 생성된 통찰을 위한 막대한 자원들을 재현한다. 계약자들은 드론 스캔, 건설현장의 컴퓨터 비전 분석, 그리고 디지털 건설관리 도구들을 이용하여 동일한 것을 한다. 빌딩 제어 시스템들은 시스템들의 성능에 관한 거대한 디지털 정보의 호수lake를 생성하고 있다. 이러한 자원들의 잠재력은 그 자원들을 구성하고 접근하기 위한 전략 없이 특히 산업의 논쟁적이고 위험 회피적 수행 모형들 속에 완전히 실현되지 않은 채 존재한다. 위에서 기술한 협력 조직들은, 원칙적으로 써드 파티 수탁자third-party fiduciary에 의해 관리되고, 모든 것에 접근할 수 있는 글로벌 건설 데이터 신탁global building data trust을 통해, 소프트웨어 전략을 안내하고 수집, 조직 데이터에 대한 접근과 사용을 위한 정책과 플랫폼들을 창조한다.

4. **디자인, 건설, 그리고 자산운영 관계를 변화시켜라.** 2004년경에 통합적인 프로젝트 수행의 새로운 모형의 개발과 동시에 일어난 폭넓게 이해된 개념으로서 BIM의 출현은, 프로젝트 정보의 손쉽게 입수할 수 있는 투명한 자료들은 소유주들, 디자이너들, 그리고 건설자들 간의 협력을 가속화할 것이라는 가설을 토대로 한다. 그것의 결핍은 건설 산업building industry의 병폐로 잘 알려져 있다.[5] 15년이 더 지난 이후, 그러한 밝은 전망은 대개 실현되지 않은 채로 남아있다. 다양한 역할자들에 의해 창조된 디지털 데이터는 더 양도讓渡 가능할지도 모른다. 그러나 그것은 종종 모순적이고 거의 공유되지 않는다.[6] 이러한 다양한 재현들representations과 프로세스 간의 데이터 관계를 개발하고, 관리하며, 통합할 수 있는 인공지능 플랫폼들은 건축가들에게, 프로젝트 정의, 디자인, 건설, 그리고 자산운영을 분리시키는, 전통적 경계를 넘어설 수 있도록 하고 디자인 의도-건설 집행간의 분리를 넘어 서로에게 유용할 수 있는 지식을 만들게 하는 기폭제가 될 수 있다. 그 도구들은 기회를 만들 수도 있다. 그러나 실무자들은 그 기회를 포용하기를 원해야 한다.

5. **디자인의 가치제안을 바꾸어라.** 건축가의 서비스를 상품화하는 것은 혁신과 가치창조의 주요 억제요인이다.[7] 성능-강화된 디자인 솔루션performance-enhanced design solutions이라는 서비스에 전략적으로 배치된 인공지능 도구들은 근본적인 실무 사업 제안을 변화시키는 촉매제가 될 수 있다. 건축가의 서비스 가치를 상품과 고정된 수수료에서 출력 기반 수행 모형outcome-based delivery models과 관련 서비스로 전환하면서 말이다. 인공지능/기계학습 시스템들은 오늘날의 프로젝트 성능의 미래 상태를

> 예측하기 위해 알고리즘적으로 구동되는 소프트웨어 도구들의 능력을 근본적으로 가속화할 수 있을 것이다. 시뮬레이션 덕택에 최상의 가치를 생성하면서 말이다. 신뢰할 수 있는 인공지능 기반 도구들이—이전에 언급한 네 가지 전략들의 수행 결과로서—광범위하게 유용해지게 되자마자, 건축가들은 건축과 사회의 가장 큰 과제를 받아들일 수 있고, 마침내 상품화된 수수료, 제한적인 자원들과 건축가들이 디자인한 건물들에 대한 대중적 의심의 공포를 벗어날 수 있을 것이다.

건축가 에얄 와이즈만Eyal Weizman은 런던을 기반으로 하는 포렌식 건축Forensic Architecture라고 불리는 연구팀을 이끌고 있다. 포렌식 건축은 그가 '조사를 기반으로 하는 실무investigative practice'를 묘사하기 위해 사용하는 용어이기도 하다. 조사를 기반으로 하는 실무는 '건물들, 디테일들, 도시들과 조경, 데이터로 미디어에 재현된 그것들도 마찬가지로-우리의 건조 환경의 흔한 요소들을 현재의 프로세스를 점검하고, 미래를 위한 주장의 진입점entry points으로 여긴다.'[8] 그의 팀은 정부 사법권과 권력의 사용에 대한 정치적 문제들을 조사하기 위한 구체화된 자료수집과 분석으로 지원받는 건축 접근방식을 사용한다. 그 작업은 전통적인 건축이 아니다. 그 작업 안에서 디지털 도구와 분석을 이용하여, 그렇지 않으면 이해되지 않았던 방식으로, 정보 소스들을 해체하고 그것들을 재조립한다. 포렌식 건축의 작업은—그것은 이해할 수 있다시피, 논란이 아주 많다. 특히 그가 폭로하고 있는 정부에게는 말이다—전체적으로 건축에서 인공지능을 활용한 전략을 위한 플랫폼이다. 포렌식 건축이 분석을 위해 조립하는 데이터 조각들은 미래 상태에 대한 심사숙고를 위한 토대이다. 그것은 건축가의 근본적인 책무이다. 특히 건조 환경을 설계하는 것 말이다. 어떻게 디자인 활동이 분명히 나타나는가에 대한 그러한 주장을 가능하게 하기 위해서는, 와이즈만Eyal Weizman이 선언한 바와 같이, 건축가들은 세계에 대한 정보의 수집, 이용, 그리고 배치에 대해 비판적 자세가 필요하다.

결과에 대한 그러한 비판적 시각 없이 데이터에 과도하게 의존하는 것은 재앙적인 결과를 맞을 수 있다. 대중 복지의 보호를 자칭하는 특히 건축디자인과 같은 노력을 필요로 하는 분야에서는 말이다. 그러한 시스템들의 내적 논리를 판독할 수 있었던 그 시점에 의료치료에 적용된 신경망에 대한 초기 연구에서, 매우 중대한 결정들을 산출하는 기계학습 시스템들은—그러한 시스템들을 일반적으로 신뢰할 때조차도—병원에서 인공지능의 사용을 전적으로 거부하게 되었다. 그 시스템들은, 천식 환자들이 폐렴에 걸려 심각한 결과로 고통을, 더 받기보다, 명백히 직관과는 반대로, 덜 받을 것 같다고 보고했을 때, 의심스러워졌다. 명백하게 그러한 환자들은 그 질병에서는 초기에 곧바로 중환자로 언급된다. 그리고 그렇게 함으로써 훨씬 더 나은 결과를 가져온다. 신경망은 입력과 출력을 연결하였다. 그사이에 일어나는 것이 무엇이든지 간에 그에 대한 이해 없이 말이다. 그러한 결정이 이루어지는 시스템들은 투명해야 하고, 그리고 건축과 같은 전문적 판단의 경우에는, 대외적으로 검증되어야 한다.[9]

만일 필수적인 자료를 수집할 수 있다면, 그리고 시스템을 검증할 수 있다면, 건축은 검토과제를 극적으로 확장할 수 있다. 건축과 투옥incarceration 간의 위험한 관계를 다루고 있는 최근의 논문에서, 개럿 제이콥스Garrett Jacobs와 딘나 반 뷰렌Deanna Van Buren은, 비영리 디자인 연맹체인 정의 디자인+ 공간디자인Designing Justice + Designing Spaces의 지도자들이다, 건축가들은 '건조 환경에 내재되어 있는 인종주의의 종말'을 위해 자신들의 기량을 사용하여야 한다고 주장하고 있다. 로스앤젤레스를 위한 자신들의 '투옥 계획Incarceration Plan에 대한 대안들'을 위한 원형prototype을 창조하기 위해, 그들은 복합적이고, 상관관계가 있는 데이터 자원들에 깊이 의존하며 디자인 프로세스를 시행해 왔다. '우리는 다양한 시스템들이—건강관리, 최초 대응, 사전 체포 전환, 주거, 투옥 후 재진입, 그 외 여러 가지와 같은—지역적 규모district scale에서 상호작용하는 방법을 이해하기 위해 데이터 시각화, 매핑, 그리고 연구조직을 파트너로 삼고 있다.'[10] 디지털 이전 시대에, 심지어 이러한 자료를 수집하는 것은 불가능했을 것이다. 새로운 디자인을 위한 토대로써 그것을 평가하는 것이나 혹은 배치하는 것은 훨씬 더 적을 것이다. 경험주의 시스템들이 전면에 등장하고 있지만, 지각하지 못하고 있는 이 중차대한 시기에, 인간 디자이너들은 데이터를 감독하고 그것을 정돈하는 대체할 수 없는 역할을 한다. 오로지 그때라야 컴퓨터사용을 위한 전략과 결합된 디자인이, 우리의 조건을 향상시키기 위해 인간이 창조하는, 완전히 새로운 결과를 이루어 낼 것이다. 이것이 건축에서 인공지능을 최고 및 최상으로 이용하는 가장 바람직한 결과이다.

문헌 목록 BIBLIOGRAPHY

Agrawal, A. Gans, J. and Goldfarb, A. *Prediction Machines: The Simple Economics of Artificial Intelligence*, Harvard Business Review Press, Boston, MA, 2018.

Alberti, L.B. *On the Art of Building in Ten Books*, MIT Press, Cambridge, MA, 1988. American Institute of Architects. 'AIA Document B101-2017: Standard Form of Agreement Between Owner and Architect', 2017, American Institute of Architects, Washington, DC: AIA, 2017.

– *The Architect's Handbook of Professional Practice: 15th Edition*. Wiley, Hoboken, NJ, 2014.

– *The Business of Architecture 2020*. American Institute of Architects. Washington, DC, 2020.

Anderson, S. 'Problem-Solving and Problem-Worrying', Lectures given at Architectural Association, London, March 1966 and ASCA Cranbrook, 5 June 1966.

Architects Council of Europe with Nacey Research. *The Architectural Profession in Europe 2020*, 2021.

Architects Registration Board. *ARB Criteria at Part 3 Prescription of Qualifications*. Architects Registration Board, 2012.

– *The Architects Code: Standards of Professional Conduct and Practice*, 2017.

Asadi, E. Li, B. and Chen, I. 'Pictobot: A Cooperative Painting Robot for Interior Finishing of Industrial Developments', *IEEE Robotics & Automation Magazine*, Vol. 25, issue June 2018, 2018, p 13.

Association of General Contractors of America. *Construction Inflation Report Q1 2021*, AGC America, Washington, DC, 2021.

Autor, D. 'Why are there Still So Many Jobs? The History and Future of Workplace Automation', *Journal of Economics Perspectives*, Vol. 29, issue 3, 2015, pp 3–30.

Baker, K. 'How Many Architects Does Our Economy Need?', *ARCHITECT*, 5 January 2018.

Baker, K. et. al. *Compensation Report 2019*, American Institute of Architects, Washington, DC, 2019.

Bernstein, H.M. *Managing Uncertainty and Expectations in Building Design and Construction*, McGraw Hill Construction Analytics, New York, 2014.

Bernstein, P. *Architecture, Design, Data: Practice Competency in the Era of Computation*, Birkhauser, Basel, 2018.

– 'Canonical Models of Architecture', *LOG: Model Behavior*, Vol. 50, issue 2021, pp 239–48.

Bernstein, P. and Deamer, Peggy. *BIM In Education*, Yale University School of Architecture, NH, 2011.

Bernstein, P. 'Intention to Artifact' in *Digital Workflows in Architecture: Design–Assembly–Industry*, ed. Scott Marble, Birkhäuser, Basel, 2012.

– 'The Distractions of Disruptions: Technical Supply in an Era of Social Demand', *Architectural Design (AD)*, Vol. 90, issue 2, 2020, pp 11.

– 'Innovative Tools in the Movement Toward Slave-Free Building', in Sharon Price, Harriet Harriss, Phillip Bernstein, Susan Jones, Christ Sharples and Michael Green (eds), Grace Farms/Pratt Institute Seminar Series, 2020.

BIM Industry Working Group. *BIM Management for Value, Cost & Carbon Improvement: A Report for The Government Construction Client Group*, UK Government Department of Business, Innovation and Skills.London, https://www.hse.gov.uk/construction/areyou/principal-designer.htm, 2021 (accessed 6 June 2021).

Brockman, J. Possible Minds: Twenty-five Ways of Looking at AI, Penguin Press, New York, 2019.

Brynjolfsson, E. and McAfee, A. *The Second Machine Age: Work, Progress, and Prosperity in a Time of Brilliant Technologies*, W.W. Norton & Company, New York, 2014.

Brynjolfsson, E. and T. Mitchell. 'What Can Machine Learning Do? Workforce Implications', Science, Vol. 358w, https://doi.org/10.1126/science.aap8062, 2017 (accessed 27 December 2020).

Brynjolfsson, E. and A. McAfee. 'Will Humans Go the Way of Horses? Labor in the Second Machine Age', *Foreign Affairs*, Vol. 94, issue 4, 2015, pp 8-14.

Carpo, M. *The Alphabet and the Algorithm*, MIT Press, Cambridge, MA, 2011.

– *The Digital Turn in Architecture 1992–2012*, Wiley, Chichester, 2013.

– *The Second Digital Turn: Design beyond Intelligence*, MIT Press, Cambridge, MA, 2017.

Carr, N.G, 'IT Doesn't Matter', *Harvard Business Review*, https://hbr.org/2003/05/it-doesnt-matter, 2003 (accessed 15 June 2021).

Christian, B. *The Alignment Problem: Machine Learning and Human Values*, W.W. Norton & Company, New York, NY, 2020.

Corcoran, H. 'Architecture Schools Adapt to an Uncertain Future', *Architectural Record*, May 2020, 2020, p 1.

Crawford, K. *Atlas of AI: Power, Politics, and the Planetary Costs of Artificial Intelligence*, Yale University Press, NH, 2021.

Davis, D. 'Architects Versus Autodesk', *Architect Magazine*, 27 August 2020.

Deamer, P. and Bernstein, P. *Building (in)the Future: Recasting Labor in Architecture*, Princeton Architectural Press. New York, 2009. Deamer, P. The Architect as Worker: *Immaterial Labor, The Creative Class, and the Politics of Design*, Bloomsbury Academic, London and New York, 2015.

Deltek Clarity with Longitude. *Deltek Clarity Architecture and Engineering Industry Study: Trends and Benchmarks in EMEA and APAC*, Deltek, 2021.

Dickson, B. *DeepMind scientists: Reinforcement Learning is Enough for General AI. BDTechTalks.com*. https://bdtechtalks.com/2021/06/07/deepmind-artificial-intelligence-reward-maximization/, 2021 (accessed 9 June 2021).

– *Why AI Can't Solve Unknown Problems. BDTechTalks.com*, https://bdtechtalks.com/2021/03/29/ai-algorithms-representations-herbert-roitblat/, 2021 (accessed 8 June 2021).

Domingos, P. *The Master Algorithm: How The Quest For The Ultimate Learning Machine Will Remake Our World*, Basic Books, a member of the Perseus Books Group, New York, 2015.

문헌 목록 BIBLIOGRAPHY

Egan, J. *Rethinking Construction: The Report of the Construction Task Force* http://constructingexcellence.org.uk/wp-content/uploads/2014/10/rethinking_construction_report.pdf, 1998 (accessed 10 April 2021).

Folkens, B. 'Chihuahua or Muffin?', *Cloudsight*, https://blog.cloudsight.ai/chihuahua-or-muffin-1bdf02ec1680, 2017 (accessed 29 December 2020).

Ford, J. and Galliford, T. *Information Management According to BS EN ISO 19650–Guidance Part C: Facilitating the Common Data Environment (Workflow and Technical Solutions)*, UK BIM Alliance, London, 2020.

Gallaher, M. et. al. *Cost Analysis of Inadequate Interoperability in the U.S. Capital Facilities Industry*, US Department of Commerce Technology Administration, 2004.

Gebru, T., Bender, E., McMillan-Major, A. and Mitchell, M. 'On the Dangers of Stochastic Parrots: Can Language Models Be Too Big?' *FaccT'21*, Virtual, Canada, 2021.

Grace Farms Foundation. *Design for Freedom*, Grace Farms Foundation, 2021.

Gutman, R., Cuff, D., Wriedt, J. and Bell, B. *Architecture from the Outside In: Selected Essays*, Princeton Architectural Press, New York, 2010.

Hao, K. *The Coming War on the Hidden Algorithms that Trap People in Poverty, MIT Technology Review*, https://www.technologyreview.com/2020/12/04/1013068/algorithms-create-a-poverty-trap-lawyers-fight-back/, 2020 (accessed 1 April 2021).

– *These Weird, Unsettling Photos Show That AI Is Getting Smarter, MIT Technology Review*, https://www.technology-review.com/2020/09/25/1008921/ai-allen-institute-gen-erates-images-from-captions/, 25 September 2020 (accessed 4 March 2021).

– *Inside The Fight to Reclaim AI from Big Tech's Control, MIT Technology Review*, https://www.technologyreview.com/2021/06/14/1026148/ai-big-tech-timnit-gebru-paper-ethics/, 14 June 2021 (accessed 20 March 2021).

Heaven, W. *AI Is Learning How To Create Itself, MIT Technology Review*, https://www.technologyreview.com/2021/05/27/1025453/artificial-intelligence-learning-create-itself-agi/, 27 May 2021 (accessed 6 June 2021).

Higgin, G., Jessop, W.N. and the Tavistock Institute of Human Relations London, *Communications In The Building Industry: The Report of a Pilot Study*, Tavistock Publications, London, 1965.

Hosey, L. 'Going Beyond the Punchlist: Why Architects Should Embrace Post-Occupancy Evaluations', *Metropolis*, https://www.metropolismag.com/architecture/architecture-post-occupancy-evaluations/, 2019 (accessed 15 June 2021).

Illich, I. *Disabling Professions*, M. Boyars, London and Salem, NH, 1977.

McKinsey Company. *An Executive's Guide to AI*, https://www.mckinsey.com/business-functions/mckinsey-analytics/our-insights/an-executives-guide-to-ai, 2020 (accessed 12 December 2020).

– *The Next Normal in Construction: How Disruption is Reshaping the World's Largest Ecosystem*, 2020.

– *Reinventing Construction: A Route to Higher Productivity* https://www.mckinsey.com/industries/capital-projects-and-infrastructure/our-insights/reinventing-construction-through-a-productivity-revolution, 2017 (accessed 16 June 2021).

Jacobs, G. and Van Buren, Deanna. *Decarceration and Designing to Divest. Architectural Record*, https://www.architecturalrecord.com/articles/14828-commentary-decarceration-and-designing-to-divest, 5 October 2020 (accessed 6 October 2020).

Jha, S. *Can You Sue an Algorithm for Malpractice? It Depends, STAT*, https://www.statnews.com/2020/03/09/can-you-sue-artificial-intelligence-algorithm-for-malpractice/, 2020 (accessed 25 October 2021).

Johnston, G.B. *Assembling The Architect: The History and Theory of Professional Practice*, Bloomsbury Visual Arts, London, 2020.

Leach, N. 'Design in The Age of Artificial Intelligence', *Landscape Architectural Frontiers*, Vol. 6, issue 2, 2018, pp 8-19.

– 'Do Robots Dream of Digital Buildings?' in *1st International Conference on Computational Design and Robotic Fabrication (CDRF 2019)*, ed. Philip F. Yuan et al. , Springer, Beijing, China, 2020.

Marcus, G. and Davis, E. *Rebooting AI: Building Artificial Intelligence We Can Trust*, Pantheon Books, New York, 2019.

Marcus, G. *The Next Decade in AI: Four Steps Towards Robust Artificial Intelligence*. Unpublished manuscript, https://arxiv.org/abs/2002.06177, 2020 (accessed 20 December 2020).

– 'Artificial Intelligence Is Stuck. Here's How To Move It Forward', *The New York Times*, 30 July 2017.

McNulty, N. *Introduction to Bloom's Revised Taxonomy*, https://www.niallmcnulty.com/2019/12/introduction-to-blooms-taxonomy/, 2019 (accessed 7 March 2021).

Metz, C. *One Genius' Lonely Crusade to Teach a Computer Common Sense, Wired*, https://www.wired.com/2016/03/doug-lenat-artificial-intelligence-common-sense-engine/, 24 March 2016 (accessed 27 December 2020).

Miller, A.I. *The Artist in The Machine: The World of AI Powered Creativity*, The MIT Press, Cambridge, MA, 2019.

Mokyr, J., Vickers, C. and Ziebarth, N.L. 'The History of Technological Anxiety and the Future of Economic Growth: Is This Time Different?', *Journal of Economic Perspectives*, Vol. 29, issue 3, 2015, pp 31-50.

Moretti, E. and ProQuest. *The New Geography of Jobs*, Houghton Mifflin Harcourt, Boston, 2012.

Mumford, S. and Anjum, R. *Counterfactuals and Causal Inference: Methods and Principles for Social Research* (Analytical Methods for Social Research), Oxford University Press, New York, 2014.

NBS. *10th Annual BIM Report 2020*, NBS, London, 2020.

National Council of Architectural Registration Boards. *Architect Registration Examination® (ARE®) 5.0 Handbook*, NCARB, Washington. DC, 2020.

Negroponte, N. *The Architecture Machine*, MIT Press, Cambridge, MA, 1970.

Parman, J. 'Is Architectural Licensing Necessary?' *Common Edge*, https://commonedge.org/is-architectural-licensing-necessary/, 2020 (accessed 31 October 2020).

Pearl, J. and Mackenzie, D. *The Book of Why: The New Science of Cause and Effect*, Basic Books, New York, 2018.

Pelli, C. *Observations for Young Architects*, Monacelli Press, New York, 1999.

Peña, W. and Parshall, S. *Problem Seeking: An Architectural Programming Primer*, Wiley, New York, 2001.

Picon, A. *What About Humans? Artificial Intelligence in Architecture* in *1st International Conference on Computational Design and Robotic Fabrication (CDRF 2019)*, ed. Philip F. Yuan et al., Springer, Beijing, China, 2020.

Rabenek, A. *The Place of Architecture in the New Economy*, Routledge, Abingdon, Oxon, 2016.

Rittel, H. and Webber, M. *Dilemmas in a General Theory of Planning, Policy Sciences*, Vol. 4, issue 2, 1973, pp 155-69.

Rowe, P. 'A Priori Knowledge and Heuristic Reasoning In Architectural Design', *Journal of Architectural Education*, Vol. 36, issue 1, 1982, pp 18-23.

Royal Institute of British Architects. *RIBA Plan of Work 2020 Overview*, RIBA, London, 2020.

– 'Standard Professional Services Contract 2020: Architectural Services', RIBA, London, 2020, p. 18.

Ruhaak, A. 'How Data Trusts Can Protect Privacy', *MIT Technology Review*, https://www.technologyreview.com/2021/02/24/1017801/data-trust-cybersecurity-big-tech-privacy/, 2021 (accessed 3 May 2021).

Russell, S.J. *Human Compatible: Artificial Intelligence and the Problem of Control*, Viking, New York, 2019.

Scheer, D. *The Death of Drawing: Architecture in the Age of Simulation*, Routledge, London and New York, 2014.

Schön, D.A. *The Reflective Practitioner: How Professionals Think in Action*, Basic Books, New York, 1983.

Simonite, T. 'What Really Happened When Google Ousted Timnit Gebru', *Wired*, https://www.wired.com/story/google-timnit-gebru-ai-what-really-happened/, 2021 (accessed 10 June 2021).

Slavid, R. 'RIBA Contracts CPD Day Review', *Architecture.com*, https://www.architecture.com/knowledge-and-resources/knowledge-landing-page/riba-contracts-cpd-day-review, 2019 (accessed 6 June 2021).

Spiro, A., Ganzoni, D. and Carpo, M. *The Working Drawing: The Architect's Tool*, Park Books, Zurich, 2013.

Squires, F. and Kent, R. *Architec-tonics: The Tales of Tom Thumtack, Architect*, The William T. Comstock Company, New York, 1914.

Staff, T. 'A Wave of Venture Capital Is Pouring Into Construction Tech Sector', *The Real Deal: Real Estate News*, https://therealdeal.com/national/2019/07/03/a-wave-of-venture-capital-is-pouring-into-construction-tech-sector/, 2019 (accessed 29 December 2020).

Steenson, M. *Architectural Intelligence: How Designers and Architects Created the Digital Landscape*, The MIT Press, Cambridge, MA, 2017.

Susskind, D. *A World Without Work: Technology, Automation, And How We Should Respond*, Metropolitan Books/Henry Holt & Company, New York, 2020.

Susskind, R. and Susskind, D. *The Future of the Professions: How Technology Will Transform the Work of Human Experts*, Oxford University Press, Oxford, 2015.

The Infrastructure and Projects Authority, *Government Construction Strategy 2016–20*, Cabinet Office, London, 2016.

Thurairajah, N. and Goucher, D. *Advantages and Challenges of Using BIM: a Cost Consultant's Perspective* in *49th Annual Associates Schools of Construction Conference*, ed. California Polytechnical State University, San Luis Obispo, California, 2013.

Till, J. *Architecture Depends*, MIT Press, Cambridge, MA, 2009.

Tombesi, P. *On the Cultural Separation of Design Labor Building (In) the Future: Recasting Labor in Architecture*, eds P. Deamer and P. Bernstein, Princeton Architectural Press, New York, 2010.

Turing, A. 'Computing Machinery and Intelligence', *Mind*, Vol. 59, issue 236, October 1950, pp 433-60.

UK Building Information Alliance. *Information Management According to BS EN ISO 19650 – Guidance Part 1: Concepts*. buiildingSMART, London, 2019. UK Health and Safety Executive. *Are You a Principal Designer?* https://www.hse.gov.uk/construction/areyou/principal-designer.htm, 2016 (accessed 6 June 2021).

– *Principal Designers: Roles and Responsibilities*, https://www.hse.gov.uk/construction/cdm/2015/principal-designers.htm, 2015 (accessed 7 June 2021).

Wakabayashi, D. *Meet the People Who Train the Robots (to Do Their Own Jobs)*, https://www.nytimes.com/2017/04/28/technology/meet-the-people-who-train-the-robots-to-do-their-own-jobs.html, 2017 (accessed 11 April 2020).

Weizman, E. *Forensic Architecture: Violence at the Threshold of Detectability*, Zone Books-The MIT Press, Brooklyn, NY and Cambridge, MA, 2017.

Witt, A. *Shadow Plays: Models, Drawings, Cognitions, LOG: Model Behavior*, Vol. 50, issue 2021, pp 29-38.

Yuan, P.F. Xie, M., Leach, N., Yao, J. and Wang, *X, Architectural Intelligence Selected Papers from the 1st International Conference on Computational Design and Robotic Fabrication (CDRF 2019)*, https://yale.idm.oclc.org/login?URL=https://doi.org/10.1007/978-981-15-6568-7, 2019 (accessed 1 May 2020).

Yudkowsky, N. and Bostrum, N. *The Ethics of Artificial Intelligence*, Cambridge Handbook of Artificial Intelligence, Cambridge University Press, Cambridge, 2011.

Zarkadakis, G. '"Data Trusts" Could Be the Key to Better AI', *Harvard Business Review*, https://hbr.org/2020/11/data-trusts-could-be-the-key-to-better-ai, 2020 (accessed 11 June 2021).

Zweig Group. *2019 Fee & Billing Survey*. Zweig Group Consulting, Fayetteville, AR, 2019.

원주 REFERENCES

도입 INTRODUCTION

1 참고로 지금 글을 쓰고 있는 이 순간 맥북 프로 노트북[MacBook Pro laptop]은 16GB 메모리가 내장되어 있고 운이 좋지 않았던 PDP-11보다 62,500시간을 더 많이 사용하고 있다. 또한 불타기에는 아직 멀었다.

2 http://en.wikipedia.org/wiki/PDP-11 (2021년 7월 5일 접속)

3 David R. Scheer, *The Death of Drawing: Architecture in the Age of Simulation*, Routledge, London and New York, 2014.

4 Richard E. Susskind and Daniel Susskind, *The Future of Professions: How Technology Will Transform the Work of Human Experts*, Oxford University Press, Oxford, 1st edn, 2015, xiv, p 1.

5 이 특별한 텍스트는 InferKit라고 불리는 시스템에 의해 창조되었다. 당신은 https://appinferkit.com/generate에서 시도해 볼 수 있다. (최초 접속 2021년 5월 21일)

6 Pacific Northawest National Laboratory의 Mark Greaves 박사와의 개인적인 이메일 교환, 2020년 11월 27일

7 Erik Brynjolfsson and Andrew Mcafee, The Second Machine Age: Work, Progress, and Prosperity in a Time of Brilliant Technologies, W.W. Norton & Company, New York, 1st edn, 2014,

8 닐 리치[Neal Leach]는 컴퓨터사용, 디자인과 꿈꾸기에 관한 논문을 포함하여, 이 문제에 대한 흥미로운 저술을 내놓았다.: Neal Leach, 'Design in the Age of Artificial Intelligence', *Landsc. Archit. Front.*, 6/2, 2018, pp 8-9.

9 Peter G. Rowe, 'A Priori Knowledge and Heuristic Reasoning in Architectural Design', *Journal of Architectural Education*, 36/1, 1982, pp 18-23.

10 Daniel Susskind, *A World Without Work: Technology, Automation and How We Should Respond*, Metropolitan Books/ Henry Holt & Company, New York, 1st edn, 2020.

1.1

1 건축에서 다양한 기술의 역사들 가운데, 특히 마리오 카르포에 의한 역사가 아마도 가장 선견지명이 뛰어난 것일 것이다. Mario Carpo, *The Alphabet and the Algorithm*, *'Writing Architecture'*, MIT Press, Cambridge, MA, 2011, xi, and Mario Carpo, *The Second Digital Turn: Design Beyond Intelligence*, 'Writing Architecture', MIT Press, Cambridge, MA, 2017.

2 © RMN-Grand Palais / Art Resource, NY을 보라.

3 이 주장은 카르포의 *The Alphabet and the Algorithm*에서 상세하게 다루고 있다.

4 Architecte au plan, <https://cdli.ox.ac.uk/wiki/doku.php?id=architecte_au_plan> (2021년 5월 11일 접속).

5 Leon Battista Alberti, *On the Art of Building in Ten Books*, MIT Press, Cambridge, MA, 1988, xxiii.

6 Annette Spiro, David Ganzoni and Mario Carpo, *The Working Drawing: The Architect's Tool*, Park Books, Zurich, 2013, p 279.

7 Nicholas Negroponte, *The Architecture Machine*, MIT Press, Cambridge, MA, 1970을 보라.

8 종이 기반 정보교환의 한 가지 뚜렷한 이점은, 그래픽 관습[graphic convention]을 넘어, 정보 생성자와 소비자 간의 정보 전달 혹은 정보 번역을 위한, 특수 소프트웨어나 혹은 표준을 요구하지 않는 것이다.

9 항공, 자동차, 제조업 디자인 분야는 모델링 도구들을 건축가보다 수십 년 이전에 사용하였다. 유사하게 영화와 게임의 (오토데스크의 마야[Maya]와 같은) 형태제작 및 렌더링 도구들은 충분히 입수 가능한 기계들로 추가한 건축가들에 의해 적합화 되었다.

10 hypar.io(2021년 5월 11일 접속)를 보라.

11 예를 들어, McKinsey & Company, 'An executive's guide to AI', <https://www.mckinsy.com/business-functions/mckinsy-analytics/our-insights/an-executives-guide-to-ai?cid=other-eml-alt-mip-mck&hdpid=d36c6b61-313b-431c-b3d4-141bc805e7e2&hctky=11625380&hlkid=36ab108977a849a2ba50687fd2e467de>를 보라. 2020(2020년 11월 20일 접속).

12 Steve O'Hear, '오토데스트사社가 도시 개발을 위한 인공지능 소프트웨어인 Spacemaker를 2억4천만 달러로 인수하였다.' <https://techcrunch.com/2020/11/17/spacemaker-ai-software-for-urban-development-is-acquired-by-aitpdesk-for-240m/>, 2020(2020년 11월 24일 접속).

13 Phillip G. Bernstein, *Architecture, Design, Data: Practice Competency in the Era of Computation*, Birkhaser, Basel, 2018, p 23.

14 Ajay Agrawal, Joshua Gans and Avi Goldfarb, *Prediction Machines: The Simple Economics of Artificial Intelligence*, Harvard Business Review Press, Boston, MA, 2018.

15 Spirio 그리고 다른 사람들, *앞의 책* p 280.

1.2

1 발터 그로피우스[Walter Gropius]로부터 인용한 이것은 건축기술에 관한 니콜라스 네그로폰테[Nicholas Negroponte]의 초기 저작의 훌륭한 역사와 분석에서 발견할 수 있다. Molly Wright Steeson, *Architectural Intelligence: How Designers and Architects Created the Digital Landscape*, MIT Press, Cambridge, MA, 2017, P 18.

2 같은 책, p 170.

3 MIT의 노엄 촘스키[Noam Chomsky], 스탠퍼드 대학교의 테리 위노그라드[Terry Winograd], 예일대학교의 로저 생크[Roger Schank] (나는 1970년대 후반 그들과 함께 공부하였다.) 그들 각각은 인식[cognition]에 관한 모순된 이론들을 내놓았다. 그 이론들은 다양한 초기 인공지능의 시도로부터 발전된 것이다.

4 Gary Marcus and Ernest Davis, Rebooting AI: Building Artificial Intelligence We Can Trust, Pantheon Books, New York, 2019, p 41.

5 '인공지능 겨울[AI Winter]'을 보라. <https://en.wikipedia.org/wiki/AI_winter> (2020년 12월 29일 접속)

6 이 기술은 '신경망'으로 알려진 것으로, 부분적으로 베이즈 확률론[Bayesian probability]이라고 불리는 통계적 상관성의 형태로 작동한다.

7 Joseph Paul Cohen, Paul Bertin and Vincent Frappier, 'Chester: A Web Delivered Locally Computed Chest X-Ray Disease Prediction System', *ArXiv* abs/1901.11210 (2019).

8 'Alphago Zero Cheat Sheet'를 보라. <https://medium.com/applied-data-science/alphago-zero-explained-in-one-diagram-365f5abf67e0> (2021년 5월11일 접속).

9 인공지능의 사례로 빈번하게 인용되는 것은 고양이 사진들을 인식하도록 가르치는 기계학습 시스템이다. 고양이가 어떻게 보이는지를 이해하도록 직접적으로 프로그램하기보다, 그 시스템은 (인터넷에서 쉽게 얻을 수 있는) 수백 만 장의 고양이 그림들을 연구하도록 훈련을 받는다. 결국, 컴퓨터는 고양이의 이미지를 인식하는 것을 학습할 수 있다. 다양한 기술적 향상을 통해, 이러한 프로세스는, 온라인상에 이제까지 게시된 모든 텍스트들처럼, 다른 대규모 데이터 세트로 확장되어 왔다. 그것은 항상 성공적이지는 않다. 그렇지만, Brad Folkens, 'Chihuahua or Muffin', *Cloudsight*, 2017을 보라. <https://blog.cloudsight.ai/chihuahua-or-muffin-1bdf02ec1680>

10 Pedro Domingos, *The Master Algorithm: How the Quest for the Ultimate Learning Machine Will Remake Our World*, Basic Books, New York, 2015을 보라.

11 Gary Marcus, 'The Next Decade in AI: Four Steps Towards Robust Artificial Intelligence', 2020, p 51, <https://arxiv.org/ftp/arxiv/papers/2002/2002.06177.pdf> (2020년 12월 19일 접속).

12 컴퓨터 연산의 인과성[computational causality]에 대한 이론 (그리고 지식에 대한 통계적 시각에 반대하는 강력한 주장)의 사례로는 Judea Pearl and Dana Mackenzie,

The Book of Why: The New Science of Cause and Effect, Basic Books, New York, 2018을 보라.

13 이것은 나의 글쓰기와 강의에서 내가 항상 사용하는 일종의 관습이다. 기대expectation는 전통적으로 '그의his' 것이라는 것을 알리는 방식으로서 말이다.

14 'Cyc'를 보라. <https://en.wikipedia.org/wiki/Cyc> (2020년 12월 31일 접속).

15 1966년 3월 런던에서 있었던 건축협회Architectural Association강연, 1966년 6월 5일 크란브룩에서 있었던 ASCA 강연인, Stanford Anderson, 'Problem-Solving and Problem-Worrying'을 보라. Steenson, *Architectural Intelligence: How Designers and Architects Created the Digital Landscape*에 참고문헌으로 실렸던 것과 같다. 문제-해결problem-solving과 문제-고민problem-worrying간의 중간단계는, 앤더슨이 정의하였던 것과 같이, 윌리엄 페나William Pena의 문제-탐색problem-seeking을 위한 전략일 수도 있다. 그 전략은 디자인 프로세스 그 자체로 들어가기 전에 건축문제를 정의하기위한 접근법이다. 처음 1977년에 작성한 그 주제에 관한 그의 결정적 텍스트는 2001년에 업데이트 되었다. William Pena and Steven Parshall, *Problem Seeking: An Architectural Programming Primer*, Wiley, New Yo가, 2001을 보라.

16 Peter G. Rowe, 'A Priori Knowledge and Heuristic Reasoning in Architectural Design' *Journal of Architectural Education*, 36, no. 1, 1982.

17 최우선적으로 건설에서 경험주의 시스템들을 초기에 사용한 몇몇 사례들이 있다. 소프트웨어 제작자인 오토데스크는 (주문을 지연시키거나 혹은 변화시키는 것과 같은) 프로세스 실패들을 예측하기 위해 기계학습 기법을 건설 행정 데이터에 적용해 왔다. 건설기술BuildTech 스타트업인 Smartvid.io는 직업 현장 안전 문제들을 발견하기 위해 컴퓨터 비전과 기계학습을 이용한다. <www.smartvid.io>을 보라. (2020년 12월 30일 접속).

18 Cade Metz, 'One Genius' Lonely Crusade to Teach a Computer Common Sense', *Wired*, 24 March 2016.

19 Marcus, 앞의 책, p 3.

20 같은 책, p 27.

21 2020년 12월 18일 마크 그리브스Mark Greaves와의 사적 대화

22 Niall McNulty, 'Introduction to Bloom's Revised Taxonomy'를 보라. <https://www.niallmcnulty.com/2019/12/introduction-to-blooms-taxonomy/> (2020년 12월 15일 접속).

23 지금은 악명 높은 37수로 세계적인 바둑 챔피언인 이세돌을 알파고가 패배시켰던 그 이후에, 구글으 인공지능 연구 프로젝트 딥 마인드DeepMind의 최고경영자인 데미스 허사비스Demis Hassabis가 다음과 같이 말했다.: '알파고는 인간처럼, 그리고 프로그램처럼 게임하지 않는다. 알파고는 제3의 방식으로 거의 외계인의 방식으로 게임한다.' Cade Metz, 'In Two Moves, AlphaGo and Lee Sedol Refined the Future', *WIRED* (2016). <https://www.wired.com/2016/03/two-moves-alphago-lee-sedol-redefined-future/> (2021년 7월 11일 접속).

24 이 모형은 비즈니스 맥락에서 인공지능의 가능성을 설명하는데 이용되어 왔던 맥킨지 컨설팅McKinsey Consulting으로 창조된 모형과 아주 닮아 있다. 그 모형은 '기술적Descripive/예측적Predictive/규정적Prescriptive' 모형으로 분류하고 있다. McKinsey & Company, 'An Executive's Guide to AI'를 보라. <https://www.mckinsey.com/business-functions/mckinsey-anlytics/our-insights/an-executives-gide-to-ai> (2020년 12월 18일 접속).

25 Pedro Domingos, 앞의 책, p xxi.

26 Marcus, 앞의 책, p 3.

1.3

1 Richard E. Susskind and Daniel Susskind, *The Future of the Professions: How Technology Will Transform the Work of Human Experts*, Oxford University Press, Oxford, 2015, P 22.

2 Ivan Illich, *Disabling Professions*, Ideas in Progress, M. Boyars, London and Salem, NH, 1977.을 보라.

3 Donald A. Schon, *The Reflective Practitioner: How Professionals Think in Action*, Basic Books, New York, 1983, p 5.

4 Horst W.J. Rittel and Melvin M. Webber, 'Dilemmas in a General Theory of Planning', *Policy Sciences* 4, no. 2, 1973.

5 건축 졸업생들의 일반적으로 암울한 상태에 대한 통계를 위해서는, Kermit Baker et al., 'Compensation Report 2019', American Institute of Architects, Washington, DC, 2019.를 보라.

6 이러한 특별한 비교에서 아주 흥미로운 것은 수년간 예일대학교와 캠브리지 대학교 간에 존재해 왔던 교환 프로그램exchange programme이다. 각 프로그램의 졸업자들은 다른 학교에 참여하는데 전액 장학금을 받는다. 각 대학교에서 보증하는 전문적으로 인증 받은 증명서에도 불구하고, 상호 프로그램의 졸업생들은 반대 국가의 라이선스를 위한 자격을 얻는데 자신들의 학위를 사용하지 못한다.

7 건축석사학위M.Arch 1 과정 자격요건에 대한 상세 목록을 위해서는 'Master of Architecture | Professional Degree Program'을 보라. <https://www.architecture.yale.edu/academics/programs/1-m-arch-i> (2021년 1월 8일 접속) 이 과정은 미국건축사시험ARE을 준비할 수 있는 졸업 자격이 주어진다.

8 National Council of Architectural Registrations Bords(NCARB)미국건축사등록원, 'Architect Registration Examination®(Are®)미국건축사시험 5.0 Handbook', Washington, DC: NCARB, 2020.

9 Architects Registration Board (ARB)건축사등록협회, 'ARB Criteria at Part 3 Prescription of Qualifications', ed. Architects Registration Board, 2012.

10 몇 가지 이러한 의견 차이들에 대한 설득력 있는 연구는 Jeremy Till, *Architecture Depends*, MIT Press, Cambridge, MA, 2009.를 보라.

11 Stuart J. Russell, Human *Compatible: Artificial Intelligence and the Problem of Control*, Viking, 2019, p 87.

12 같은 책, p 20.

13 Mario Carpo, *The Second Digital Turn: Design Beyond Intelligence*, 'Writing Architecture', MIT Press, Cambridge, MA, 2017.를 보라.

14 이 이미지들은 Allen Institute for AI에서 생성될 수 있다. <https://vision-explorer.allenai.org/text_to_image_generation> (2021년 1월 8일 접속), Karen Hao, 'These weird, unsettling photos show that AI is getting smarter' *MIT Technology Review*, 25 September 2020.에서 기술한 바와 같다.

15 가장 좋아하는 사례는 www.thiscatdoesnotexist.com (2021년 2월 8일 접속)이다. 인공지능으로 구동되는 이 사이트는 고양이에 대한 사실적photorealistic 이미지들을 창조한다. 그 이미지는 고양이 얼굴이 있는 그림들에 대한 막대한 양의 수집을 토대로 생겨나는데, 그 자원은 인터넷상에서 무한정적으로 이용가능하다. 이 사이트는 매우 사실적인 고양이 같은 외관을 창조하지만 그 주체subjects에 대한 기본적인 질문에서 조차도 답변하지 못한다.

16 Phillip G. Bernstein, *Architecture, Design, Data: Practice Competency in the Era of Computation*, Birkhäuser, Basel, 2018.을 보라.

17 시저 펠리Cesar Pelli는, 나는 이 기간 동안 그를 위해 일했다, 특히 이것에 능했다. 그리고 어떤 디자인 검토 동안 준비 완료된 상태에서 재료, 평면 배치 그리고 과거 프로젝트들의 다른 지식들에 대한 백과사전적 기억력을 가지고 있는 것 같았다. 말하자면, 새로운 오피스 타워를 위해 제안된 계획을 바라보면서, 그는 모두에게 묻곤 했다: '카나리 와프Canary Wharf에서 첫 번째 타워를 위해 우리가 제안했던 코어의 두 번째 버전을 기억해? 그게 여기서 효과가 있을 것 같군' 우리들 중 더 젊은, 훨씬 경험이 적은, 사람들은 이러한 능력이 극히 유용하고 믿을 수 없을 정도로 만만찮은 것이라는 것을 발견했다.

1.4

1 그 때는 1979년이었고, 모든 층마다 한 명의 건축가를 구했는데, 백인 남성이었

원주 REFERENCES

다.

2 건축기술에 관한 최상급의 역사와 분석이 담긴 네그로폰테의 초기 저작에 대해서는, Molly Wright Steenson, *Architectural Intelligence: How Designers and Architects Created the Digital Landscape*, MIT Press, Cambridge, MA, 2017.을 보라.

3 Daniel Susskind, *A World Without Work: Technology, Automation and How We Should Respond*, Metropolitan Books/ Henry Holt & Company, New York, 2020, p 129.에서 다니엘 서스킨드가 인용한 바와 같다.

4 Neil Leach, 'Do Robots Dream of Digital Buildings?' 논문은 2020년 중국 베이징에서 개최된 제1차 International Conference on Computational Design and Robotic Fabrication(CDRF 2019)에서 발표되었다.

5 Antoine Picon, 'What About Humans? Artificial Intelligence in Architecture', Architectural Intelligence: Selected Papers from the 1st International Conference on Computational Design and Robotic Fabrication (CDRF 2019), ed. Philip F. Yuan et al., p 22.

6 Susskind, 같은 책, p 43.

7 Richard E. Susskind and Daniel Susskind, *The Future of the Professions: How Technology Will Transform the Work of Human Experts*, Oxford University Press, Oxford, 2015, p 271.

8 Andrew Witt, 'Shadow Plays: Models, Drawings, Cognitions', *LOG: Model Behavior*, 50, 2021.

9 국제표준화기구International Standards Organization(ISO)는 빌딩 정보 모델링BIM과 데이터를 기반으로 한 빌딩 프로젝트를 위해 데이터와 프로세스 워크플로 표준process workflow standards를 개발해 왔다. 그 표준은 공통 데이터 환경Common Data Environment을 요구하는데, https://www.iso.org/obp/ui/#iso:std:iso19650:-1:v1:en, Section3.3.15에 정의되어 있다. (2021년 2월 1일 접속)

10 이 로봇은 인간 페인트공과 협력하여 내부 벽면을 도색하기 위해 고안되었다. B. Li, I. Chen and E. Asadi 'Pictobot: A Cooperative Painting Robot for Interior Finishing of Industrial Developments', *IEEE Robotics & Automation Magazine*, 25 June 2018, p 85.를 보라.

1.5

1 Richard E. Susskind and Daniel Susskind, *The Future of the Professions: How Technology Will Transform the Work Human Experts*, Oxford University Press, Oxford, 2015, p 1.

2 같은 책, p 94.

3 '빌딩 정보 모델링'이라는 용어와 그것의 사용을 위한 실행 가능한 도구들이 2002년 혹은 그 즈음 사용가능하게 되기까지 매개변수적, 3D 모델링의 이론적 구축은 거의 수십 년이 되었지만, 적용의 확산은 거의 20년 이후에 일어났다. 미국건축가협회American Institute of Architects는 2020년 회사 설문조사에서 미국 회사의 약 80%가 2019년에는 BIM이 가능하게 되었다고 보고하였다. 이것은 새로운 기술로서는 극도로 더딘 적용이다.

4 Daniel Susskind, A *World Without Work: Technology, Automation and How We Should Respond*, Metropolitan Books/ Henry Holt & Company, New York, 2020 pp 38-39.

5 같은 책, p 73.

6 Niall McNulty, 'Introduction to Bloom's Revised Taxonomy', <https://www.niallmcnulty.com/2019/12/introduction-to-blooms-taxonomy/> (2021년 3월 7일 접속)

7 Sussking, 앞의 책, p 78.

9 Stuart J. Russell, Human Compatible: *Artificial Intelligence and the Problem of Control*, Viking, New York, 2019, p 87.

10 American Institute of Architects, 'B101-2017 Standard Form of Agreement between Owner and Architect', American Institute of Architects, Washington, DC, 2017.

11 Russell, 앞의 책, p 86.

1.6

1 전형적인 모형들은 계약자들의 역할, 디자이너들과 건설자들과의 관계, 다양한 참여자들과 의뢰인들 간의 계약자들의 수, 건설비용을 확인하는 시점에 의해 다양하다. 사례는 '일식도급design-bid-build', '공공민간 파트너십public-private partnership', 그리고 ' 통합 프로젝트 수행integrated project delivery'를 포함한다. 미국에서 그러한 모형들에 대한 자세한 설명은 American Institute of Architects, *The Architect's Handbook of Professional Practice: 15th Edition*, Wiley, Hoboken, NJ, 2014, Chapter 9.1 'Project Delivery Methods', p 508.을 보라.

2 적어도 영국에서는 일반적으로 존 이건경Sir John Egan을 이러한 문제의 기초를 형성하고 기술과 대안적 프로젝트 수행 모형들의 현대적 사용을 위한 기초를 놓은 것으로 생각한다. Sir Roger Egan, 'Rethinking Construction: The Report of the Construction Task Force'(1998)을 보라. 그렇지만 이러한 문제에 대한 체계적 연구는 국립 건축가 공동 자문위원회National Joint Consultive Committee of Architects, 타비스톡 연구소Tavistock Institute of Human Relations가 준비한 연구에서의 질적 조사자와 건설자들에 의해 훨씬 일찍 시작한 것으로 보일 수도 있다. Gruth Higgen, William Neil Jessop and the Tavistock Institute of Human Relations London, *Communications in the Building Industry; the Report of a Pilot Study*, Tavistock Publications, London, 2nd edn, 1965.을 보라.

3 디자이너와 건설자들이 디지털 도구들을 사용할 때조차, 디지털 정보-대부분 도면들-의 교환은 여전히 정밀성과 신뢰성에 대한 전통적인 관심사로 한정되어 있다. 정보는 수행 프로세스 즉 디자인, 제작, 건설 내에서 각 단계에 따라 재생산되는 것과 같은 어마어마한 비효율적 결과를 만들어 내면서 말이다. 그러한 비효율성이 프로세스를 통합하고 능률적이게 하기 위한 현대적 시도들을 이끌고 있다. 예를 들어 건물들의 많은 부분들을 미리 제조prefabricate하는 회사들의 목록들이 각 회계분기fiscal quarter를 연장시킨다. 두서너 가지 예만 들면, Bryden Wood, Blockable, DIRTT, FabCab, Macem이 있다. 저자는 2022년에 출판된 그러한 회사들에 관한 연구의 협력자였다.

4 Higgin, Jessop and the Tavistock Institute of Human Relations London, 앞의 책, p 77.

5 Designing Buildings Wiki에서 'Design Intent'를 보라. <https://www.designingbuildings.co.uk/wiki/Design_intent> (2021년 5월 11일 접속)

6 Higgin, Jessop and Tavistock Institute of Human Relations London, 앞의 책, p 40.

7 미국에서의 이러한 진화에 대한 탁월한 연구는 George Barnett Johnston, *Assembling the Architect: The History and Theory of Professional Practice*, Bloomsbury Visual Arts, London, 2020.을 보라.

8 현재 유행중인 수행 모형들의 또 다른 변형은 '디자인 지원Design Assist'으로 불린다. 그곳에서 프로젝트의 특정 부분들은, 전형적으로 기계 및 전기 시스템들, 등록된 엔지니어가 설계한다. 그러나 최종 전통적인 시공 도면들working drawings은 생략되고 디자인 그 자체는 시스템을 제작하고 설치하는 하도급 계약자가 준비한 제작도면shop drawings 속의 상세도로 문서가 갖추어진다. 이러한 접근법이 알려주는 것은 그러한 시스템을 위한'디자인 의도' 실시설계construction documents의 실질적이고 유용한 가치는 최소한이며, 따라서 그것들은 폐기될 수 있다는 것이다.

9 Higgin, Jessop and Tavistock Institute of Human Relations London, 앞의 책, p 43.

10 McKinsey & Company, 'The Next Normal in Construction: How Disruption Is Reshaping the World's Largest Ecosystem', 2020.을 보라.

11 Paolo Tombesi, 'On the Cultural Separation of Design Labor', *Building (in) the Future: Recasting Labor in Architecture*, eds. Peggy Deamer and Phillip G. Bernstein, Prinston Architectural Press, New York, 2010.

12 Andrew Rabeneck, 'The Place of

Architecture in the New Economy', *Industries of Architecture*, eds. Katie Lloyd Thomas et al, Routledge, Abingdon, Oxon, 2016, p 192.

13 같은 책, p 192

2.1

1 'Creative Destruction[창조적 파괴] '를 보라. <https://en.wikipedia.org/wiki/Creative_destruction> (2021년 5월 30일 접속)

2 Daniel Susskind, *A World Without Work: Technology, Automation and How We should Respond*, Metropolitan Books/ Henry Holt & Company, New York, 2020, p 35.

3 2021년 중반 이 책을 쓰고 있을 때, 인공지능으로 구동되는 생성적 디자인 프로세스에 의해 만들어진 초기 계획 분석 연구를 제안하는 몇몇 회사들이 있었다. Spacemaker AI, Sidewalk 연구소의 Delve, 그리고 스타트업들 Envelope와 Plot-Z를 포함해서 말이다.

4 1990년대 내가 실무를 하던 미국에 기반을 둔 회사들에서는, 모니터와 소프트웨어가 있는 단일 PC기반 컴퓨터는 워크스테이션[workstation] 당 2만5천 달러를 초과하였고, 2021년까지 5만 달러 이상으로 확대되었다. 그 비용은 그것을 운용하는 젊은 건축가의 연봉과 거의 맞먹는다.

5 2006년과 2014년, 미국건축가협회[AIA] 소속 회사 설문조사에서의 매출액 수에 Kermit Baker, 'How Many Architecs Does Our Economy Need?' in *ARCHITECT*, 2018, 5 January 2018.로부터 발췌한 고용 데이터를 겹쳤다.

6 미국 건축 산업의 성능에 관한 경제적 데이터는 몹시 수집하기 어렵다. 가장 가능성 있는 자료는, 미국건축가협회, 아래에 기술한 바와 같이, 수집하고 그것을 평가하기에는 한계가 있다. 그로 인해, 본 차트는 미국건축가협회 자료의 조합, 특히 5번 항에서 인용한 Kermit Baker의 저술에서 얻었고, 미국건축가협회만큼의 법적 긴장감을 가지지 않는 Zweig Group 컨설팅 회사에서 생성한 수익성 데이터와 더불어, 2021년 5월 미국건축가협회의 이메일로 제공받은 추가 정보를 더하였다. 그렇지만 Zweig Group은 건축가와 엔지니어 둘 다를 추적하고 있다. 그래서 수익 데이터는 건축가만을 고려한 것보다 더 불안정할 것 같다. 최종적으로 미국건축가협회는 매우 비정규적인 토대로 회사 데이터를 수집하고 있다. 사이에 오는 년도들(그래프상의 해치 마크로 표시되어 있음)은 매출액(푸른색 막대로 표시되어 있음)에 대한 가용한 데이터로부터 추정하였다. 소스: Kermit Baker와의 개인 서신, 2021년 5월 15일; 미국건축가협회 회사설문조사 'The Business of Architecture', 2002, 2005, 2008, 2011. 2013, 2015, 2017, 2019; Zweig Group, '2019 *Fee & Billing Survey*' in Fee & Billing Surveys, Zweig Group Consulting, Fayetteville, AR, ed. Will Swearingen, 2019, p 208.

7 나는 이 문제에 대해 미국건축가협회의 수석 이코노미스트인 Kermit Baker와의 지속적인 대화에 참여해 왔다. 나는 Kermit이 미국 전문직에서의 생산성에 대한 측정기준을 쉽게 생성할 수 있을 것이라는 것을 의심하지 않았다. 그곳에서 그는 수십 년간 격년별로 이루어지는 *Business of Architecture* 설문조사를 책임진 주요 연구자이다. 그러나 미국법무부가 미국건축가협회에 부과한 두 가지 독점 금지 제재로 인해 Kermit은, 상대적 수준에서 노력과 관계가 필요한, 보상에 관한 문제를 다룰 수 없었다. 이것이 거의 불가능에 가까운 생산성 측정 시스템을 창조하도록 만들 것 같다. 그리고 게다가 이러한 설문조사들은 이 주제에 대해서는 침묵하고 있다.

8 이러한 주장의 기원은 인공지능 이전 시대에서 발견할 수 있다. Phillip G. Bernstein, 'Intention to Artifact', in *Digital Workflows in Architecture: Design-Assembly -Industry*, ed. Scott Marble, Birkhauser, Basel, 2012.

9 인공지능을 가능케 한 데이터와 거대한 기술 시대에 데이터의 윤리적 · 경제적 함의들에 대한 도발적인 연구에 대해서는 Kate Crawford, *Atlas of AI: Power, Politics, and the Planetary Costs of Artificial Intelligence*, Yale University Press, New Haven, CT, 2021.를 보라.

10 퍼시픽 노스웨스트 국립 연구소[Pacific Northwest National Laboratory]의 저자인 Mark Greaves와의 2021년 4월 16일 사적 대화

11 Anouk Ruhaaak, 'How Data Trusts Can Protect Privacy' in *MIT Technology Review*, 24 February 2021.을 보라.

2.2

1 Karen Hao, 'The Coming War on the Hidden Algorithms That Trap People in Poverty' in MIT Technology Review, 2020, <https://www.technologyreview.com/2020/12/04/1013068/algorithms-create-a-poverty-trap-lawyers-fight-back/> (2021년 6월 6일 접속)

2 Royal Institute of British Architects, 'Standard Professional Services Contract 2020: Architectural Services', RIBA, London, 2020, p 48.

3 American Institute of Architects, 'Document B101 -2017: Standard Form of Agreement between Owner and Architect', American Institute of Architects, Washington, DC, 2017.

4 Health and Safety Executive of HM Government, 'Are you a principal designer?', <https://www.hse.gov.uk/construction/areyou/principal-designer.htm> (2021년 6월 6일 접속)

5 National Council of Architectural Registration Boards, 'Legislative Guidelines and Model Law - Model Regulations 2016-2017', NCARB, Washington, DC, 2016.

6 영국 왕립 건축가협회[RIBA]와 미국 건축가협회[AIA] 자료에 따르면, 양 국가의 대부분의 건축가들은 오늘날 BIM 도구들을 사용하고 있다. NBS, '10th Annual Bim Report 2020', NBS, London, 2020, p 9, 그리고 American Institute of Architects, 'The Business of Architecture 2020', American Institute of Architects, Washington, DC, 2020, p 30.

7 UK Architects Registration Board, 'The Architects Code: Standards of Professional Conduct and Practice', 2017, p 14.

8 National Council of Architectural Registration Boards, 앞의 책, p 6.

9 당신은 실제로 그 소프트웨어를 소유하는 것이 아니라, 그저 당신의 목적을 위해 그것을 사용하도록 허가받은 것이라는 것을 기억하라. 그리고 그러한 목적들은 EULA의 광범위한 용어들과 조건들에 가장 잘 들어맞는다. 그것은 당신이 읽는 것을 정말로 생각하게 여기지 않았던 것 같다.

10 'Autodesk LICENSE AND SERVICES AGREEMENT', <https://download.autodesk.com/us/FY17/Suites/LSA/en-us/lsa.html> (2021년 6월 6일 접속)

11 내가 오토데스크에 있는 동안, 레빗[Revit]의 전형적인 연간 출시에 대한 로드맵은 세 번째였다. 각각은 디자인, 코딩[coding], 그리고 테스팅[testing]을 위한 것이었다.

12 페이스북과 트위트와 같은 인공지능 구동 기술 거인들에 의한 최근의 주장은 이러한 예측을 강화하고 있다. 왜냐하면 각각은 그것들은 소비자들이 그것들을 사용한 결과에 대한 책임을 아주 적거나 혹은 없는 단지 '플랫폼들' 이라고 주장하고 있기 때문이다. 예를 들어, <https://www.ft.com/content/39a699fc-1730-4a5d-b43e-634ebe189d79>에서 '저크버그[Zuckerberg]는 페이스북은 미국 의사당 폭동[Capital Riots]에 대한 책임이 없다고 말한다.' (2021년 6월 6일 접속)

13 뉴스 보고서에 따르면, '정비사업은 계약파기 되어서는 안 된다는 것을 수용하는, 로열 버로우 오브 켄싱턴 앤드 첼시[Royal Borough of Kensington and Chelsea]가 "유일한 예외"인 가운데, 모든 조직들은 "주의 깊게 공들여 만든 명세서"에는 책임을 부정해 왔다.' 'Grenfull Tower fire: Inquiry told firms "deny responsibility"'를 보라. <https://www.bbc.com/news/uk-51256738> (2021년 6월 6일 접속).

14 John J. Parman, 'Is Architectural Licensing Necessary?' in *Common Edge*, 2020, <https://commonedge.org/is-architectural-licensing-necessary/> (2021년 6

원주 REFERENCES

월 6일 접속).

15 Daniel Susskind, *A World Without Work: Technology, Automation and How We Should Respond*, Metropolitan Books/ Henry Holt & Company, New York, 2020.을 보라.

2.3

1 혹은, 미국 주州들가운데 제한적인 수의 주에서는, 라이선스를 가진 구조 엔지니어에 의해 설계되었다.

2 보건안전청Health and Safety Executive(HSE), 'Principal designers: roles and responsibilities', 2015, <https://www.hse.gov.uk/construction/cdm/2015/principal-designers.htm> (2021년 6월 7일 접속).

3 미국의 작업 단계에 대한 상세한 설명에 대해서는, American Institute of Architects, *The Architect's Handbook of Professional Practice*: 15th Edition, Wiley, Hoboken, NJ, 2014.

4 그것은 미국의 '조달procurement'에 해당하는 단계가 영국에는 없다는 것은 교훈적이다. 계약자들이 프로젝트의 건설에 선정되기 위해 경쟁할 때에는 말이다. 이것은 디자인과 건설 활동이 미국에서는 가능한 더 분리되어 있다는 것을 의미한다. 그리고 초기의 계약자가 개입할 경우에는 덜 분리되는 것 같다. 대조적으로, 영국의 시스템에서 디자인이 가격으로 변환할 때 건축가의 역할에 대한 명료한 정의가 부족하다는 것은 디자이너의 책임이 거의 없다는 것과 그리고, 디자인의 더 초기 단계에서는, 영국의 건설자들에게 훨씬 더 많은 책임이 있다는 것을 시사한다.

5 Leon Battista Alberti, On the Art of Building in Ten Books, MIT Press, Cambridge, MA, 1988.

6 알베르티의 이러한 해석은 역사가 마리오 카르포가 특히 Mario Carpo, *The Alphabet and the Algorithm*, 'Writing Architecture', MIT Press, Cambridge, MA, 2011.에서 제시해 왔다.

7 Pilip F. Yuan 그 외 사람들, *Architectural Intelligence, Selected Papers from the 1st International Conference on Computational Design and Robotic Fabrication*(Cdrf 2019). 안의 Antoin Picon의 'What About Humans? Artificial Intelligence in Architecture'를 보라. <https://yale.idm.oclc.org/login?URL=https://doi.org/10.1007/978-981-15-6568-7> (2021년 6월 6일 접속).

8 Judea Pearl and Dana Mackenzie, *The Book of Why: The New Science of Cause and Effect*, Basic Books, New York, 2018.을 보라.

9 Judea Pearl, 'The Limitations of Opaque Learning Machines' in John Brockman, *Possible Minds: Twenty-five Ways of Looking at Ali*, Penguin Press, New York, 2019, p 17.을 보라.

10 같은 책, p 23.

11 Daniel C. Dennett, 'What Can We Do' inBrockman, p 52.

12 같은 책, p 52.

13 Grace Farms Foundation, 'Design for Freedom', Grace Farms Foundation, 2021. <https://www.designforfreedom.org/wp-content/uploads/2020/10/DesignforFreedom_FullReport_L.pdf> (2021년 6월 7일 접속)

14 Dennett in Brockman, p 46.

2.4

1 Ben Dickson, 'Why AI can't solve unknown problems', BDTechTalks.com (2021)에 인용된 것과 같다. <https://bdtechtalks.com/2021/03/29/ai-algorithms-representations-herbert-roitblat/> (2021년 6월 8일 접속).

2 초기의 두 가지 사례들, 그러나 BIM에 대한 일방적인 열정에 대해서는, Phillip Bernstein and Peggy Deamer, ed., *BIM in Education*, Yale University School of Architecture, New Haven, CT,: 2011; Phillip G. Bernstein and Peggy Deamer, eds. *Building (in) the Future: Recasting Labor in Architecture*, Princeton Architectural Press, New York, 2009.

3 이러한 실패의 원인을 학계에게만 돌리는 것은 지나치게 단순화하는 것이다. 건설 산업은 새로운 기술들과 프로세스들을 더디게 적용한다. 그리고 교과과정들은 심지어 더 느리게 진화한다. 심지어 그때에는 아마도 교수진을 대상으로 새로운 도구들의 기회를 활용하는 것에 대해 옹호할 것이다(그것은 또한 드물다). (나의 이전 고용주와 같은) 소프트웨어 판매자들은 여기에서도 마찬가지로 일부 책임이 있다. 학계가 BIM에 개입하는 것을 지원하는 데에는 실패해왔고, 동시에 BIM 플랫폼들의 성숙과 발전을 지나치게 늦추었다. 왜냐하면 그것이 그들이 제품을 판매하는 데 더 많은 이익이 되기 때문이다. https://letters-to-autodesk.com/letter-to-autodesk.pdf, 'An open letter that reflcects customer perspectives on Autodesk 2020'을 보라. (2021sus 6월 11일 접속)

4 리버풀의 Building Information Modelling and Digital Transformation(BIM-DT) MSc 혹은 University of North Carolina/Charlotte의 Dual Master of Science in Architecture /Master of Science in Computer Science or Information Technology를 보라.

5 예일대학교의 건축 석사/첫 번째 전문학위에 상응하는 '2부' 전문학위를 취득하기 위해서는 필수적인 120학점 중, 9학점은 시각화visualization 과정에 속한다. 그곳에는 이론적 혹은 역사적 자료들은 제도drawing 혹은 디지털 도구들과 연결되어 있다. 여름학기 과정 3학점은, 빌딩 건설building construction과 요구 서류documentation requirement와의 연관 내에서, 직접적으로 BIM을 위해 배정되어 있다.

6 Dennett in John Brockman, *Possible Minds: Twenty-Five Ways of Looking at AI*, Penguin Press, New York, 2019, p 46.

7 Russell 앞의 책, p 32.

8 NCARB, '2012 Ncarb Practice Analysis of Architectue', (National Council of Architectural Registration Boards, 2013). 이글을 쓰고 있는 시점에 NCARB은 2020년 실무 분석을 완료하였다는 것에 주의하라.

9 기술적 정의는 UK BIM Standard와 ISO 19650에서 발견할 수 있다; <https://www.ukbimframework.org/standards-guidance/>를 보라. (2021년 6월 8일 접속).

10 UK, The Infrastructure and Projects Authority, 'Government Construction Strategy 2016-30', Cabinet Office, London, 2016.

11 UK BIM Alliance, 'Information Management According to Bs En Iso 19650 - Guidance Part 1: Concepts', buildingSMART, London, 2019.

3.1

1 Leon Battista Alberti, *On the Art of Building in Ten Books*, MIT Press, Cambridge, MA, 1988.

2 Mario Carpo, *The Alphabet and the Algorithm, 'Writing Architecture'*, MIT Press, Cambridge, MA, 2011, P 21.

3 같은 책, P 21.

4 디자인 완성에 대한 이러한 추구는, 그것은 물론 가능하지 않다 (혹은 완전성의 보증으로서 법적으로 타당한 것도 아니다), 학교에서 처음 배우고 그런 다음 오피스 스튜디오로 옮겨진 훨씬 불행한 행동의 원천이다.

5 그러한 시스템들은 강화학습reinforcement learning이라 불리는 현재의 기법을 사용한다. 그곳에서 시스템은 대안적 전략을 시도하고 성공적인 것을 예시하고 실패한 것은 거부하도록 프로그램되어 있다. 즉 그 시스템들은 2021년 현재 인공지능 프로그래머들 사이에 대 유행하고 있다. Ben Dickson, 'DeepMind Scientist: Reinforcement Learning Is Enough for General AI', BDTechTalks.com, 2021,에서 기술하고 있는 것처럼 말이다. <https://bdtechtalks.com/2021/06/07/deepmind-artificial-intelligence-reward-maximization/> (2021sus 6월 8일 접속).

6 이것은 컴퓨터 과학자 마크 그리브Mark Greaves가 이 시스템에 부여한 특성이다. 2021년 6월 7일 저자와 그리브스와의 개인적 접촉.

7 이것은 엄격한 템플릿 상에서 작동하고

창조하기에는 상대적으로 간단한 -예를 들어, 패스트푸드 레스토랑 혹은 애플 스토어- 특정한, 고도로 제약된 빌딩 유형들은 인공지능 생성에 적합하지 않을 수도 있다는 것을 말하고자 하는 것이 아니다. 그러나 대부분의 프로젝트들은 상충되는 디자인 제약조건들과 모순들을 다루기에 충분할 만큼 구체화 된 인공지능을 상상하기는 어려울 만큼 현장과 조건들은 특수하다.

8 2.1장 'The Digital Transformation of Design' in Phillip G. Bernstein, *Architecture, Design, Data: Practice Competency in the Era of Computation*, Birkhäser, Basel, 2018. 을 보라.

9 프로젝트 초기 단계의 비용 모델링cost modelling은 매개변수적(면적×비용/단위면적)이다. 그곳에서 프로젝트의 후반의 견적서는 양적 거래(설치치수×자재 및 노동비용)를 기반으로 한다. 디자인 해결방안을 토대로 한 이러한 접근법들을 차별화하는 것은 그와 같은 시스템에게는 중요할 것이다.

10 앞의 책, p 21.

11 이러한 비난은 전형적으로 건축가가 '빌딩이 함께 만들어지는 방법' 혹은 '그것이 실세로 시어지는 방법'을 모른다는 형태로 나타난다.

12 Ajay Agrawal, Joshua Gans and Avi Goldfarb, *Prediction Machines: The Simple Economics of Artificial Intelligence*, Harvard Business Review Press, Boston, MA, 2018, p 24.

3.2

1 'BildingSMART'를 보라. <https://en.wikipedia.org/wiki/BuildingSMART> (2021년 6월 11일)

2 오토데스크에서 근무하는 동안, 나는 BuildingSMART가 가진 다양한 능력으로 주로 회사의 경영대표로서 봉사하였다.

3 영국의 레벨 2 BIM 표준 부분과 같이, 정부는 이후에 BS EN ISO 19650으로 대체된 원본 데이터 설명서 PAS 1192-2를 통해 데이터 교환 표준data exchange standard을 수립하였다. PAS 표준에 있는 필요조건은 COBIE(Consturction Operations Building Information Exchange건설 운영 빌딩 정보 교환)에 데이터를 생성하는 것이었다. 그것은, 본질적으로, 기초를 이루는 디자인의 어떤 특징을 드러내기 위해 고안된 비 기하학적 데이터non-geometric data의 스프레드시트를 기반으로 추출한 것이다. 이것은 표준들과 상호작용들로 이루어진 복잡한 세트이다. 그것들을 이해하기 위한 좋은 출발점은 https://www.designinbuildings.co.uk/wiki/BIM_level_2이다. (2021년 6월 12일 접속).

4 이러한 움직임은 알맞은 때에 올 수 있다. 왜냐하면 건설은 전 지구적으로 가장 적게 디지털화 된 (그리고 생산적인)산업들 중 하나로 여겨지기 때문이다.

McKinsey Global Institute, 'Reinventing Construction: A Route to Higher Productivity'을 보라. *https://www.mckinsey.com/industries/capital-projects-and-infrastructure/our-insights/reinventing-construction-through-a-productivity-revolution*, ed. McKinsey & Company, McKinsey & Company, 2017.

5 https://www.buildingsmart.org/about/vision/ (2021년 6월 11일 접속)

6 Michael P. Gallaher, Alan C. O'Conor et al., 'Cost Analysis of Inadequate Interopeability in the U.S. Capital Facilities Industry', U.S. Department of Commerce Technology Administration, 2004.

7 Niraj Thurairajah and Dan Goucher, 'Advantages and Challenges of Using Bim: A Cost Consultant's Perspective', 49th Annual Associates Schools of Construction Conference, California Polytechnical State University, San Luis Obispo, California, 2013.

8 George Zarkadakis, '"Data Trusts" Could Be the Key to Better Ai' in *Harvard Business Review*, 2020, https://hbr.org/2020/11/data-trusts-could-be-the-key-to-better-ai (2021년 6월 11일 접속)

9 Kate Crawford, *Atlas of AI: Power, Politics, and the Planetary Costs of Artificial Intelligence*, Yale University Press, New Haven, CT, 2021, p 12.

10 '진정한Veridical'은 '진실한truthful, 정직한veracious, 순수한genuine'을 의미한다. <https://www.merriam-webster.com/dictionary/veridical> (2021년 6월 11일 접속).

11 이 연구는 Brian Christian, *The Alignment Problem: Machine Learning and Human Values*, W.W. Norton & Company, New York, 2020, pp 45 ff.에 충분히 설명되어 있다.

12 Timnit Gebru, Emily Bender, Angelina McMillan-Major and Margaret Mitchell, 'On the Dangers of Stochastic Parrots: Can Language Models Be Too Big?' in *FaccT'21*, Virtual, Canada, 2021.

13 Crawford, 앞의 책, Chapter One 'Earth', pp 23 ff.

3.3

1 이 로봇은 그러한 프로세스에 대한 Doxel의 첫 번째 새 버전iteration이다. 뒤 이은 버전에서, 회사는 시각 기반의 동시적 위치추정 및 지도작성VSLAM(vision-based simultaneous localisation and mapping)이라고 불리는 기술을 개발하였다. 그것은 건설 관리자가 이용하기에는 훨씬 저렴하고 쉽다. 저자와 Doxel의 Kevin Ferguson과의 이메일 접촉은 2021년 9월 30일에 있었다. https://www.doxel.ai/post/360-degree-cameras-vslam (2021년 9월 30일 접속).

2 'BuildTech'는 지금은 건조 자산 시장built asset marketplace에서 떠오르는 디지털 기술을 언급하기 위해 일반적으로 수용되는 용어이다. 'What does BuildTech mean?'을 보라. <https://www.archdaily.com/924827/what-does-buildtech-mean (2021년 6월 11일 접속).

3 'AI Powered Project Controls', <https://www.doxel.ai/#press> (2021년 6월 12일 접속).

4 Royal Institute of British Architects, 'Standard Professional Services Contract 2020: Architectural Services', RIBA, Lodon, 2020, p 41.

5 Amecan Institute of Architects, 'B101-2017 Standard Form of Agreement between Owner and Architect', American Institute of Architects, Washington, DC, 2017, Subparagraph 3.6.2.1, p 9.

6 'Facebook's VC Backs new Doxel-AI and Computer Vision to Disrupt Construction Industry', Architosh, <https://arcitosh.com/2018/01/facebooks-vs-backs-new-doxel-ai-and-computer-vision-to-disrupt-construction-industry/> (2021년 9월 16일 접속).

7 FRDM.org.에 대해서는 2.4장에서의 논의를 보라.

8 Niraj Thurairajah and Dan Goucher, 'Advantages and Challenges of Using BIM: A Cost Consultant's Perspective' in *49th Annual Associates Schools of Construction Conference*, California Polytechnical State University, San Luis Obispo, California, 2013.

9 이러한 결론들은 이제 McKinsey와 같은 빌딩 산업의 외부 회사들에 의해 입증되고 있다. 이러한 관심사의 상당수는 Sir Roger Egan, 'Rethinking Construction: The Report of the Construction Task Force', 1998.에서 Roger Egan에 의해 정의되었다. 미국에서는 예산과 일정의 일치에 관한 통계에서는 이러한 목표에 부합하는데 실패한 포로젝트들이 30%에서 60%에 이른다.

10 Nicholas Negroponte, *The Architecture Machine*, MIT Press, Cambridge, MA, 1970.

11 'Foster + Partners and Boston Dynamics monitor construction with 'Spot' the robot dog', *Design Boom*, <https://www.designboom.com/architecture/foster-partners-boston-dynamics-construction-spot-robot-dog-11-11-2020/> (2021년 6월 12일 접속).

3.4

1 Deltek Clarity with Longitude, 'Deltek Clarity Architecture and Engineering Industry Study: Trends and Benchmarks in Emea and Apac' in *Annual Comprehensive Reports*, Deltek, 2021.

2 Architects' Council of Europe with Mirza

원주 REFERENCES

& Nacey Research, 'The Architectural Profession in Europe 2020', 2021.

3 실시설계는 전형적으로 기본 수수료의 35%이며 건설계약행정은 또 다른 20%를 차지한다. 이러한 노력의 상당 비율은 자동화 될 것 같다. 그 작업이 더 많은 가치를 지닌 어떤 것으로 대체되는지 그렇지 않은지의 문제는 3.5장 가치제안과 비즈니스 모형들에서 다룰 것이다.

4 Daniel Susskind, *A World without Work: Technology, Automation and How We Should Respond*, Metropolitan Books/ Henry Holt & Company, New York, 2020, pp 37 ff.

5 'The Architectural Profession in Europe 2020'.

6 Architect's Council of Europe에 따르면, 유럽의 97%가 10명 혹은 그 보다 적은 직원을 보유하고 있다.

7 'Construction jobs BOOM: Bricklayers and plasterers earn MORE than architects'를 보라. <https://www.express.co.uk/new/uk/930079/UK-jobs-construction-salary-bricklayers-electrician-plumbers-career-university> (2021년 6월 12일 접속).

8 '인턴에게 임금을 지불하지 않은 건축가는 "유명한 외뢰를 받아서는 안된다." 고 이시가미 인턴십[Ishigaami internship]을 폭로하는 디자이너를 말한다.' Atham Nathaniel Furman은 Junya Ishigami의 루급 인턴십을 공개하였다. <https://www.dezeen.com/2019/03/25/architects-unpaid-internship-serpentine-pavilion/> (2021년 6월 12일 접속)

9 Peggy Deamer, *The Architect as Wolker: Immaterial Labor, the Creative Class, and the Politics of Design*, Bloomsbury Academic, London and New York, 2015.

10 '"나는 로봇이 아니다": 아마존 노동자는 불안전하고, 기진맥진하게 만드는 창고에서의 환경을 비난한다.' <https://www.theguardian.com/technology/2020/feb/05/amazon-workers-protest-unsafe-grueling-conditions-warehouse> (2021년 10월 28일 접속).

11 Timnit Gebru, Emily Bender, Angelina McMillan-Major and Margaret Mitchell, 'On the Dangers of Stochastic Parrots: Can Language Models Be Too Big?' in *FacT'21*, Virtual, Canada, 2021.

3.5

1 George Barnett Johnston, *Assembling the Architect: The History and Theory of Professional Practice*, Bloomsbury Visual Arts, London, 2020, p 117에서 Frederick Squires and Rockwell Kent, *Architec-Tonics :The Tales of Tom Thumtack, Architect*, The William T. Comstock Company, New York, 1914.를 인용하고 있다.

2 앞의 책, p 119.

3 건축 수수료에 대한 미국건축가협회[AIA]와 영국 왕립 건축가협회[RIBA] 간의 중요한 차이는 1980년대와 1990년대의 미국 법무부가 앞 소송에 대해 제기한 몇몇 소송들로부터 기인한다. 그 소송에서 표준 수수료 일정들은, 여전히 왕립건축가협회 가이드라인은 유용하다, 반[反]-경쟁적이 되는 것으로 여겨졌다. 따라서 미국건축가협회는 수수료에 관한 것은 무엇이든 지간에 논의하는 것 그 자체를 완전히 제거해버렸다.

4 Nicolas G. Carr, 'It Doesn't Matter' in Harvard Business Review, 2003, <https://hbr.org/2003/05/it-doesnt-matter> (2021년 6월 11일 접속)

5 많은 미국 건축가들은 2007-09 세계금융위기로부터 더딘 회복에도 불구하고, 수수료 규모는 위기 이전 수준으로 회복하는 동안(적어도 Covid 이전에), 수수료 계약은 아직 금융위기 수준에서 회복중이라고보고하고 있다.

6 앞의 책, p 117.

7 과정[course]에 대한 좀 더 자세한 설명과 그 산출에 대해서는 Phil Bernstein, 'The Distractions of Disruptions: Technical Supply in an Era of Social Demand' in an Era of Social Demand' in *Architectural Design* (AD), 90, NO. 02, 2020.을 보라.

8 Lance Hosey, 'Going Beyond the Punchlist: Why Architects Should Embrace Post-Occupancy Evaluations', *Metropolis*, 2019, <https://www.metropolismag.com/architecture/architecture-post-occupancy-evaluations/> (2021년 6월 15일 접속)

9 Harvey M. Bernstein, 'Managing Uncertainty and Expectations in Building Design and Consruction' in *McGraw Hill Smart Market Reports*, ed. Harvey M. Bernstein, McGraw Hill Construction Analytics, New York, 2014, p 12.

10 같은 책, p 29.

11 Hosey, 앞의 책.

CONCLUSION

1 Arthur I. Miller, *The Artist in the Machine: The World of AI Powered Creativity*, MIT Press, Cambridge, MA, 2019, p 5.

2 최근에, 영국 건축가 집단은 오토데스크의 주력제품인 BIM 플랫폼인 Revit의 지연 개발에 대한 강한 의혹을 표출해 왔다. Daniel Davis, 'Architects Versus Autodesk' *Architect Magazine*, 27 August 2020을 보라.

3 BIM Industry Working Group, 'BIM Management for Value, Cost & Carbon Improvement: A Report for the Government Construction Client Group', UK Government Department of Business, Innovation and Skills, London March 2011.

4 강제노동과 현대판 노예에 관한 이슈들은 2020년 가을 예일대학교 세미나에서 연구되었다. <https://www.architecture.yale.edu/courses/20242-fighting-slavery-in-the-buiding-supply-chain> (2021년 7월 11일 접속)를 보라.

5 Phillip G. Bernstein, 'A Way Foward? Integrated Project Delivery'. *Harvard Design Magazine*, Spring 2010를 보라.

6 전형적인 사례는 건설을 위한 건축가의 빌딩 정보 모형의 무익함을 주장하는 것이다. 그러한 데이터들은 건축가가 디자인 의도를 정의하기 위한 요구조건을 충족시키기 위해 창조되며, 건설자들이 자신들의 작업을 완성하기 위해 필요한 추가적인 건설 논리[construction logic]와 디테일은 부족하다.

7 Phillip G Bernstein. *Architecture Design Data: Practice Competency in the Era of Computation*, Birkhäuser, Basel, 2018을 보라.

8 Eyal Weizman, *Forensic Architecture: Violence at the Threshold of Detectability*, Zone Books; The MIT Press, Brooklyn, NY and Cambridge, MA, 2007, p 9.

9 이 이슈는 (그리고 인용된 사례는) Brian Christian, *The Alignment Problem: Machine Learning and Human Values*, 1st edn, W.W. Norton & Company, New York, 2020, Chapter 3., pp 82ff에서 상세하게 연구되었다.

10 Garrett Jabobs and Deanna Van Buren, 'Designing to Divest', *Architectural Record*, 5 October 2020, p 37.

역주

알림 ACKNOWLEDGEMENTS

[1] 비지칼크 VisiCalc
비지칼크는 1979년 댄 브릭클린이 개발한 최초의 스프레드시트 소프트웨어이다. 당시 비싼 장난감에 불과하던 개인용 컴퓨터에서, 사무용으로서의 가치를 드러내어, 개인용 컴퓨터 시장의 폭발적인 성장과 애플 II의 성공에 큰 기여를 하였다.
스프레드시트 또는 표 계산은 표 형식으로 데이터의 조직, 분석, 저장을 가능케 하는 상호작용 컴퓨터 애플리케이션이다. 즉, 경리, 회계 등의 계산을 위해 사용되는 표 형식의 계산용지나, 계산용지를 컴퓨터에서 사용할 수 있게 구현한 표 계산 프로그램을 의미한다.

[2] 전문가 시스템 Expert system
전문가 시스템은 생성시스템의 하나로서, 인공지능 기술의 응용분야 중에서 가장 활발하게 응용되고 있는 분야이다. 즉 인간이 특정분야에 대하여 가지고 있는 전문적인 지식을 정리하고 표현하여 컴퓨터에 기억시킴으로써, 일반인도 이 전문지식을 이용할 수 있도록 하는 시스템이다.

[3] 팰로앨토 Palo Alto
미국 캘리포니아주 산타클라라 군에 속한 도시이다.

[4] 오토데스크 래버린스
3ds Max를 위한 스플라인spline 플로그인plugin으로서, 3ds Max에서 주어진 오브제에 스프라인을 생성해주도록 해준다. 플러그인은 호스트 프로그램과 서로 응답하는 컴퓨터 프로그램이며, 특정한 '주문식' 기능을 제공한다.

[5] NBBJ
보스턴, 콜럼버스, 홍콩, 런던, 로스앤젤레스, 뉴욕, 포틀랜드, 푸네, 샌프란시스코, 시애틀, 상하이, 워싱턴 D.C.에 사무실을 두고 있는 미국의 글로벌 건축, 계획 및 디자인 회사

서문 FOREWORD

[1] 가치 사슬 value chain
기업에서 경쟁전략을 세우기 위해, 자신의 경쟁적 지위를 파악하고 이를 향상시킬 수 있는 지점을 찾기 위해 사용하는 모형이다. 가치 사슬의 각 단계에서 가치를 높이는 활동을 어떻게 수행할 것인지 비즈니스 과정이 어떻게 개선될 수 있는지를 조사하여야 한다.

도입 INTRODUCTION

[1] 오실로스코프 oscilloscope
파동과 같은 주기적인 변화(oscilation)를 시각적으로 보여주는 장비로, 특히 전압의 변화를 신호로써 시각적으로 표시해 주는 장치.

[2] 하드코딩 hard-coding
외부 소스에서 데이터를 얻거나 런타임run time에 데이터를 생성하는 대신 프로그램 또는 기타 실행 가능한 개체의 소스 코드에 직접 데이터를 포함하는 소프트웨어 개발이다. 즉 프로그램의 소스 코드에 데이터를 직접 입력하는 방식을 말한다.

1.1

[1] 니콜라스 네그로폰테 Nicholas Negroponte
그리스계 미국인 컴퓨터 과학자로, MIT 미디어 랩의 설립자이자 디렉터로 잘 알려져 있다

[2] 지오메트리 엔진 geometry engines
컴퓨터 그래픽을 위한 특수 목적 프로세서이다. 네 개의 성분 벡터와 컴퓨터 그래픽에서 세 가지 기초적 작동–출력 장치 좌표에 대한 메트릭스 변형matrix transformation, 클리핑clipping, 매핑mapping–을 위한 부동소수점 프로세서로 구성되어 있다.

[3] 하이파 Hypar
건축/엔지니어링/건설을 위한 생성적 디자인 도구로서 건설 및 설계자동화 플랫폼이다.

[4] 컴퓨터 비전 computer vision
기계의 시각에 해당하는 부분을 연구하는 컴퓨터 과학의 최신 연구 분야 중 하나이다. 공학적인 관점에서, 컴퓨터 비전은 인간의 시각이 할 수 있는 몇 가지 일을 수행하는 자율적인 시스템을 만드는 것을 목표로 한다

[5] 변경 주문 change orders
건설 산업에서 발주자와 시공사(건설사) 당사자들 간의 공사 추가 및 변경 계약을 의미한다.

[6] BIM360
설계에서 시공에 이르기까지 데이터 및 워크 플로우를 프로젝트팀과 실시간으로 연결하는 클라우드 플랫폼으로서, 문서 관리, 필드 관리 및 프로젝트 관리 모듈을 사용하는 사용자를 위한 보조 앱

[7] 프로코어 Procore
인력 관리 솔루션으로 적절한 인력을 적절한 작업에 배치하고 실시간 생산성을 추적하는 건설관리 소프트웨어

[8] 구글독스 Google Docs
구글의 웹 기반 서비스로 워드 프로세서, 스프레드시트, 프레젠테이션, 그림 등 편집 및 뷰어 기능이 포함되어 제공된다. 온라인 문서 편집기로서 실시간으로 공유하며 문서를 제작하고 공동 작업할 수 있다

[9] 다이너모 Dynamo
일반 사용자와 프로그래머가 모두 액세스할 수 있도록 설계된 시각적 프로그래밍 도구로서, 사용자는 이 도구를 통해 시각적으로 동작을 스크립팅하고 사용자 논리를 정의하며 다양한 텍스트 프로그래밍 언어를 사용하여 스크립팅할 수 있다.

[10] 데이터 레이크 data lakes
대량의 데이터를 저장, 처리, 보호하는 중앙 집중식 저장소로서, 기업이 비용을 절감하고, 데이터를 관리하고, 인고이능을 사용할 수 있게 해 준다.

1.2

[1] 퍼셉트론 perceptrons
퍼셉트론은 인식perception과 뉴런neuron의 합성어이며, 초기 형태의 인공 신경망으로 다수의 입력으로부터 하나의 결과를 내보내는 알고리즘으로서 가장 간단한 형태의 피드포워드 네트워크이다.

[2] 클라우드 컴퓨팅 인프라 Cloud computing infrastructure
클라우드 컴퓨팅에 필요한 하드웨어와 소프트웨어의 집합, 클라우드 컴퓨팅은 인터넷을 통해 원격으로 컴퓨팅 자원 및 서비스를 제공하는 컴퓨터 기술이다.

[3] 추론 엔진 Inference Engine
지식베이스를 검색하는데 사용되는 전략이다. 지식기반을 통해 추론행위를 함으로써 주어진 규칙과 사실을 이용하여 새로운 사실을 탐색하는 행위를 하는 전문적인 프로그램

[4] 강건성 robustness
구조적으로 튼튼하고 건강해지는 특성이다. 시스템에 관한 맥락에서는 시스템의 기능적인 측면에 영향을 끼칠만한 동요를 견디는 능력을 가리킨다.

[5] 블룸의 분류 Bloom's Taxonomy
1956년, 시카고대학교 교육심리학자인 벤자민 블룸Benjamin Bloom교수는 자신의 저서 '교육목표 분류학Taxonomy of Educational Objective'에서 고차원적인 사고력 개발을 위해, 인식의 복합성에 대한 여섯 가지 수준의 인지역량, 즉 지식, 이해, 응용, 분석, 종합, 평가를 단계별로 분류하고 있다.

[6] 에뮬레이션 emulation
한 시스템에서 다른 시스템을 복제한다. 그리하여 두 번째 시스템이 첫 번째 시스템을 따라 행동하는 것이다. 여기에서는 컴퓨터가 인간의 인식시스템의 동작을 모방하는 것을 말한다.

1.3

[1] 성찰적 실천 reflective practice
자신과 동료의 실천에 대해 비판적 입장이나 태도를 취하기 위해 자신의 행동을 반성하고 지속적인 적응과 학습의 과정에 참여하는 능력이다.

[2] MEDLINE
생명 과학 및 생물 의학 정보의 서지 데이터베이스이다. 여기에는 의학, 간호, 약

역주

학, 치과, 수의학 및 건강관리를 다루는 학술지의 기사에 대한 서지 정보가 포함된다.

[3] LexisNexis
문서검색 상업 데이터베이스이다. 신문, 잡지, 뉴스, 법률 및 공공기록 등 다양한 자료를 보유하고 있으며 세계 최대의 공공 기록 목록을 보유하고 있다고 주장한다. 법률시장에서 관련 법령이나 판례를 찾을 때 웨스트로와 함께 널리 쓰인다.

[4] REALITY CAPTURE (리얼리티 캡처)
이음매가 없는 레이저 스캔 또는 정렬되지 않은 사진에서 3D 모델을 생성하기 위한 사진 측량 소프트웨어. 현재 가장 많이 사용되는 분야는 문화 유산, 전신 스캐닝, 게임, 측량, 매핑, 시각 효과 및 가상 현실 일반이다.

[5] 블록체인 BLOCK CHAIN
관리 대상 데이터를 '블록'이라고 하는 소규모 데이터들이 P2P 방식을 기반으로 생성된 체인 형태의 연결고리 기반 분산 데이터 저장 환경에 저장하여 누구라도 임의로 수정할 수 없고 누구나 변경의 결과를 열람할 수 있는 분산 컴퓨팅 기술 기반의 원장 관리 기술이다. 이는 근본적으로 분산 데이터 저장기술의 한 형태로, 지속적으로 변경되는 데이터를 모든 참여 노드에 기록한 변경 리스트로서 분산 노드의 운영자에 의한 임의 조작이 불가능하도록 고안되었다. 블록체인 기술은 비트코인을 비롯한 대부분의 암호화폐 거래에 사용된다. 암호화폐의 거래과정은 탈중앙화된 전자장부에 쓰이기 때문에 블록체인 소프트웨어를 실행하는 많은 사용자들의 각 컴퓨터에서 서버가 운영되어, 중앙에 존재하는 은행 없이 개인 간의 자유로운 거래가 가능하다 (P2P:Peer to Peer의 줄임말로 중앙 서버를 거치지 않고 클라이언트 컴퓨터끼리 직접 통신하는 방식을 통칭한다.)

[6] 글루 코드 glue code
컴퓨터 프로그래밍에서 글루 코드는 호환되지 않는 코드의 다른 부분을 "적응"하는 데만 사용되는 실행 코드이다.

[7] 서브루틴 subroutine
루틴routine은 특정한 일을 하기 위한 일련의 처리과정을 뜻하는데, 프로그래밍에서 루틴은 '특정한 일을 처리하기 위한 일련의 명령'을 뜻한다. 프로그래밍에서 함수 안에 함수가 있을 경우 바로 안쪽의 하무를 서브루틴이라 부른다.

1.4

[1] 가치제안value proposition
제품과 서비스를 구매하는 현재 및 미래의 고객에게 제공하겠다고 약속하는 혜택 또는 경제적 가치의 완전한 조합을 의미한다.

[2] 공통 데이터 환경 common data environments
건설에서 공통 데이터 환경은 건설 프로젝트의 정보가 저장되고 프로젝트 참여자가 액세스할 수 있는 클라우드 기반 공간이다.

[3] 재택근무 remote work
리모트 워크 또는 텔레워크 혹은 재택근무는 근로 형태의 일종으로, 정보 통신 기기 등을 활용하여 시간과 장소의 제약을 받지 않고 유연하게 일할 수 있는 형태를 말한다.

[4] 메타데이터 Metadata
메타데이터는 데이터에 대한 데이터이다. 이렇게 흔히들 간단히 정의하지만, 캐런 코일에 의하면 '어떤 목적을 가지고 만들어진 데이터'라고도 정의한다. 즉, 다른 데이터를 정의하고 기술하는 데이터이다.

[5] 인텐트 intent
사용자가 작업을 달성하기 위해 다양한 활동의 기능을 조정할 수 있도록 하는 소프트웨어 메커니즘이다.

[6] 점구름 데이터 point cloud data
어떤 좌표계에 속한 점들의 집합이다. 3차원 좌표계에서 점은 보통 X, Y, Z 좌표로 정의되며 종종 사물의 표면을 나타내기 위해 사용되기도 한다. 점구름은 3D 스캐너로 얻을 수 있다. 2D 이미지 데이터와 달리 정형화 되어있지 않다. 2D 이미지 데이터의 경우 정해진 격자 구조의 형태 안에 정보가 저장되지만, Point Cloud 데이터는 3D 공간상의 수많은 점들을 순서 없이 기록하는 방식으로 데이터가 저장된다.

[7] 테크노사이언스 Technoscience
17세기와 18세기 동안 유럽에서 주로 발생한 비교적 최근의 과학적 방법과 결합된 기술의 오랜 전 지구적 인간 활동을 의미한다. 테크노사이언스는 과학적인 방법을 사용하여 인간이 기술과 상호작용하는 방식을 연구하는 학문이다.

[8] 인스턴스화instantiate
인스턴스(instance)는 추상화 개념 또는 클래스 객체, 컴퓨터 프로세스 등과 같은 템플릿이 실제로 구현된 것이다. 인스턴스화는 클래스 내의 객체에 대해 특정한 변형을 정의하고 이름을 붙인 다음, 그것을 물리적인 어떤 장소에 위치시키는 등의 작업을 통해 인스턴스를 만드는 것을 의미한다.

[9] 디지털 제어 digital controls
디지털 컴퓨터를 사용하여 시스템 컨트롤러 역할을 하는 제어 이론의 한 분야이다. 요구 사항에 따라 디지털 제어 시스템은 마이크로컨트롤러의 형태를 취하여 ASIC에서 표준 데스크탑 컴퓨터로 이동할 수 있다.

1.5

[1] ALM 가설 ALM hypothesis
경제학자 데이비드 아우터David Autor, 프랭크 레비Frank Levy와 리처드 메네인Richard Murnane의 이니셜을 합쳐서 명명한 가설로서, 루틴 프로세스들이 디지털 전환에 가장 취약하다고 주장한다.

1.6

[1] 정보 격차 digital devide
1990년대 중반 미국에서 처음 사용한 용어로 정보격차는 개인의 사회적, 경제적 격차의 원인이 된다. 즉 정보의 소유정도가 결국 경제적인 격차로 이어지게 된다는 것이다.

2.1

[1] 옵셔니어링 optioneering
옵션 엔지니어링은 건설업자가 가능한 최상의 건설 접근법을 얻기 위해 다양한 건설 옵션/대안에 대해 심층적인 검토를 수행하는 것이다. 옵션화의 주요 장점 중 하나는 비용을 절감하고 프로젝트의 환경 범위를 줄이는 데 도움이 된다는 것이다.

2.2

[1] 테클라 스트럭처스 Tekla Structures
강철, 콘크리트, 목재 및 유리를 비롯한 다양한 건축 자재를 통합하는 구조를 모델링할 수 있는 건축 정보 모델링 소프트웨어

[2] 최종 사용자 라이선스 계약 End User License Agreement
최종 사용자 라이선스 계약(EULA)은 법적 구속력이 있는 문서로, 특정 소프트웨어 제품 사용에 대한 사용자의 권리와 제한 사항을 정의한다.

[3] 써드 파티 third party
퍼스트 파티(first party)와 서드 파티(third party)는 하드웨어 생산자와 소프트웨어 개발자의 관계를 나타내는 용어다. 하드웨어 생산자가 직접 소프트웨어를 개발하면 보통 퍼스트 파티라고 부르며 하드웨어 생산자와 직접적인 관계없이 소프트웨어를 개발하는 회사는 하드웨어 생산자의 서드 파티(제3자)라고 부른다.

[4] 컨플루언스 confluence
아틀라시안에서 개발한 자바 기반의 상용 위키 소프트웨어이다

2.3

[1] 베이즈 네트워크 Bayesian network
베이즈 네트워크 혹은 빌리프 네트워크 또는 방향성 비순환 그래픽 모델은 랜덤 변수의 집합과 방향성 비순환 그래프를 통하여 그 집합을 조건부 독립으로 표현하는 확률의 그래픽 모델이다.

2.4

[1] PAS 1192
영국정부는 BIM으로 건물을 짓고 운용하는 과정을 돕기 위해 2014년에 2개의 가이드 문서를 발행하였는데 그게 PAS 1192-2, PAS 1192-3이다. BSI(British Standard Institute)는 영국 표준화 기구이며, PAS(Publically Available Specification)는 공개적으로 용납이 가능한 사양, 즉 공개사양을 의미하며 BIM에 필요한 업계의 요구를 정리한 문서라 할 수 있다. Part 2는 건물을 짓는 조달 과정에 대한 모든 것이라면 Part3는 건물 사용 시의 관리 및 운용에 대한 것이다. 이 두 문서의중심이 되는 것이 프로세스 맵이다.

[2] 내재탄소 embodied carbon
건설 시작부터 완공까지의 과정에서 발생되는 탄소. 건물에 사용되는 자재의 제조부터 건설 현장에서의 사용까지 발생되는 탄소를 뜻한다. 건설 업계에서는 흔히들 운영 탄소에 중점을 두곤 한다.

[3] M4 회랑 M4 Corridor
런던에서 사우스 웨일즈 까지 이어지는 M4 고속도로에 인접한 영국 지역이다. 이곳은 주요 하이테크 허브이다.

[4] CSI 분류표준
건설사양연구소CSI,Construction Specs Institute는 건축 및 건축에 사용되는 자재 분야의 전문가인 8,000명 이상의 건설 산업 전문가로 구성된 미국 전국 협회이다. 마스터형식MasterFormat에 의해 정의된 16개 건설 부문은 미국과 캐나다의 상업 및 기관 건물 프로젝트에 대한 사양 및 기타 서면 정보를 구성하는 데 가장 널리 사용되는 표준이다.

3.1

[1] 에이전트 agent
에이전트는 특정한 목적을 위해 사용자를 대신해서 작업을 수행하는 자율적 프로세스이다. 에이전트는 독자적으로 존재하지 않고 어떤 환경의 일부이거나 그 안에서 동작하는 시스템이다. 여기서의 환경은 운영 체제, 네트워크 등을 지칭한다. 에이전트는 지식베이스와 추론 기능을 가지며 사용자, 자원(resource), 또는 다른 에이전트와의 정보교환과 통신을 통해 문제해결을 도모한다. 에이전트는 스스로 환경의 변화를 인지하고 그에 대응하는 행동을 취하며, 경험을 바탕으로 학습하는 기능을 가진다. 에이전트는 수동적으로 주어진 작업만을 수행하는 것이 아니고, 자신의 목적을 가지고 그 목적 달성을 추구하는 능동적 자세를 지닌다. 에이전트의 행동의 결과로 환경의 변화를 가져올 수 있다. 에이전트의 행동은 한번에 끝나는 것이 아니라 지속적으로 이루어진다.

[2] 절차적 지식 procedural knowledge
절차적 지식은 어떤 작업을 수행하는 데 사용되는 지식이다. 특정 사실이나 명제에 대한 지식을 포함하는 설명적 지식과 달리 절차적 지식은 무언가를 수행할 수 있는 능력을 포함한다.

[3] 오버레이 overlay
컴퓨팅에서 오버레이란 데이터나 인스트럭션 블록을 다른 블록으로 교체하는 것을 의미한다. 오버레이는 컴퓨터의 메인 메모리보다 큰 프로그램을 실행할 수 있게끔 하는 프로그래밍 방법이다. 주로 가상 메모리를 지원하지 않는 임베디드 시스템에서 많이 사용된다.

3.2

[1] 한계효용 marginal utility
재화나 용역이 증가 혹은 감소함에 따라 주관적으로 매겨지는 경제적 효용(혹은 가치)의 관계에 대한 개념이다. 일반적으로 합리적인 경제에서 인간 행동은 자신에게 가장 시급한 욕구를 충족하는 일을 가장 먼저 하거나 가치를 두는 특성이 있다. 따라서 어떤 사람이 재화나 용역을 이용하여 효용을 얻고자 할 때 주관적으로 판단되는 욕망 충족의 정도인 효용의 가치가 높은 것부터 낮은 것 쪽으로 추구한다. 재화나 용역의 한계효용은 그 재화나 용역을 사용하는 것을 증가하거나 감소함에 따라 변화한 가치의 양을 상정한 것인데 이런 변화에서 추가의 1단위 즉 경계인 단위에서의 재화나 용역의 효용을 한계효용이라고 한다. 이후 경제학자들은 이를 가격이 결정되는 것을 설명하는 법칙에 이용하고자 하였다.

[2] 확률적 앵무새들 stochastic parrots
기계 학습에서 확률론적 앵무새는 설득력 있는 언어를 생성하는 데 능숙하지만 실제로 처리하는 언어의 의미를 이해하지 못하는 대규모 언어 모델이다.

3.3

[1] 새 버전 iteration
컴퓨터 프로그래밍에서 반복문은 제어문 중 하나로, 프로그램 소스 코드내에서 특정한 부분의 코드가 반복적으로 수행될 수 있도록 하는 구문이다. 또는 컴퓨터 하드웨어 혹은 소프트웨어 조각의 새로운 버전이다.

[2] blob-maker
z creative labs에서 제작된 무료 생성적 디자인 도구이다. 웹을 기반으로 얼룩 모양의 부드럽고 유기적인 SVG 형상을 쉽게 창조하고 다운로드 할 수 있다. SVG(Scalable Vector Graphics)는 웹 친화적인 벡터 파일 포맷이다. JPEG와 같은 픽셀 기반의 래스터 파일과 달리, 벡터 파일은 그리드 위의 점과 선을 기반으로 하는 수학 공식을 통해 이미지를 저장한다.

3.4

[1] 플라스틱 리드 plastic lead
플레스스틱으로 만들어진 제도용 샤프펜의 일종

[2] 아우터-레비-머네인 가설 Autor-Levy-Murnane(ALM) Hypothesis
데이비드 아우터Autor, David H., 프랭크 레비Frank Levy, 리처드 머네인Richard J. Murnane이 제기한 가설로서 노동 시장에 대한 기술 변화, 즉 자동화의 영향을 다루고 있다.

[3] 긱 이코노미 gig economy
기업이 필요에 따라 단기 계약직 또는 임시직으로 인력을 충원하는 형태의 경제를 말한다. 긱(Gig)은 '일시적인 일'이라는 의미로, 1920년대 미국 재즈클럽이 주변에서 단기계약으로 섭외하던 연주자를 가리킨 용어에서 유래하였다. 과거에는 프리랜서나 1인 자영업자를 포괄하는 넓은 의미로 쓰였으나 오늘날에는 온라인 플랫폼 업체와 단기 계약하여 서비스를 제공하는 공급자를 뜻하는 말로 그 의미가 확장되었다.

[4] 랭글링 wrangling
돌보다 정도로 해석할 수 있어나, 문맥상 정보통신용어로 사용하는 데이터 랭글링data wrangling의 의미로 해석하는 것이 좀 더 정확할 것 같다. 데이터 랭글링이란 원자료raw data를 쉽고 효율적으로 가공하고 분석할 수 있도록 변환하는 과정을 의미한다. 비표준화인 데이터는 유형이 다양하고 포맷이 복잡하며 품질 수준도 다르다. 따라서 데이터를 분석하는 전체 과정에서 데이터를 준비하고 가공하는 데에 가장 많은 시간이 소요된다. 이러한 문제를 해결하기 위해 데이터 랭글링 도구가 개발되었다. 데이터 랭글링으로 복잡하고 반복적인 절차를 거치지 않고 손쉽게 데이터를 준비하고 가공할 수 있게 되었고 데이터 분석 시간을 크게 단축할 수 있게 되었다. 데이터 랭글링의 절차는 데이터 발견, 데이터 구조화, 데이터 정제, 데이터 강화, 데이터 유효성 감사, 데이터 출판등으로 세분화 될 수 있다.

[5] 하류부문 downstream
어떤 산업에 있어서의 후속 부문을 지칭한다. 즉 해당자원을 가공 및 상품화하여 시장에 판매하는 부문을 일컫는다. 예를 들어 생산과 유통 중에서의 유통부문을 가리키는 말이다.

[6] 딜버트 가문의 학살 massacre of the Dilberts
다니엘 서스킨드는 자신의 저서 *노동이 없는 세상*에서 기계화를 두려워하는 것은 육체 노동계층이라고 생각하지만, 인공지능을 사용하면 그 반대 현상이 일어날 것이라고 주장한다. 즉 책 학습을 통한 지식 노동자들이 더 쉽게 인공지능으로 대체되고 육체 노동계층이 살아남을 것이라는 것이다. 이를 두고 영국 은행 전 총재였던 마크 카니Mark Carney는 '딜버트 가문

역주

의 학살'이라고 불렀다. 딜버트는 1989년에 처음, 스콧 아담스Scott Adams에 의해 창조되고 연재된 만화이다. 주인공 '딜버트'는 대기업의 엔지니어로 회사 생활에서 겪는 여러 가지 이야기를 담고 있다. 사무직 종사자, 마이크로 매니지먼트 등의 대기업 문화를 풍자하면서 신랄한 비판을 하고 있다. IT업계 종사자와 엔지니어 그리고 대기업 종사자들 사이에서 인기가 많다.

3.5

[1] 키어런 팀버레이크 Kieran Timberlake
Stephen Kieran 과 James Timberlake가 필라델피아에서 설립한 미국 건축 회사이다. 이 회사는 지속 가능한 디자인, 협업 디자인, 심층 연구라는 철학을 지지한다. 그들은 또한 사전 제작, 신기술, 특히 학교에서 "교육" 디자인 요소를 사용하여 설계한 건물에서 발생하는 실제 활동과 건축을 통합하는 데 관심을 보인다.

[2] 데이터 스트림 data stream
연결지향통신에서, 전송된 정보를 수집하거나 정보를 전송할 때 사용되는 디지털 방식으로 암호화 된 일관된 신호의 흐름을 말한다. 데이터 스트림은 데이터 제공자로부터 추출된 정보의 집합이다.

[3] EskewDumezRipple
뉴올리언스와 워싱턴 DC에 기반을 둔 건축, 인테리어 및 도시 계획 회사로 맥락, 문화 및 환경에 대한 강한 이해를 기반으로 하는 혁신적인 프로젝트를 생산하는 것으로 인정받고 있다.

[4] 수리력 numeracy
간단한 수치 개념을 이해하고, 추론 하고, 적용하는 능력이다. 수리 능력이란 수학이 현실 세계에서 어떻게 사용되는지 이해하고 이를 적용하여 최선의 결정을 내릴 수 있는 것을 의미한다.

CONCLUSION

[1] 컴포넌트 디자인 component design
작은 단위의 레고 블럭을 만드는 과정이라고 할 수 있다. 어디에 끼워 넣어도 조립이 되는 레고처럼 모듈화 된 디자인을 통해 일관되고 빠른 디자인이 가능하며, 여러 디자이너가 효율적으로 협업하는 데에 기반을 마련해준다.

색인 INDEX

굵은 글씨체의 숫자는 그림과 표를 가리킨다.

Doxel 137, **137**, 138, **138**, 139, 145
DWG 파일 포맷 127
BIM 빌딩 정보 모델링을 보라
BuildingSMART 127, 128
EskewDumezRipple 162, 165
Forensic Architecture 171
GPT-3 기술 ix-x, 134, 135
Industry Foundation Classes(IFCs) 127
Lexus/Nexus system 29, **29**
MEDLINE 색인index 28
MIT Technology Review 83
PictoBot 41, **43**, 145-146
SHoP Architects 159, **161**
SmartVid.io.164, **166-167**
Tally 탄소 평가 도구Tally carbon assessment tool 111, **112-113**, 161, **162**

가치 제안value propositions 34, 73, 155-162, **160**, 171
　보상과 가치를 보라
강제 노동 평가 도구forced labour assessment tool 110-111, **113**
개입intervention 96, **97**
건설 과정 평가construction progress evaluation **55**, 137-138, **137**, **138**, 139, 146, **147**
건설 일정 145
건설 비용 추정construction cost projection 143-145, **143**, **146-147**
건설 자동화 9, 41-42, **43**, 120, 145-146
건조 전략Build strategy 145
건축 교과과정 23-26, **26**
건축사등록협회Architects Registration Board(ARB) 24, 25, **26**, 85, **104**
게브루, 팀니트Gebru, Timnit 135, 154
경제적 의미 72-81
　표준 모형 73-74, 80, 151
　건설 비용 추정 143-145, **143, 146-147**
　효율과 효과efficiency and effectiveness 74-76, **75**, **76**
　생산성 76-79, **78**
　데이터 가치 79-81, **80**
경험주의/딥 러닝 시스템 **16**, 17-19, **18**, 36
　능력 20, 47-49, **48**, 57, 77-79
　업무 자동화 48-51, **52-53**, **54-55**, 56-57, **56**
공공민간 파트너십public-private partnerships(PPP) 60
공공정책 84, 90, 93-94
공급 사슬 상황supply chain conditions 144
공통 데이터 환경Common Data Environment(CDE)플랫폼들 35, **35**, 39
관계relationships, 전문가professional 64-67, **65**, **66**, 88-89, **89**, 140-141
교육과 훈련 23-26, **26**, 102-110, **104**, **108**
구글 134, 154
구글 번역 ix, 16
구데아Gudea 3, **3**
구조 엔지니어링 소프트웨어structural engineering software 36, 85-86, 134
그리브스, 마크Greaves, Mark ix, 19-20, **19**, 47, 77
그렌펠 타워Grenfell Tower화재 88, 89, 98-99
글루 코드glue code 30
그로피우스, 발터Gropius, Walter 14

기계 능력machine capabilities 19-20, **19**, 47-49, **48**, 57, 77-79
기계 학습은 인공지능/기계학습을 보라
기술과 도구들 2-12
　교육과 훈련 105-106, 109-110
　과정의 평가와 기술과 도구 10-12, **10**, **11**
　기술과 도구의 역사 3-8, **3**, **5**, **7**, **8**
　이용 분류법 8-10, **10**
　또한 인공지능/기계학습; 빌딩 정보 모델링(BIM); 컴퓨터 지원 디자인(CAD)를 보라
긱 이코노미gic economy 152, **153**
길먼, 미셸Gilman, Michele 83

내재된 탄소 평가 도구 110-111, **112-113**, 161, **162**
내재적 지식implicit knowledge 46-47, 50
네그로폰테, 니콜라스Negroponte, Nicholas 6, 14. **14**, 15, 18, 145
노동 평등 153-154

데닛, 대니얼Dennett, Danel C. 98, 99
데이터 124, 126-135
　데이터 내의 편견 134, 135
　디지털 빌딩 정보 범주들 36-39, **37**, **38**
　상호운용성 127-133, **129**, **130**, **132**
데이터의 가치 79-81, **80**
데이터 내 편견bias in data 134, 135
데이터의 상호운용성 127-133, **129**, **130**, **132**
도밍고스, 페드루Domingos, Pedro 20
도색 로봇painting robot 41, **43**, 145-146
등록/인증 24, 25, **26**, **104**, 106-110, **108**
디머, 페기Deamer, Peggy 153
디자인 노동labor of design 148-154
디자인 목적 116-124
디자인 목표 116-154
디자인, 생성적 7, 9, 12, 106, **107**, **122**, 123-124, **125**, 165
디자인 업무 자동화 40-41, **41**
디자인 의도 61-64, **62**, **63**
디자인 재현 8, 9, **10**, **11**, 12, 36, **37**, 121-123
디지털 빌딩 정보 범주들 36-39, **37**, **38**
디지털 틈새digital interstice 6, **10**, **11**
딥 러닝 경험주의/딥 러닝 시스템을 보라

라밴넥, 앤드류Rabeneck, Andrew 67-68
라이다LiDAR(Light Detection and Ranging) 6, **7**, 9, 29, **37**, 117
라트로브, 벤자민Latrobe, Benjamin 156, 165
러셀, 스튜어트Russell, Stuart 26, 49, 50, 56, 106
레비, 프랭크Levy, Frank 46
로봇 공학
　건설 자동화 9, 41-42, **43**, 120, 145-146
　건설 과정 평가construction progress evaluation 137, **137**, 138, **138**, 146, **147**
로우, 피터Rowe, Peter x, 18
로이트블랫, 허버트Roitblat, Herbert 103
로젠블랫, 프랑크Rosenblatt, Frank 14
리얼리티 캡쳐 정보Reality capture information 36, **37**
리스크 85, 88-90, **89**, 91
리치, 닐Leach, Neil 34
리텔, 호르스트Rittel, Horst x, 23, 76

색인 INDEX

마커스, 게리Marcus, Gary 17–18, 19, 20
맥리미 곡선MacLeamy Curve 139, **139**, 158
맥리미, 패트릭MacLeamy, Patrick 139, 140, 141
맥카시, 존McCarthy, John 14
머네인, 리처드Murnane, Richard 46
명시적 지식explicit knowledge 46, 48–49
미국 건축가 협회American Institute of Architects(AIA) 84, **104**, 110, 137
미국건축사등록원National Council of Architectural Registrations Boards(NCRB) 24, 25, **26**, 85, **104**, 108, **108**
미국건축사시험Architectural Registration Exam(ARE) 24, 25, **26**
미국 국립표준기술연구소National Institute of Standards and Technology, US 128
민스키, 마빈Minsky, Marbin 14
밀러, 아서 I.Miller, Arthur I. 168

반 뷰렌, 딘나Van Buren, Deanna 171
반 사실적 추론counterfactual reasoning 96, **97**
발견법heuristics x, 18, 23
법률 검토 소프트웨어code-checking software 40–41, **41**
베이즈 네트워크Bayesian network 96
보건, 안전, 복지 93, 98–99, **100–101**, 164, **166–167**
보건안전청Health and Safety Executive(HSE) 93, 98, 111
보상과 가치 72–81, 155–162, **160**, 171
 표준 모형canonical model 73–74, 80, 151
 효율과 효과efficiency and effectiveness 74–76, **75, 76**
 생산성 76–79, **78**
 데이터 가치 79–81, **80**
불안정 노동자precarious workers 153–154
불확실성, 프로젝트 163–164, **163, 164**
블룸의 학습 분류법Bloom's Taxonomy of learning 19, 47–48, **48**, 49, 56
비용 추정cost projections 143–145, **143, 146–147**
비즈니스 모형들은 가치 제안value propositions을 보라
비즈니스 리스크 85, 91
빌딩 정보 모델링building information modelling(BIM) 4–5, 6
 자동화된 프로세스 39–40
 데이터 상호운용성data interoperability 127, **129**
 전문가들에 대한 수요 151–152, **152**
 디자인 노동 150
 디자인 재현design representation 9, **10, 11,** 12, 36, **37**
 교육과 훈련 105–106, 109
 효율 74–76, **75, 76,** 139
 레벨 2 표준 109, 152, 169
 프로젝트 수행 62, 67–68
 책임 85, 86
 이용 분류법 9, **10**

사물인터넷internet of things(IoT) 38
사악한 문제들wicked problems x, 18, 23, 76, 90, 103, 123
상호운용성을 위한 국제연합International Alliance for Interoperability 127
생산 업무 자동화production task automation **55**, 141–145, **142, 143**
생산성 76–79, **78**
생성적 디자인generative design 7, 9, 12, 106, **107, 122,** 123–124, **125**, 165
생크, 로저Schank, Roger vi, 96
서비스 영역 49–51, **50–51, 52–53,** 57, 94–95, 94–95
 '기본 서비스' 49, **50–51, 52–53,** 57, 94–95, **94–95**

서스킨드, 다니엘Susskind, Daniel viii, xi, 20, 22, 34, 46–47, 48, 50, 73, 74, 140, 151, 154
서스킨드, 라차드Susskind, Richard viii, 22, 46
스콰이어, 프레드릭Squires, Frederick 156
스크립트 작성scripting 7, 11–12, 41, **43**
스페이스메이커Spacemaker 8, **8**, 19, **56, 57**
숀, 도날드Schon, Donald 23
수리력numeracy 165
수직화 전략verticalisation strategies 159, **160**
슘페터, 조지프Schumpeter, Joseph 73
시스템 성능 정보 38, **38**
시장 상황market conditions 144, **146–147**
신경망neural networks 14, 15–17, **16, 18,** 96, 134
신장伸長 전략spanning strategies 159, **160**
실천적 추론practical reasoning 26
실현realisation 8, 9, **10**

아날로그 기술 3, **10, 11**
아리스토텔레스 26
아마라, 로이Amara, Roy 33–34
아우터, 데이비드Autor, David 46
아우터–레비–머네인 가설Autor-Levy-Murnane(ALM) Hypothesis 46–47, 50, 151, 154
아키텍토닉: 건축가 톰 썸택의 이야기Architec-tonics: The Tales of Tom Thumtack, Architect 156, **157**
알고리즘 시스템 17–18, **18**, 39–40
알베르티, 레온 바티스타Alberti, Leon Battista 4, 95, 117, 118, 120, 121
앤더슨, 로린Anderson, Lorin 47, **48**
앤더슨, 스탠포드Anderson, Stanford 18
양적 설문조사quantity surveying 62, 63, 144
업무 자동화 xi, 40–41, **41**, 45–47, **52–53, 54–55, 56,** 74, 136–147, **142, 143**
에어비앤비Airbnb **153**
연상association 96, **97**
영국 왕립 건축가 협회RIBA 84, **104**, 110, 137
 작업계획 49, **50–51, 52–53,** 57, 61, 94–95, **94–95**
예일대학교 건축학교 24, **26**, 99, **100–101**, 158–159, **160**
예측prediction 9, **10**, 77–79, **78**, 121
오토데스크 8, **8**, 17, **38, 57,** 86–88, 127, 132, 164, **165**
와이즈만, 에얄Weizman, Eyal 171
위트, 앤드류Witt, Andrew 36
유연적 전문화flexible specialisation 67–68, **69**
윤리 134–135, 153–154
이용 분류법taxonomy of use 8–10, **10**
이용 정보 38, **38**
인간의 인지 모형human cognition models 15, 17
인공 일반 지능artificial general intelligence(AGI) 20, 103, 150
인공지능/기계학습 7–8, **11**, 12, 12–20
 능력 19–20, **19**, 47–49, 48, 57, 77–79
 인식 시스템 17–18, **18**, 23, 67, 91, 117
 건설 자동화 9, 41–42, **43**, 120, 145–146
 정의 3
 교육과 훈련 105–106, 109–110
 미래 인공지능 기반 도구들 110–111, **112–113,** 117–118, **119**
 생성적 디자인 7, 9, 12, 106, **107, 122,** 123–124, **125,**

165
역사 14–17, **14, 16**
전문지식 27–31, **28, 29, 30,** 46–47, 50
프로젝트 수행 66–68, **66**
책임 82–91, **89**, 134
미래를 안내하기 위한 전략 169–171
업무 자동화 xi, 40–41, 41, 45–57, **52–53, 54–55, 56,** 74, 136–147, **142, 143**
이용 분류법 8, **10**
기술 유형 17–18, **18**
또한 데이터; 프로세스 변형을 보라
이미지 색인 및 생성image indexing and generation 28, **28**
인과추론 사다리The Ladder of Causation 96–98, **97**
인식 시스템cognitive systems 17–18, **18**, 23, 67, 91, 117
인증/등록 24, 25, **26, 104**, 106–110, **108**

자동화
건설 9, 41–42, **43**, 120, 145–146
업무 xi, 40–41, **41**, 45–57, **52–53, 54–55, 56,** 74, 136–147, **142, 143**
자동화된 프로세스 도구들 35, **35**, 39–40, 44
자연어 프로세싱natural language processing vi, ix–x, 15, 16, 27, 134, 135
자율적 빌딩 기능autonomous building function 42
자율적 프로세스 도구들 35, **35**, 40–42, **41, 43,** 44
자산 운영 정보 38, **38**
작업 계획Plan of Work 49, **50–51, 52–53,** 57, 61, 94–95, 9**4–95**
재현representation 8, 9, **10, 11,** 12, 36, **37**, 121–123
전망성projectivity 95–98, **97**
전문가 시스템expert systems 15–16, **16**, 124
전문가의 배상 책임Professional liability 85
전문가의 관계professional relationships 64–67, **65, 66,** 88–89, **89,** 140–141
전문가의 책임professional responsibility 82–91, **89**, 134
전문가들professionals 22–23, 46
전문가들에 대한 수요 92–99, **97**, 150–154, **152**
보수 · 유지의 의무duty of care 82–91, **89**, 134
또한 교육 및 훈련; 전문 지식을 보라
전문 지식professional knowledge 21–31
건축 교과과정architecture curricula 23–26, **26**
인공지능과 전문 지식 27–31, **28, 29, 30,** 46–47, 50
전문화, 유연적specialisation, flexible 67–68, **69**
절차적 업무 자동화procedural task automation 50–51, **52–53, 54–55,** 56–57, 141–145, **142, 143**
정의 디자인하기 + 공간 디자인하기 172
제도실 149, **149**
제솝, 윌리엄 닐Jessop, William Neil 61, **62, 63**
제어와 코디네이션 정보 38, **38**
제이콥스, 개럿Jacobs, Garrett 171–172
존스톤, 조지 바넷Johnston, George Barnett 156
증거, 디자인에서의 역할 118–121
지각적인 업무perceptive tasks 50, **52–53**
지속적인 전문 개발continuing professional development(CPD) 104, **104,** 110
지원 전략supporting strategies 159, **160**
진정한 편견veridical bias 134

집행의 실패 88–89, **89**

차일로우, 스타니슬라스Chaillou, Stanislas 106, **107**
창조성, 정의되어진defined 168
창조적 파괴creative destruction 73–74, 81
책임responsibility, 전문가professional 82–91, **89**, 134
최종 사용자 라이선스 계약End User License Agreement(EULA) 86–88
추리적 추론inferential reasoning 96

탄소 평가 도구 110–111, **112–113**, 161, **162**
톰베시, 파올로Tombesi, Paolo 67–68, **69**
통합 프로젝트 수행integrated project delivery(IPD) **59**, 60
통합적 업무 50, **52–53**

카르포, 마리오Carpo, Mario 3, 4, 12, 27, 117, 120
캐드CAD는 컴퓨터 지원 설계computer-aided design(CAD)를 보라
컴퓨터 지원 설계computer-aided design(CAD) 4, **5**, 6, 9, **10**, 11–12, **11**, 36, 74, 127, 149–150
코비드-19 팬데믹Covid-19 pandemic 36, 99, **100–101**, 153
크라스왈, 데이비드Krathwohl, David 47, **48**
크로포드, 케이트Crawford, Cate 134, 135
키어런 팀버레이크Kieran Timberlake 161, **162**

퍼셉트론perceptrons 14, 15
펄, 주데아Pearl, Judea 96–98, **97**
펠리, 시저Pelli, Cesar 123
포터 하우스 프로젝트Porter House project, 뉴욕 159, **161**
표준 경제 모형canonical economic model 73–74, 81, 151
표준 서비스 계약standard services contracts 84, 137
프로세스 변형 32–44, **35**
자동화된 프로세스 도구들 35, **35**, 39–40, 44
자율적 프로세스 도구들 35, **35**, 40–42, **41, 43,** 44
공통 데이터 환경common data environment(CDE) 35, **35**, 39
디지털 빌딩 정보 범주들 36–39, **37, 38**
프로젝트 수행project delivery 58–69, **59**
디자인 의도design intent 61–64, **62, 63**
수단과 방법들 67–68, **69**
전문가의 관계 64–67, **65, 66,** 88–89, **89**, 140–141
프로젝트 정의project definition 94, **94**, 95, 98
프로젝트 불확실성project uncertainty 163–164, **163, 164**
피컨, 앙투안Picon, Antoine 34

협력 8, 9–10, **10**
또한 데이터의 상호운용성을 보라
환경 충격 135
현대판 노예 평가 도구modern slavery assessment tool 110–111, **113**
히긴, 거스Higgin, Gurth 61, **62, 63**

이미지출처 IMAGE CREDIT

0.1: Makehaven Inc

0.2: Loz Pycock, CC BY-SA 2.0, via Wikimedia Commons

1.1.1: René-Gabriel Ojéda. @RMN-Grand Palais / Art Resource, NY

1.1.2, 1.4.9 & 2.1.1: Pelli Clarke Pelli Architects

1.1.3, 3.3.1 & 3.3.2: DOXEL Inc.

1.1.4, 1.4.3, 1.4.4, 1.4.5, 1.4.6, 1.4.7. 1.4.10, 1.5.6, 3.1.2 & 3.5.7: Autodesk Inc.

1.2.1: Shuk-Kender © J. Paul Getty Trust. Getty Reaearch Institute, Los Angeles (2014.R.20)

1.2.2: Joseph Paul Cohen, Paul Bertin, and Vincent Frappier 2019

1.3.3: Westlaw, By permission of Thomson Reuters

1.3.4: Building Ventures. 5G_wifi_©uniconlabs; AdvancedMaterials_advanced_©Wichai.wi; AI_artificial-intelligence_©Umeicon; Autonomy_stability_©Eucalyp; BIM_planning_©justicon; Blockchain_blockchain_©iconnut; ComputationDesign_computer_vision©xnimrodx; DigitalTwins_simulation_©Wichai.wi; Drone_drone_©Freepick; ElecCar_electric-car_©Freepik; GIS_address_©Cuputo; IOT_internet-of-things_©photo3idea_studio; Mobile_smartphone_© Made by Made Premium; ModularPrefab_building_©Smashicons; RealityCapture_motion-capture_©Freepik; Robotics_robotic-arm_©smallikeart; TeX_lessee_©Eucalyp; VR_vr-glasses_©Pixel perfect; 3D_3d-printing_©surang; BMS_system_©Freepik

1.4.1: Florian Schaffer, CC BY-SA 4.0, via Wikimedia Commons

1.4.8: UpCodes

1.4.11: E. Asadi, B. Li and I. Chen

2.3.2: Maayan Harel/Judah Pearl/Dana Mackenzie

2.3.3: S. Chaillou

2.4.4 & 3.5.4: Kieran Timberlake Architects

2.4.5: FRDM.co

3.1.3: DPR Construction

3.2.1: Niraj Thurairajah and Dan Goucher

3.3.7: © Ezra Stoller / Esto

3.4.3: Business Model Toolbox

3.5.1: Yale University Library

2.5.3: SHoP Architects

3.5.8: SmartVid.io

모든 다른 그림들은 저자에게 귀속되어 있다.

기계학습_인공지능시대의 건축

초판 1쇄 2024년 2월 15일

저자: 영국 왕립 건축가 협회, Phil Bernstein
역자: 송종은
발행인: 김기현
발행처: 시공문화사(*Spacetime*)
출판등록: 1993년 3월 12일
주소: 서울시 서대문구 독립문공원길 13 (03733) 극동프라자 5층
전화: 02) 3147-1212
팩스: 02) 3147-2626

http://www.spacetime.co.kr
mail: spacetime@korea.com

편집: Design Battery
인쇄: (주)예림인쇄사
제본: 보경문화사

ISBN: 978-89-5592-476-3

정가: 18,000원